人类与病毒的博弈

⊙景富春 著

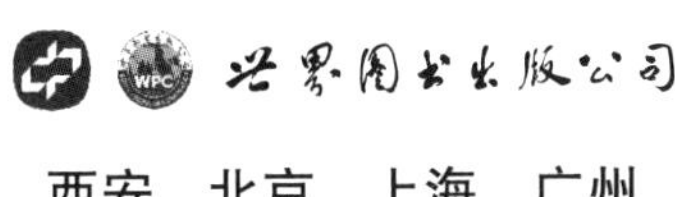

西安 北京 上海 广州

图书在版编目（CIP）数据

病毒演义：人类与病毒的博弈 / 景富春著．—北京：世界图书出版公司，2021.10

ISBN 978-7-5192-8730-6

Ⅰ．①病…　Ⅱ．①景…　Ⅲ．①病毒学－普及读物　Ⅳ．①Q939.4-49

中国版本图书馆 CIP 数据核字（2021）第 211799 号

书　　名　病毒演义——人类与病毒的博弈
　　　　　BINGDU YANYI——RENLEI YU BINGDU DE BOYI
著　　者　景富春
责任编辑　王少宁　马可为
装帧设计　新纪元文化传播
出版发行　世界图书出版公司
地　　址　北京市东城区朝内大街 137 号
邮　　编　100010
电　　话　010-64038355（发行）　64037380（客服）
　　　　　64033507（总编室）
销　　售　新华书店
印　　刷　西安雁展印务有限公司
开　　本　787mm × 1092mm　　1/16
印　　张　16.5
字　　数　265 千
版　　次　2021 年 10 月第 1 版
印　　次　2021 年 10 月第 1 次印刷
标准书号　ISBN 978-7-5192-8730-6
定　　价　68.00 元

序言

已亥之冬，2019年农历年末，在我刚从欧洲游学回国后不久，尚未缓过神时，就猝不及防地遭遇了新冠病毒肺炎疫情的暴发流行。仓促之间，临危受命，就像一场突如其来的战争，在各种人力、物力及心理等都来不及充分准备的情况下，我就与众多同行一起，白衣执甲、逆向前行，投入了这场没有硝烟的战争中。

作为陕西省首批新型冠状病毒肺炎防治定点医院——延安大学附属宝鸡市人民医院——新型冠状病毒肺炎临床救治专家组组长，预检分诊、发热门诊、隔离病房……每天都用严密审视的眼睛和高速运转的大脑，查看、分析每一例可疑的病患，肩负一份沉甸甸的责任，盼望疫情早点儿结束，祈愿百姓的生活重回正轨……

在这漫长的“战斗”过程中，我发现除了防疫，作为白衣战士，其实还有很多事情需要去做，比如医学科普，尤其是病毒性疾病相关的医学科普知识，民众对此缺乏甚多，急需普及。于是，我就萌发了要写作一部科普书籍的想法。然而，世风浮躁、自媒体泛滥、快餐文化盛行，虽然各种所谓的科普作品众多，却恒难深入人心，而有特色、能吸引读者、真正耐读、可走进普通大众心里的作品却十分鲜见。在这种情况下，我想到了“病毒演义”，以文学之虚、行科普之实，挖掘病毒与人类相生相克的源头、伴随人类不断进化的势头，尽可能采用文学化的语言，增强科学知识的可读性、趣味性和普及性，对危害人类健康的30多种常见病毒性疾病的发现史、病原学、流行病学、临床表现及预防措施做了简要描述，以促使人们更多地了解病毒与人类之间斗争发展的历史，增长病毒相关知识，提高对病毒性传染病的防控意识，更好地维护自身及社会的健康。

书中也尝试穿插了一些科学家的奋斗史、重大科学成果的发现史和传染病防控的进步史，夹以笔者数十年职业生涯和天地人生的感悟，以弘扬正能量、激发科学热情、崇尚科学精神为主调，力求适合于具有一定文化程度的非医学背景的人士、从事临床工作的医护人员和医学生等阅读。

我深知自己才疏学浅，要驾驭这样一部作品实属为难，而科学史又如此复杂，因而在人物、时间、事件的精准把握上难免有疏漏之处，诚望各位读者和学界大家批评指正，并体谅笔者投身医学科普的一片良苦用心，不吝赐教。同时，如能通过本书的探索，抛砖引玉，为其他人士的科普创作带来借鉴，也未尝不是一件好事。

写作的过程是艰苦的，时常由于自我怀疑而深陷苦闷之中，幸得我的师长兼好友——中国医师协会整合传染病防控分会主任委员兼陕西省医师协会感染科医师分会名誉会长贾战生教授，以及其他国内知名专家学者的鼓励和赞赏，才得以坚持完成。出版过程中又得到了世界图书出版有限公司医学编辑的支持与好评，我方能最终鼓足勇气将其付梓。

需要特别说明的是，本书在撰稿过程中参阅了大量中外文献资料，囿于时间、篇幅和体裁限制，未能逐一列举，在此谨向这些科学知识的发现者、文献资料的记载者和出版者致以最诚挚的感谢和最崇高的敬意，希望这些知识能作为全人类的财富，随作者的科普初心一起走入寻常百姓的心中，为健康中国、美丽人生添砖加瓦。

人生浅短、薄此微光，冀望照亮人类与疾病斗争的漫漫长路，常读常新、常见长康。

景富春

2021年10月

目录

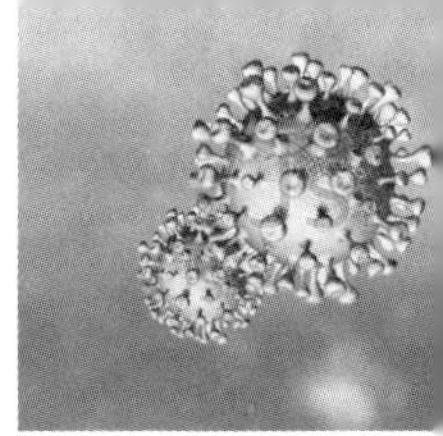

横行世界百万年　一朝觅得真凶现

——序 章

1967 年 8 月的一天，在德国马尔堡地区的连绵阴雨中，湿冷的空气开始让人们感受到秋的寒意。穿着加厚衣服的路人无不缩手缩脚，行色匆匆，似乎在寻找着温暖的所在。

此时此刻，一群为了使人类免受脊髓灰质炎等疾病危害而日夜忙碌的科学工作者们，正在为他们实验室中一位美女实验员莫妮卡的生病而黯然神伤。这位实验员两天前莫名其妙地出现了寒战、高热和全身酸痛的症状，体温骤然升高至 41.0℃，身体打战、体力不支，明显已无法继续工作了。着急的同事们将她送至附近诊所，年老而经验丰富的弗劳茨医生接待了她。在进行了一番病史询问和详细的身体检查后，弗劳茨结合莫妮卡的症状初步诊断为“季节性流感”，认为只需要做一些简单处理、回家休息休息、多饮水，即可有望恢复健康。然而，事情并不像弗劳茨医生说的那样简单。到了晚上，莫妮卡开始恶心、呕吐，腹泻不止，腹痛难忍，整个人的身体状况迅速恶化。第二天，病情继续加重，她面颊通红、全身燥热，持续不退的高热已使她的意识有些模糊。很显然，单单一个“感冒”已无法解释莫妮卡的病情了，事情明显不对，需要立即再次就医。心急如焚的家人匆匆忙忙把她带到了当地最大的医院——马尔堡医学中心，那里的感染科是全德国最好的。但是，即使是该科最权威的医生，在了解了她的病情之后，也无法准确地判断这究竟是一种什么病。不久，莫妮卡就出现了呕血和黑

便等消化道出血的状况，血压也变得不稳定，只有病情危重、生命垂危的病人才会出现这种情况。消息传到实验室，同事们都悲伤不已、扼腕叹息。就在大家悲叹这位女实验员的生命行将终结的时候，又有一位男同事梅格斯开始发热，他的病情与莫妮卡的极其相似。紧接着，第三位实验员弗尔雷丝也开始发热，她的病情与前两位如出一辙……形势急转直下，显然这已经不是个案和偶发事件了，人们开始担心这种可怕的疾病下一个会出现在谁的身上。遗憾的是，接连发生在这同一个实验室的神秘疾病依然让医生们无处着手，他们倾尽毕生所学也无法确定这是一种什么疾病。看来只有一种办法，那就是暂时关闭实验室，把所有与已经发病人员有接触的人限制起来，与周围的人隔离，如此才有可能阻止该病的蔓延。

与此同时，德国法兰克福和南斯拉夫首都贝尔格莱德市的另外两个医学实验室也出现了类似事件。这些实验室同样不得不停止运转，对在其中工作的尚未患病的人员进行隔离观察，以避免疫情更大范围地扩散。消息一经传开，两国三地的神秘疾病很自然地就被人们联系在了一起。接连出现的现象令人生畏，到了当年9月底，已有31人发病，7人死亡。随着患病人数的不断增多，初期被突如其来的疫情打懵了的医生们终于总结出该病的特点，并将其认定为是一种严重的“出血热”。按照第一例病人出现的地方，将其命名为“马尔堡出血热”。

面对严重的疫情，人们需要在尽可能短的时间内查明病因、探寻真相。在政府的参与下，严谨的德国流行病学家们全力以赴，进行了大量的溯源工作，到了11月份，借助当时有限的技术条件，科学家们从病人的血液中找到了一种丝状病毒，这种病毒被证实是来自非洲国家乌干达的一种绿猴体内，病毒学家们将其称作“马尔堡病毒”。病毒的传播链也清晰显现，在发病的31人中，有25人是直接感染者，另外6人是间接感染者。直接感染的人多是两国三地的实验室研究人员，因为接触了当地实验室中携带有马尔堡病毒的绿猴而患病，间接感染者包括2名医生、1名护士、1名尸体解剖员及1名患病兽医的妻子，另有1名是某直接感染者的亲属，他们都是与直接感染的病人密切接触后被感染的。据调查，三家实验室中带毒的非洲绿猴竟是同一家德国公司从非洲进口的。原来，当时脊髓灰质炎呈现全球流行态势，在欧洲尤为严重，许多人从小就患上了小儿麻痹症，留下终身残疾。这种由脊髓灰质炎病毒感染引起的疾病，有望通过疫苗来加以预防，而疫苗研制关键的一环就是进行动物实验。这些进口来的非洲绿猴，就是要用于此类实验的。

马尔堡出血热疫情的原因终于尘埃落定，虽然马尔堡病毒十分致命，却只是人类发现的5000多种病毒中的一种，而世界上能够引起人类疾病的病毒，也绝不仅仅是这一种。要论病毒与人类疾病的关系，还得从远古时代说起。

话说自从盘古开天辟地以来，人类经历了洪荒蒙昧、多灾多难的漫长过程。在原始社会，人类衣不蔽体、食不果腹，不仅要承受饥饿、疾病、狼虫虎豹及恶劣的自然环境带来的生存压力，还要应付来自人类内部不同部落、不同种族之间的相互残杀和争斗。由于疾病等各种因素的困扰，人类最初的平均寿命只有二三十岁。一些人会夭折，甚至有些胎死腹中，与母同逝；另一些人虽已成年，但也活不长久，很多因病早亡。在那时，一个毫不起眼的伤口破溃、一次小小的感冒咳嗽、一不小心的呕吐腹泻，都可能会成为夺去生命的杀手。人类在一次次失去亲朋好友的至痛中苦苦挣扎、苦苦思索、苦苦探寻。他们跪求苍天，俯视大地；遍访高山，追问流水；他们痛苦、彷徨，希望、失望；他们建神庙、祭天地，烧香拜佛，祈求上帝，迷信巫师；他们使用“圣水”、草药、泥土等治疗疾病，想尽各种办法以减少人类因病痛而发生的夭折和死亡。然而，人类却一直未能破解死亡之谜、疾病成因。

与此同时，病毒——世界上最微小的生物之一，却在暗地里与人类进行着你死我活的争斗。它们每过几年、十几年、几十年就会掀起一次轩然大波，或者在动植物界肆虐，造成大批家禽、家畜或植物的死亡；或者直接侵犯人类，让年老体弱和抵抗力差者难逃一劫。这一过程往往会引起大量的动植物或人员死亡，人类发明了一个很好的词来描述这样的事件：中国人称作“瘟疫”，西方国家则叫“plague”，本质是同一个意思。

病毒给人类带来的威胁是多方面的，它往往在不知不觉中像一位隐形的杀手，以一种肉眼看不见摸不着的形式，神不知鬼不觉地在动物或人之间传播，小到造成个体失去生命，大到使一个地区乃至一个国家陷入瘫痪、停止运转，使世界进入至暗时刻、一如人间地狱。病毒所到之处，无论达官显贵还是平民百姓，均“一视同仁”、感而染之。

在显微镜发明之前，尽管人类经过了数百万年的努力挣扎，逐渐摆脱了原始状态，开启了各种文明之旅，学会了烹饪、狩猎、耕种，生产出了布匹、纸张、马车，盖起了房屋居舍，驯服了牛羊骡马，养起了鸡鸭鱼鹅，过上了自给自足、美滋美哉的生活，但幸福总是不能那么长久。每当人类开始自我欣赏、自我膨胀的时候，病毒这一比人类存在历史还要久远的微小生物，就像大自然派来的恶魔使者，会悄无声息地闯入人们的生活，使人类陷入慌乱和痛苦的境遇。人们能够意识到病毒的存在，却不知道它形色如何，总以为是神明在惩罚人类，或者是上帝在用他的无形之手教育人类。为了躲避病毒的危害，人们或闭门不出，或不相往来，或抱头鼠窜、四散奔逃，以致拖家带口、背井离乡。正所谓：

天地之间奇事多，
神明上帝奈我何？
一朝病毒同城入，
千门万户共萧瑟。

眨眼到了14世纪，此时在古老的中国大地，神农氏早已尝过了百草，张仲景也写出了《伤寒杂病论》，博大精深的中医学正护佑着华夏儿女沿着历史的航向一路向前。成吉思汗及其子孙们骑着蒙古大马踏遍了欧亚大陆，朱元璋和他的后代在寻觅着炼丹之术和长生不老之药……虽然瘟疫依然时不时地光顾中华大地，聪明的中华儿女们同样不知道病毒为何物，他们仍旧沿用千年流传的古老理论，认为瘟疫无形可求、无象可见、无声可复、无臭可闻，但却是客观存在的。此时在黑暗混沌的欧洲大地，中世纪宗教统治的摩天大厦正摇摇欲坠。但丁、彼特拉克和薄伽丘开启了文艺复兴的大门，达·芬奇、米开朗基罗和拉斐尔奠定了艺术、科学和人文发展的基调，人类从此走上了科学发展的康庄大道、探索发现的奇幻之旅。随着宗教统治的黯然收场，各种人性解放之花开遍了亚平宁半岛。

在1600年左右，世界发生了巨大的变化。传说有位荷兰眼镜制造商汉斯·詹森和他的儿子一起制作了世界上第一台显微镜。而当时意大利著名的物理学家、数学家、天文学家和哲学家伽利略（Galileo）也不甘示弱，开始利用望远镜观察昆虫肢体，并在此基础上发明了复合式显微镜。伽利略通过在意大利林琴科学院（Academia dei Lincei）的展示，得到了该院院士吉奥瓦尼·法波尔的青睐，其发明被命名为“显微镜（microscope）”。数十年后，荷兰人列文虎克（Leeuwenhoek）基于对放大镜的热爱和对玻璃加工工艺的熟练掌握，成功制作了世界上第一台真正意义上的现代光学显微镜。列文虎克利用这些显微镜发现了细菌、人体微血管和其中流动的血细胞，从此开启了微生物学发展的新纪元，人类进入了发现病毒、认识病

◎列文虎克发明显微镜

毒的新时代。自此，人类离揭开病毒的神秘面纱已经不远了。这正是：

显微镜下一世界，
列文虎克始揭开。
细菌病毒螺旋体，
除魔去病找你来。

但是，是谁发现了病毒，又是谁把病毒和瘟疫联系在了一起？请看下回分解。

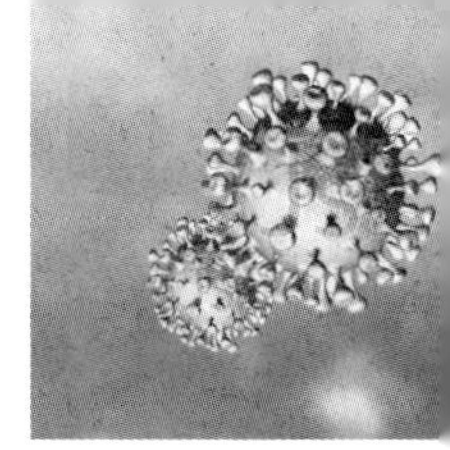

第二章

显微镜下真身现　病毒一说始流传

——病毒的发现

上回说道，世界上第一台真正意义上的现代光学显微镜是由荷兰人列文虎克发明的。列文虎克借助这一在当时十分先进的研究工具，观察到了细菌、人体微血管和血细胞，开启了微生物学发展的新纪元。那一年大约是 1674 年。

说起这位列文虎克，还有一段有趣的故事。他生于荷兰代尔夫特，自幼家境贫寒，未受过正规教育。少年时曾经漂泊在首都阿姆斯特丹，进入一家布店当学徒，混口饭吃。后来感觉乏味，思乡心切，几经波折后又回了到代尔夫特，在市长的推荐下做些市政方面的工作（一说是看大门）。由于生活简单而稳定，他本人又从小酷爱研磨透镜，因此一有闲暇时间就把玩玻璃制品，潜心钻研如何能把玻璃透镜研磨得更好。俗话说“只要有恒心，铁杵磨成针”，我国唐朝大诗人李白小时候不认真读书，后来受到一个老奶奶用铁棒磨针事情的启发，终于狠下决心、持之以恒，成就了诗绝古今的一生。同样，列文虎克出于自身狂热的爱好，也做到了持之以恒。他经过不断地琢磨和钻研改进，终于打磨出了当时世界上最好的玻璃透镜，放大倍数空前之高。看到这里有人不禁要问，列文虎克打磨透镜究竟要干什么呢？原来，这个人有一个非常特殊的爱好，那就是用自己打磨的透镜来观察物体，就像现代人喜欢用手机照相一样。他把镜片装在一个金属支架上，然后又给这个金属支架装上可以上下调节的旋钮，就这样制成了显微镜。利用这台显微镜，列文虎克先后观察了多种动植物、矿物以及人类的精子等。观察每一种物体后所获的每一个新奇的发现都使他激动不已，他用自制的显微镜仔细观察细菌和原生生物，并描绘出它们的形态和大小。他把观察所得写成文章，投给了英国皇家学会，但由于他出身低微、未受过高等教育，也没什么名气，所以一开始就受到了当时学会里贵族出身的名家大腕、学术权威的嘲弄。后来有部分崇尚科学精神的皇家学会会员用列文虎克发明的显微镜亲眼观察到了这些微小生物，在吃惊之余，他们对列文虎克的发现赞叹不已。终于，列文虎克的这些成果得以发表在英国皇家学会《哲学学报》上，从而引起了巨大的轰动，产生了重要影响，他成了第一个观察到细菌和原生生物的人。从此以后，人们就把自然界分成了宏观世界和微观世界，生物界也就有了大型生物和微生物之别。

在人类由愚昧混沌到文明开化的演进过程中，正是由于有了列文虎克等先辈们的孜孜追求和不断发现，人类才逐渐认识到了自身的渺小，并且意识到在人类之外尚存在着超越人类规模的宏大的微观世界和微小生物。这为我们发现自然、认识自然、敬畏自然开阔了视野，也为其他更小生物的发现打下了基础。

然而，正如其他事情一样，科学事业的发展往往也不是一帆风顺的。虽然人们在 17 世纪就已经发现了细菌，但是对于比细菌小得多的病毒的发现却是将近 200 年以后的事情了。

话说随着人类对自然界认识的加深和人类科技事业的不断进步，到 19 世纪末人们已经可以制造出孔径很小的滤器，用以过滤物体上的细菌。此时，随着航海技术和交通运输技术的不断发展，世界各国的交流不断加深，诸如显微镜和过滤器之类的发明也在世界范围内推广了，这为人类的生产生活和科学研究探索活动提供了强有力的工具。在此情况下，人们开始用这些科学工具来解决生产生活中的一些实际问题，烟草叶子的花斑病问题就是其中之一（当时欧洲国家的一些人酷爱吸食烟草）。

要说这一问题的解决还得从德国科学家阿道夫·爱德伍德·麦尔（Adolf Eduard Mayer）说起，他通过在荷兰长期种植烟草，对当时流行的这种烟草叶子花斑病进行了实验观察，发现把患病烟草的叶子捣碎取汁，再把这种汁液注入健康烟叶中就可引起健康烟叶发病，由此证明了这种病是可以传染的，因而将其命名为“烟草花叶病”（Tobacco Mosaic Disease）。而此时在另一个国家俄罗斯，一个名叫伊万诺夫斯基（Ivanovsky）的植物学家，也同样醉心于烟草花叶病的研究。他将生病的烟草叶子摘下并榨汁，榨的汁液通过可以阻挡细菌的过滤器过滤，然后将过滤后的汁液淋在未生病的健康烟草叶子上，以观察是否有其他更微小的生物对烟草生长带来影响或引起新的感染。结果他惊奇地发现，即使过滤掉了细菌，有病烟叶的怪病依然可以传染给无病的叶子。聪明的伊万诺夫斯基马上想到是细菌产生的毒素或一种比细菌更加微小的、能通过细菌过滤器的微生物引起了新的感染，他将其称作“过滤性毒素”。然而囿于当时的科学知识和技术条件，这种过滤性毒素究竟是什么样子却无人知晓。就在人们对此十分困惑的时候，另外一个重要人物出现了。列位看官，我们说在人类探索科学和未知的道路上，科学家们就像一个个勇往直前的侠客武士，竞相出发、接力前行，如此才有了我们今天所享有的辉煌成果和对世界的深刻认识。这个重要人物就是荷兰细菌学家马提纳斯·威廉·贝杰林克（Martinus Willem Beijerinck）。1898 年，他重复了俄罗斯植物学家伊万诺夫斯基的实验，发现即使把烟草花叶病病株的汁液用细菌过滤器过滤后稀释 100 万倍，仍然可以造成健康的烟草叶子发生感染。这说明造成感染的并非细菌及其毒素，而是另外一种新的致病因子。这种因子有三个特点：一是能通过细菌过滤器的微孔；二是只能在被感染的细胞内繁殖；三是离开活的生物体不能生长。贝杰林克把这种“有感染性的活的流质”取名为“病毒”，用拉丁语词“virus”表示，这就是英语中“virus”一词的来源。需要说明的是，贝杰林克并不是孤军作战，与他同一时期在不同国度孜孜探索的还有德国细菌学家弗里德里希·勒夫勒（Priedrich Loeffler），他通过对动物口蹄疫病的病因研究，证明了该病的病原体也是可以通过细菌过滤器滤过的，这项工作从另一方面印证了伊万诺夫斯基和贝杰林克的研究结果，使之更加令人信服。有意思的是，由于伊万诺夫斯基和贝杰林克在发现病毒的工作上都做出了巨大贡献，因此关于谁是病毒发现者和病毒学的奠基人这一问题，后人对此争论不休。在苏联时期，人们经常把伊万诺夫斯基看作是病毒学的创始人；而对欧洲国家来说，他们更倾向于把荷兰微生物学家贝杰林克当成病毒学的真正奠基者。

尽管如此，在伊万诺夫斯基和贝杰林克的时代，一个不争的事实是，病毒究竟是何物依然没有搞清楚。

历史的转折发生在1935年，这一年美国生物化学家温德尔·梅雷迪斯·斯坦利（Wendell Meredith Stanley）成功提取了烟草花叶病病毒的结晶。这一成功开创了一种研究病毒的全新方法，使人类离真正揭开病毒的神秘面纱又近了一步。斯坦利的成功离不开前人的不断研究：在他之前，有多位研究者已先后证明了烟草花叶病病毒可能含有蛋白质，同时提纯所需的快速测定烟草花叶病病毒浓度的方法已经建立，而且从溶液中提取制备高纯度的蛋白质晶体已有先例。正是在这样的情况下，斯坦利很好地利用了

◎温德尔·梅雷迪斯·斯坦利为研究烟草花叶病种植烟草

这些技术：他承包了一块农场，专事烟草种植；采用伊万诺夫斯基和贝杰林克的方法，让大量自种的健康烟叶感染烟草花叶病病毒，然后又对其进行浓缩提取，获得了浓度很高的带病毒汁液，随之利用蛋白质结晶技术，提取了一种针状的蛋白质结晶；这种蛋白质结晶马上被接种到另外一些健康烟叶上，使这些烟叶也出现了与烟草花叶病一样的病变，从而证明这种针状的蛋白质晶体就是烟草花叶病病毒。就这样，烟草花叶病病毒成了世界上第一种真正被发现的病毒。斯坦利也因这一伟大发现而于 1946 年获得了病毒学研究领域的第一个诺贝尔化学奖。这正是：

众里寻它万千重，
得来只在一念中。
烟草花叶病毒后，
自是谁人不识君。

真正的病毒虽然被发现了，但是，病毒的构造究竟是什么？它为何能够引起动植物或人类发病？人类将借助什么样的手段去解决这一系列重大而紧迫的问题？欲知详情，且看下回分解。

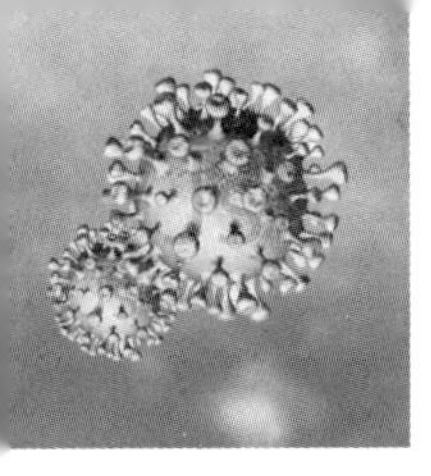

第三章

电子显微显神通　病毒结构露真容

——电子显微镜与病毒结构

前面说到，美国生物化学家斯坦利成功提取了烟草花叶病病毒的结晶，这一伟大成就不仅使人们真切地知道了病毒的存在，更重要的是，这一成功开创了一种病毒研究的全新方法，为其他病毒的相继发现提供了重要参考，人类由此进入井喷式地发现病毒、了解病毒、认知病毒、研究病毒、治疗病毒相关性疾病的全新时代。

提起这一点，我们不禁想起了19世纪末至20世纪初这个伟大的时代。在这个时代，一个个成就卓著、声名显赫的科学大家，如璀璨群星闪耀星空，为现代科学和人类文明的发展做出了不可磨灭的贡献，这其中就包括英国细菌学家亚历山大·弗莱明（Alexander Fleming）。他自幼丧父，历经坎坷，由母亲抚养成人。长大后东奔西跑，艰辛求学，用舅舅留给他的250英镑遗产向政府缴纳了税赋，避免了服兵役，并利用原本要服兵役的这段时间考入了位于英国帕丁顿的圣玛丽医学院学习医学。古语有云：天将降大任于斯人也，必先苦其心志，劳其筋骨……从小生活不易的弗莱明十分珍惜这次来之不易的学习机会，他勤奋刻苦、发奋图强，最终以优异的成绩从大学毕业。然而，本想毕业后能过上安稳宽裕生活的他，工作却并非一帆风顺。迫于多种因素，他先后参加过奥姆洛斯·莱特（Almroth Wright）的伤寒疫苗研究，也从事过治疗梅毒的药物试验。第一次世界大战爆发后，他随莱特一起加入了英国皇家军医医疗队，负责进行战伤和细菌培养研究，这为他日后从事细菌学研究打下了良好的基础，积累了丰富的经验。1928年，在细菌学研究领域已小有名气的弗莱明被聘为英国伦敦大学细菌学系的教授，在那里他的主要工作仍然是细菌培养及相关研究。功夫不负有心人，有一天，弗莱明在准备整理细菌培养皿时，意外发现有一个培养皿中的金黄色葡萄球菌菌落没有生长，而其他相同培养皿中的细菌却长势很好，这一反常现象引起了他的注意。经过仔细回想，他发现是他在前几天做实验时一不小心把一种真菌培养液误滴到了这个细菌培养皿中。换句话说，正是由于这种真菌进入了那个培养皿，才使培养皿中的细菌没有生长。细心的他立即对这个真菌进行了鉴定，并且重复了上述实验。实验结果如出一辙，而鉴定的结果则提示这一真菌属于青霉菌（*Penicillium*）。于是弗莱明敏锐地意识到青霉菌可以产生一种杀菌物质，能够抑制或杀灭金黄色葡萄球菌等细菌。他把这种物质命名为“盘尼西林”（penicillin），也就是我们现在所使用的青霉素，亦是人类历史上第一种被发现的抗生素。青霉素的发现貌似源于一次偶然的失误，实际上却有一定的必然性，是弗莱明及其前辈长期研究积累的结果。要说世上很多重大的发现其实都蕴含着一定的道理，往往都是来自某些意外、偶然、巧合，甚至失误，但却是偶然之中有必然。遗憾的是，弗莱明的发现作为一种前所未有的新事物，在当时人类认识不充分的情况下，并未立即引起人们的重视。直到十几年后的第二次世界大战期间，由于战伤及细菌性感染病治疗的急迫需要，科研人员在查阅文献时才发现了弗莱明的这一有关青霉素的研究论文。于是，在澳大利亚药理学家霍华德·沃尔特·弗洛里（Howard Walter Florey）和德国生物化学家厄恩斯特·鲍里斯·钱恩（Ernst Boris Chain）的共同努力下，青霉素得以工业化生产，并用于临床治疗细菌感染性疾病，这开创了使用抗生素治疗传染和感染性疾病的新纪元。1945年，鉴于他们在青霉素发现和应用领域的杰出贡献，弗莱明、弗洛里和钱恩一起获得了诺贝尔生理学或医学奖。有诗为赞：

盘尼西林横空现，
开创抗菌新纪元。
神药一出解疾苦，
人类从此更延年。

青霉素的发现和应用为后续其他多种抗生素的发现与应用奠定了基础，也为病毒学研究带来了重要启示。

言归正传，斯坦利虽然发现了烟草花叶病的病毒结晶，但人们仍然不知道这种病毒的细微结构是什么。在人类探寻科学真理的接力路上，为了一寻究竟，又有一些科学家勇敢地站了出来。众所周知，要想对一个物体或者一种生物的细微结构了解得更加清楚，就需要把它尽可能地放大。然而，囿于当时的技术条件，由玻璃透镜所制造的光学显微镜很难达到这一要求，这就使得人们对病毒及其他微生物的深入研究陷入了困境，于是科学家们不得不思考和寻求更加高级的显微工具，电子显微镜便由此应运而生。

说起电子显微镜，不得不提一提电的发明。电是自然界存在的一种电磁现象，早在公元前 2750 年古埃及人就从尼罗河的电鱼身上体验到了电流的冲击。此后数千年间，古希腊、古罗马、古阿拉伯的自然主义者和医生们都不同程度地描绘了电鱼的放电现象。15 世纪前，阿拉伯人探索了闪电及其他来源的电的特性。1600 年，英国科学家威廉·吉尔伯特（William Gilbert）对电磁现象做了深入研究，他第一次创造了一个新的拉丁语单词“electricus”来描述电现象。1646 年，另一位英国学者托马斯 · 布朗（Thomas Browne）出版了巨著《流行的谬误》（*Pseudodoxia Epidemica*），正式从“electricus”一词中衍生使用了“electric”（电）和“electricity”（电力）两个词，使其成了英语词汇的一部分。到了 18 世纪后半叶，人类已经在电的研究方面做了很多探索。1752 年，美国科学家本杰明·富兰克林（Benjamin Franklin）在他前期广泛实验并提出正、负电和电流理论的基础上，进行了著名的风筝实验，通过捕捉雷雨天气中的闪电来证明天电和地面上的电是一样的，他也因此被誉为电的发明者。从那以后，人们对电进行了广泛而深入的研究，发现了电子、电荷、电流和电磁等有关电的很多规律，发明了发电机、电灯、电话、电报等许多以电为基础的实用装置，极大地改善了人类的生活方式和生产面貌，人类进入了电的时代。

随着电学理论的成熟和人们对探寻微观世界愈发迫切的需求，科学家们开始尝试将电子理论与显微技术相结合。由于可见光波的波长要比电波的波长长10万倍以上，所以电子显微镜的放大倍数和分辨率要比光学显微镜高出很多，这样就可以利用它观察很多更小物体的细微结构。1931年，世界上第一台电子显微镜的原型机，由德国物理学家厄恩斯特·卢斯卡（Ernst Ruska）和德国电子工程师马克斯·诺尔（Max Knoll）联合发明成功，放大倍数为400倍。1933年，卢斯卡又建造了世界上第一台放大倍数超越光学显微镜的电子显微镜。此后他和他的兄弟海尔穆特·卢斯卡（Helmut

◎厄恩斯特·卢斯卡和马克斯·诺尔发明电子显微镜

Ruska）一同被西门子公司聘用，他们帮助该公司于 1938 年开发了北美第一台商用电子显微镜，放置于加拿大多伦多大学，主要用于生物学标本的观察研究。1986 年，厄恩斯特·卢斯卡与另外两位发明扫描隧道电子显微镜的科学家一起获得了诺贝尔物理学奖。

电子显微镜发明成功后，在病毒学研究领域发挥了重要作用。由于病毒的大小一般为 30~450 纳米，这就意味着大多数病毒是很难用光学显微镜进行观测的。电子显微镜可以放大数百万倍甚至上千万倍，很多病毒的微观结构得以揭示，这其中就包括了烟草花叶病病毒。1939 年，古斯塔夫·考希（Gustav Kausche）、埃德加·凡库克（Edgar Pfankuch）和海尔穆特·卢斯卡联合使用电子显微镜获得了第一张烟草花叶病病毒的电镜照片，这也是世界上最早在电子显微镜下观察到的病毒照片。

科学发展的道路从来都不是平坦的，从列文虎克发明第一台光学显微镜到第一台电子显微镜的问世，时间过去了将近 300 年。这期间人类对病毒的认识不过半个世纪，而由于电子显微镜的广泛应用，危害人类和动植物健康的大多数病毒的真面目都将逐渐被揭开，人类对病毒性疾病的认识将一步步加深。这真是：

电子显微显神通，
病毒结构露真容。
莫道疫魔身形小，
百万镜下难躲逃。

看到这里有人不禁要问：病毒发现了，人类是否可以从此高枕无忧了？其实不然，人类与病毒的真正斗争才刚刚开始。电子显微镜虽然可以看到微小的病毒颗粒和它的形态，但却无法看到它的化学本质和致病机制。病毒的化学本质究竟是什么？是蛋白质，还是其他物质？对这些问题的回答，尚需借助更多的手段加以探究。要问这些手段都有哪些，且看下回分解。

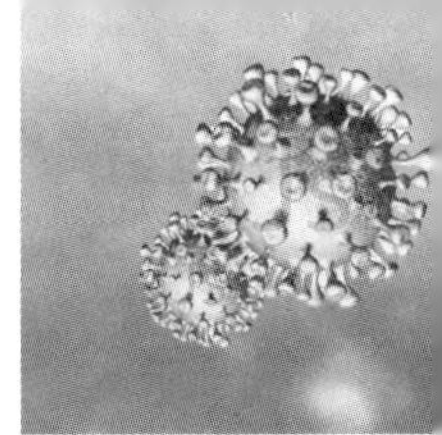

第四章

生命奥秘始破译　病毒原本是核酸

——病毒本质

电子显微镜发明成功后，世界上第一种被发现的病毒——烟草花叶病病毒——的显微结构得以被放大和破解，人类对病毒结构的认识又大大前进了一步。电子显微镜为什么有如此神奇的本领呢？原来这得益于它独特的作用原理。众所周知，光学显微镜是以可见光为散射光源，以玻璃磨制的光学透镜为放大工具，以被观察物体不同结构吸收光子的多少不同而表现出的亮度差来成像。电子显微镜则是以电子枪发射的电子束为散射光源，以电磁线圈制作的电磁透镜为放大工具，以电子束照射到待观察物体表面后被反射的电子数量多少不同而呈现出的浓度差来成像。由于光波的波长远远大于电子束的波长，所以光学显微镜的分辨率和放大倍数都大打折扣。一般光学显微镜的分辨率在 2~5 微米，放大倍数最大约 1000 倍；而电子显微镜的分辨率可达 1~3 纳米，放大倍数能达到上千万倍。鉴于此，电子显微镜诞生后被迅速用于科学研究领域，解决了很多重大、前沿的问题。然而与光学显微镜一样，电子显微镜通过放大观察到的仍然是物体的形状和大小，对物体的化学本质却无法辨识。在病毒学研究领域，这一问题同样存在。这真是：

雨濛雾浓路途艰，
火眼金睛是电显。
欲知组分是何物？
无奈叹息唯茫然。

事实上人类关于生命本质的探索一直没有停止，19世纪后半叶，伴随化学和生物化学的发展，这一问题迎来了黎明前的曙光。1869年，瑞士科学家弗雷德里克·米歇尔（Friedrich Miescher）从脓液细胞中分离提取了一种酸性物质，命名为“nuclein”（核蛋白），后来证实这一物质就包含了我们今天所说的核酸（nucleic acid），但核酸一词的正式创造和使用则是由德国组织病理学家理查德·阿尔特曼（Richard Altmann）于1889年完成的。米歇尔在发现核蛋白后不久，就提出了该物质可能与遗传有关的猜想，这为后来的研究带来很大启示。列位看官，我们在上回书中曾经说过，19世纪末至20世纪初是一个伟大的时代，科学技术呈现井喷式发展，涌现了许多卓有成就的科学家。也就是在这一时期，在米歇尔发现核蛋白的基础上，德国生物化学家、世界遗传学的奠基人之一阿尔布莱特·科赛尔（Albrecht Kossel）于1881年前后经进一步研究发现核蛋白包含了一种蛋白质组分和一种非蛋白质组分，他分离、提取了后者，证实了这才是米歇尔发现的核蛋白中真正的酸性物质——核酸。此后科赛尔一发不可收拾，其职业生涯就像坐上了火箭一样，走上了“开挂”之路。俗话说，一窍开则百窍开。1885年至1901年，作为柏林大学生理学院化学系主任的他又一口气分离命名了5种重要有机物：腺嘌呤、鸟嘌呤、胞嘧啶、胸腺嘧啶和尿嘧啶，也即现在统称为核酸碱基的物质。不仅如此，科赛尔还与阿尔特曼及同时代的其他科学家们保持着密切联系，以极其出色的工作为以后发现和阐明核酸结构打下了坚实的基础，也为认识生命的化学本质带来了希望。1910年，科赛尔以其在破解生物细胞遗传物质核酸的化学结构中所做出的辉煌成绩而获得了诺贝尔生理学或医学奖。

历史的进程不总是一帆风顺的，正当很多科学家在奋力向前刻苦钻研、努力探索宇宙奥秘和生命本质的时候，第一次和第二次世界大战先后爆发，这使他们在科学天地前进的脚步不得不慢了下来，但并未停歇。事实上，在科塞尔分离出核酸后不久，美国生物化学家福布斯·利文（Phoebus Levene）就于1909年确定了两种核酸之一的核糖核酸（ribonucleic acid, RNA），明确了其含有碱基、核糖和磷酸核苷。1929年，利文进一步确定了另一种核酸——脱氧核糖核酸（deoxyribonucleic acid，DNA），指出其与 RNA 的区别在于 DNA 所含的是脱氧核糖。就这样，人类离破解生命奥秘越来越近了。借此方法，科学家们很快就搞清楚了烟草花叶病病毒是由 RNA 和蛋白质组成的，简而言之，该病毒的主要化学成分就是 RNA。这就打破了斯坦利提取到烟草花叶病病毒的蛋白质结晶后断言的病毒化学本质是蛋白质的论断，因为人们已经发现蛋白质自己不能生产自己，而核酸才是病毒颗粒中最活跃的部分。

然而，随之而来的问题是，病毒为什么有那么多？它们是如何“繁殖”的？同一种病毒为何都是一模一样的？这些貌似简单实则重要而复杂的问题又摆在了人们的面前。这就要求科学家们弄清楚 DNA 和 RNA 的结构，以及在遗传信息传递中的作用及其自身“繁殖”的规律。

1938 年，应用 X 线衍射技术，英国物理学和分子生物学家威廉·托马斯·阿斯特伯里（William Thomas Astbury）与他实验室中的另一位女科学家——结晶学家弗劳伦斯·贝尔（Florence Bell）在《自然》杂志上发表了一篇描述 DNA 结构的 X 线衍射图的论文，这是当时世界上第一个关于 DNA 分子结构的 X 线衍射图，他们形象地把它描述为“一摞堆起来的硬币”。其后十几年间，关于 DNA 分子结构的 X 线衍射研究不断涌现，人们逐渐知道了 DNA 分子属于螺旋形结构，而且测得了其中腺嘌呤与胸腺嘧啶、鸟嘌呤与胞嘧啶的数量分别是相等的，这为后继科学家产生 DNA 碱基两两配对的联想提供了可能。各位读者，科学发现常常充满了巧合与偶然，但在巧合与偶然中又常常蕴含着必然，一件事情的成功往往是天时、地利、人和共同作用的结果。1953 年 2 月，正在英国卡文迪许实验室工作、长期从事蛋白质及 DNA 等生物大分子 X 线衍射研究的美国分子生物学与遗传学家詹姆斯·沃森（James Watson）和英国分子生物学与生物物理学家、神经科学家弗朗西斯·克里克（Francis Crick），在一个偶然的机会看到了另一位英国物理与生物学家毛利斯·威尔金斯（Maurice Wilkins）提供的，由其同事、化学与结晶学家罗萨琳德·富兰克林（Rosalind Franklin）于 1951 年拍摄的高清晰度 DNA 晶体 X 线衍射照片，这激发了他们的创造灵感，使他们坚信 DNA 的分子结构应该是双螺旋的，同时他们也获知 DNA 分子中腺嘌呤与胸腺嘧啶、鸟嘌呤与胞嘧啶的数量分别是相等的。他们即刻运用自己丰富的数学知识和对 DNA 碱基对的认识，设想出碱基两两配对的 DNA 双螺旋结构模型，并且计算出了其数学参数。沃森和克里克很快便在《自然》杂志上发表了一篇关于 DNA 双螺旋结构模型的论文，一举破解了生命的遗传物质 DNA 的结构，引起了世界性轰动。生命之谜终于被解开了，分子生物学研究迎来了春天。1962 年，沃森、克里克和威尔金斯共同分享了诺贝尔生理学或医学奖。有诗为赞：

沃森克里谱新篇，
DNA 是双螺旋。
生命奥秘终破译，
科学佳话代代传。

话说这个克里克本就不是一个安分的主儿，1953 年与沃森提出 DNA 双螺旋结构模型的时候，沃森年仅 25 岁，而他已 37 岁“高龄”。按说在这个年龄段他已功成名就，完全可以枕在科学成就上睡大觉了，但是他勤奋的脚步比沃森迈得还快。在那时，虽说 DNA 的结构已经破解，但遗传信息如何从 DNA 传递到蛋白质却仍然没有定论。一时间生物学界又陷入了迷茫之中，各种推论众说纷纭。有鉴于此，在综合他人研究成果和自己多年探索的基础上，克里克于 1958 年大胆地提出了遗传信息的“中心法则”（Central Dogma）这一概念，并于 1970 年再次结合彼时的研究进展在《自然》杂志发文重申并补充完善了这一基本法则，即遗传信息的传递是从 DNA 到 RNA 再到蛋白质的过程，DNA 可以以自身为模板进行复制；特殊情况下，RNA 亦可以自身为模板进行复制，或反转录形成 DNA，但遗传信息无法由蛋白质向蛋白质或由蛋白质向 DNA 或 RNA 传递。“中心法则”的确立极大地丰富了分子遗传学的内容，成为至今不变的涵盖分子生物学、医学及遗传学等领域的指导原则，使人类对生命本质及其遗传过程的认识变得更加清晰。

讲到这里，有人不禁要问，这些科学发现与病毒的化学本质有什么关

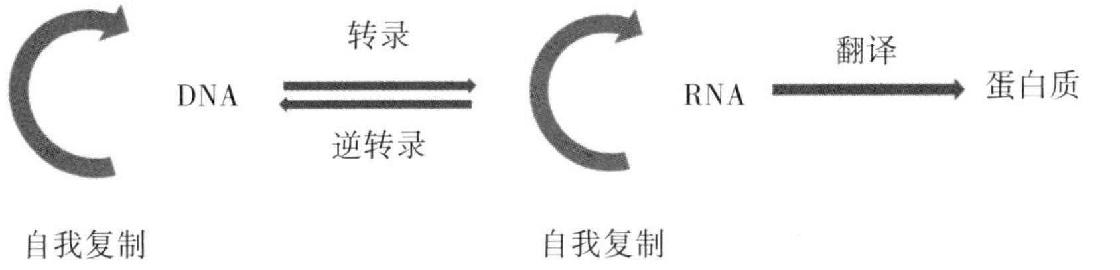

转录
DNA
逆转录
RNA
翻译
蛋白质
自我复制
自我复制

◎中心法则

系？对人们认识病毒和防治病毒相关性疾病有什么帮助？原来，自从人类发现了世界上第一种病毒——烟草花叶病病毒——之后，在自然界数以百万计的病毒当中，有 5000 多种病毒为人类所识别。随着人们对蛋白质和核酸等生命物质结构与功能的认识，以及对遗传物质和遗传过程的剖析，科学家们发现，病毒其实是一类极其微小，仅能在有机体的活细胞中进行复制，离开活的生物体就没有生命活动的非细胞型微生物。一种病毒一般仅含有一种核酸，核酸外面包裹有一层由蛋白质或脂质形成的衣壳（或包膜），就像人穿了件衣服一样。在此情况下，这衣服就好比病毒的蛋白（或脂质）衣壳（或包膜），而这人就像是病毒的核酸。所以，从最核心的构造来看，病毒的化学本质主要就是核酸。根据病毒所含的核酸类型不同，病毒学家将病毒分为两大类，即 RNA 病毒和 DNA 病毒。这些病毒的核酸在进入有机体的活细胞后，能以自身的 RNA 为基础进行反转录，也可将自身的 DNA 整合到宿主细胞中，利用宿主细胞核中的各种酶和原料物质进行复制和转录，这些过程也可通俗地看作是病毒在生物体内的繁殖，由此引起人类或其他动植物发病。由于核酸不同，RNA 病毒和 DNA 病毒的传染性、致病性和致死性往往也不尽相同，这一点有待后叙。需要指出的是，在 DNA 结构阐明后的 1955 年，烟草花叶病病毒的 RNA 才得以纯化，但人们仍然不知道其是单链还是双链。三年后的 1958 年，结晶学家罗萨琳德 · 富兰克林在 X 线衍射研究的基础上，率先提出该病毒为一条单链 RNA 的假设，这一假设后来被他人的研究所证实。由此可见，搞清核酸的组成与结构对弄清病毒的化学本质是多么地重要。这正是：

病毒原本是核酸，
虽无生命却难缠。
形微体怪恒难治，
相生相克度流年。

各位读者，病毒的化学本质搞清楚了，但病毒的致病机制却依然是个谜。究竟病毒是如何致病的？它为什么个头不大而引起的危害却很大？欲知个中缘由，请看下回分解。

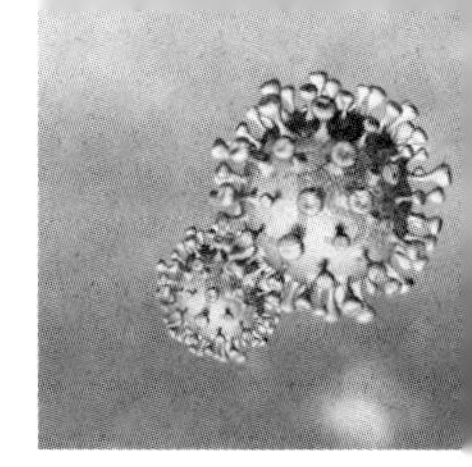

第五章

病毒致病有玄机　无影少形难寻觅

——病毒的致病机制

历史的车轮滚滚向前，一转眼就到了20世纪50年代，分子生物学蓬勃发展，科学家不断涌现，他们如八仙过海、各显神通，很快就搞清楚了遗传的物质基础和生命的基本奥秘。病毒学在这一时期也迎来了发展的春天，然而，尽管人们当时已经能够借助电子显微镜观察肉眼不可见、个头微小且属于纳米级别的病毒的形态和结构，也能运用现代科学手段确定病毒的核酸及其蛋白质，但却不知道病毒究竟是如何引起人类或其他动植物发病的。对此，不仅普通老百姓感到十分困惑，如坠五里云雾，就连著作等身的科学家们也感到非常迷惘。

好在几十年后的今天，由于整个生命科学的飞速发展，人类已经基本搞清楚了病毒的形态结构和主要致病机制，让病毒的嘴脸暴露于天下。原来病毒有各种各样的“长相”，长杆状的、圆球形的、砖块形的、椭圆形的、多面对称立方体形的、子弹头形的和不规则形的等。无论什么形状，都有一个共同特点，那就是完整病毒颗粒一般都由包膜、衣壳和核酸组成：核酸在最里边，包膜或衣壳在外面。就像那狡猾的敌人，司令官总是藏身于最安全最机密最核心的地方，外部有层层保卫；又酷似人类本身，无论春夏秋冬都要穿衣物。病毒的衣服就是病毒核酸外面包裹着的一层由蛋白质或脂质构成的包膜和（或）衣壳，它既能起到保护核酸的作用，又能帮助病毒黏附在人体的皮肤或黏膜表面，利于病毒入侵，更能吸引人体免疫细胞对病毒产生免疫活性物质——抗体。病毒结构的最主要部分——核酸，也有着与人类核酸基本相同的组成单位——核苷酸，其核苷酸的组成成分同样是人体核酸中必不可少的磷酸、碱基、核糖或脱氧核糖。一般的病毒都含有衣壳和核酸两部分，它们是病毒致病的基础。病毒本身就像吸血鬼，它自身没有生命，但却像一个影子杀手，一旦进入人体，就会贪婪地吸食、利用人体细胞中的各种原料物质，如磷酸、碱基、核糖和脱氧核糖、氨基酸，以及RNA聚合酶、DNA聚合酶等，大肆繁殖它的子子孙孙。与其他病原体相似的是，科学家们把被病毒侵害的人或者动植物也称为宿主。那么，病毒是如何侵入宿主引起疾病的呢？以人体而言，多数病毒进入体内后首先是通过其包膜或衣壳上的蛋白质或脂质黏附在入侵部位的人体细胞表面，再以病毒包膜（或衣壳）与人体细胞膜相互融合，或者以人体细胞膜下陷包围并吞没病毒颗粒的方式，将病毒核酸释放进人体细胞的细胞质内，从而开始后续的“繁殖”过程，用一首打油诗来说就是：

龙生龙，凤生凤，
病毒的孩子闹得凶。
黏细胞，耗养分，
数多势众不留情。

那么，病毒是如何“生孩子”（繁殖）的呢？病毒“生孩子”的过程，科学上也叫复制，系在宿主细胞内完成，大致可分为三个步骤。

第一步是病毒“孩子”（子代）核酸的合成。这一过程多是以病毒“妈妈”（亲代）的核酸为模板，借助宿主细胞内的核苷酸和酶等原料物质，按照病毒核酸模板上的遗传信息，也就是核苷酸的排列顺序来合成新的子代核酸，这样生出来的“孩子”（新合成的子代病毒核酸），在核苷酸排列顺序或携带的遗传信息方面与其“妈妈”完全相同，这就保证了即使有成千上万的病毒，同种病毒其核酸都是一致的。就好比用电脑事先排好了版，再用打印机打印，无论打多少，每份文件的内容都是完全相同的。又如复印文件，原版是什么样的，不论数量多少复印出来还是什么样的。

病毒“生孩子”的第二步，是合成“孩子”所穿的衣服——病毒的包膜或衣壳蛋白，这一过程科学上叫作“翻译”。翻译依赖的是病毒的核酸，以病毒核酸中的核苷酸排列顺序来决定病毒包膜或衣壳蛋白中的氨基酸排列顺序（蛋白质的基本组成单位是氨基酸）。这一过程蛮有意思，病毒核酸中有一种专门传递遗传信息的，人们叫它“信使 RNA”（messenger ribonucleic acid，mRNA），它是病毒蛋白合成过程中的直接模板，其中的核苷酸按照病毒核酸自身特有的顺序排列，每三个组成一个遗传密码，代表一种氨基酸信号，在病毒蛋白质合成过程中只有与该密码相符的氨基酸才能被识别，从而确保了遗传信息由病毒核酸向蛋白质传递时的准确性。mRNA 就像古代皇帝的信使、现代军队的通信兵，能将病毒蛋白需要合成什么样子的要求传递出来。在病毒或人体中还有另外一种负责运输氨基酸的 RNA，美其名曰“转运 RNA”（transfer ribonucleic acid，tRNA），其上有与 mRNA 密码互补的反密码。tRNA 就像汽车，专门负责将氨基酸运送至与 mRNA 相对应的位置。一般情况下，一种 tRNA 只能运送一种氨基酸，这样在病毒蛋白合成过程中，当不同的 tRNA 把不同的氨基酸运送到 mRNA 面前时，两者就会先对密码，只有密码互补的才能够连接，否则不予接洽。这有点儿像过去走江湖的，双方见面要确认是不是自己一方的人，一方要先喊一声“天王盖地虎”，如果另一方喊出来的是“宝塔镇河妖”，暗号就对上了，如有一方出错就不能互认了。这种 mRNA 密码与 tRNA 反密码的互补对接过程，实际上也体现了生物自身为了确保蛋白合成的稳定性和准确性，避免出错，也可理解为生物体自带的质量控制方式吧。病毒 mRNA 上有多少密码，就会与多少带有反密码的 tRNA 对接，从而使相应的氨基酸不断被转运、排列并相互连接在一起，最终合成完整的包膜或衣壳蛋白。

病毒“生孩子”的第三步，是把在宿主细胞胞浆中合成的病毒核酸与病毒的包膜或衣壳装配在一起，也就是给病毒核酸穿上衣服，这一过程是自动完成的。在此阶段，一个完整的病毒颗粒就形成了，“孩子”就生出来了。这真是：

病毒生孩流程严，
核酸合成为最先。
包膜衣壳紧随后，
接二连三复印完。

通常病毒核酸和包膜（或衣壳）蛋白的合成速度很快，在条件适合的情况下，数小时内可以有成千上万的完整病毒颗粒合成出来。过多的病毒颗粒会使宿主细胞胀破，并从中释放出来，病毒颗粒亦可以出芽的方式（类似种子发芽）从宿主细胞中顶出来。这就像打开了潘多拉的魔盒，释放出的完整病毒颗粒会迅速扩散至其他宿主细胞，以其包膜或衣壳蛋白黏附于细胞膜（壁）上，通过与该细胞膜融合、被该细胞膜内陷吞噬，或从衰老

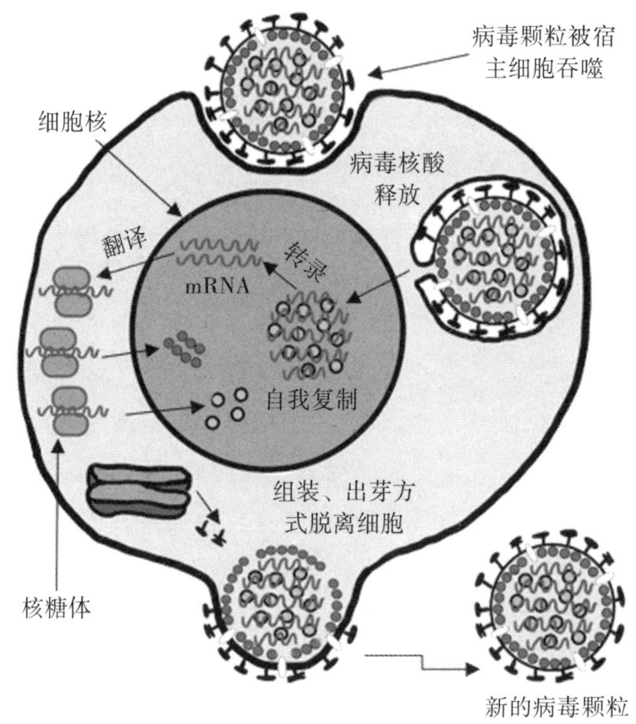

◎病毒入侵宿主细胞、复制及繁殖的简要过程

破损的细胞壁进入（侵入植物与真菌多以此方式）等形式重复前述过程，最终导致大量宿主细胞被破坏，从而引起宿主疾病加重，这是病毒致病的主要机制之一。

除此之外，当病毒进入人体某一部位时，对人体免疫细胞而言，它们是异物或入侵者，就像天外来客。免疫细胞和其他免疫活性物质就会迅速向病毒靠拢、集结，将其包围，力图杀伤、驱离。此时疾病的发生、发展就取决于双方力量的对比，谁强谁就占上风。这一过程好像打仗，病毒是敌人，其致病力取决于它的衣壳蛋白的黏附能力和核酸的复制能力，而人体的免疫力，包括免疫细胞、抗体、补体及其他天然抗病毒活性物质，就像抵御外敌的军队。在敌人数量少、入侵时间短的情况下（相当于病毒感染早期），如果人体内的军队数量足够多、力量足够大（也即免疫力足够强），就可将敌人围而歼之，此时感染者多数病情轻微或者无明显不适。相反，如侵入人体的病毒数量多、致病力强，而人体自身的免疫力差、军队数量少，就无法将敌人歼灭，这种情况下就会出现两种结果：一种是人体的免疫力和病毒的致病力势均力敌，敌我双方杀得难分难解、不分高下，经历很长时间也不停歇，此时病情迁延不愈、时好时坏，很容易转变成慢性病；另一种是作为敌人的病毒，其力量过于强大，突破了人体军队的封锁、围堵，在人体组织细胞内大量繁殖、四处扩散，好像占据了优势的反政府武装，把人体这个“国家”砸得稀烂，人的多个重要组织器官都会出现严重感染和炎症，最终导致这些器官功能衰竭、人体死亡。所以在历次传染病大暴发大流行，尤其是病毒性疾病流行中，不幸死亡的大多数都是年老体弱，或有心、脑、肺、肾等重要脏器基础疾病，或者是免疫功能有缺陷的一部分人群，其原因就在于此。正所谓：

病毒一入窍生烟，
两军相遇强者还。
若要余生得安分，
健骨宁筋自康然。

由此看来，在病毒性疾病防治方面，人体的免疫力强弱起着举足轻重的作用。那么，如何才能保持良好的免疫力呢？一般而言，充足的睡眠、适量的运动、科学的饮食和良好的情绪是实现这一愿望的前提和基础。

各位读者，病毒致病的主要机制搞清楚了，但人类与病毒的斗争却远未结束。时间回到 19 世纪末，在欧美国家的牧场里，一场神秘的疫情笼罩在牛羊中间，就连牧民们也难逃此劫，一场人畜不安的人毒之战不可避免地又开始了。这究竟是一桩什么事情？又是缘何而起？欲知详情，请看下回分解。

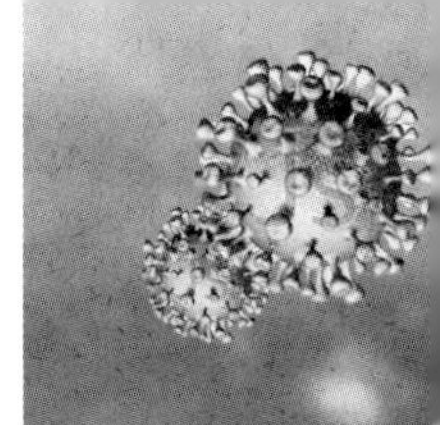

第六章

口蹄生病猪牛亡　人若感染心亦慌

——口蹄疫病毒

话说这病毒是“人小鬼大”、捉摸不定，致病机制十分刁钻：偏偏它没有生命，却能伤人于无形；偏偏它结构简单，却让人类拿它少有办法。因此，这才有了“免疫力”一说，意指患了病毒性疾病，但凡免疫力强者多能存活下来，获得针对该病毒的免疫力，以后不再被感染；而那些年老体弱和免疫力差者，感染后则往往病情危重、疗效不佳，甚至不治而亡、一命呜呼。病毒之厉害，真是害得人手足无措，直叫人咬牙切齿，坊间有好事者写了一首现代打油诗以叙之：

如果你爱他，
就送他病毒吧，
因为它可以给他免疫力；

如果你恨他，
就送他病毒吧，
因为它可以让他下地狱。

列位看官，前面说到“病毒”一词出现得实属较晚，病毒结构基因及遗传规律确定得更晚，但病毒及其引起的相关疾病却很早就有了。时间回到19世纪末，在德国、荷兰、法国和美国等很多国家的牧场里，相继发生了一种人畜共患的疾病。该病主要祸害偶蹄动物，牛、羊、猪、骆驼和鹿等无一幸免。所谓偶蹄动物，是指哺乳动物中以吃草为主的一类大中型食草动物。由于长期进化的结果，其第1趾完全退化，第2趾和第5趾多不发达或缺失，着重以第3趾和第4趾负重，故这两根趾特别发达、长短相等。因每只足的趾数目相等且为双数，趾末端又有角化的鞘状蹄子，所以这类动物被称为偶蹄动物，牛、羊、猪、骆驼和鹿等均属此类。当时这种疾病发生后，因为病因不明，人们十分恐慌，将其视为一种怪病，避之不及。

说来也是，这种病忒不一般。一旦发病，患病动物往往口唇黏膜溃烂，满嘴直流白色泡沫样口水，口腔疼痛无法进食，四蹄破裂导致瘸腿跛行等，重者可因心脏停搏而死亡。由于没有特效药物，动物患病后很难治愈，病情随时间延长而加重，又因其口腔疼痛进食障碍，导致摄食减少、营养欠佳、日渐消瘦、体力难支，牲畜数量和肉类产量均会大幅度下降。有鉴于此，每次流行期间人们都只能以大规模捕杀患病牲畜的方式来减少损失和阻止传播，常常造成巨大的经济损失。人感染该病后也往往会突然发病，主要表现为发热，口腔灼热，口唇、牙龈、指缝、指尖、手掌和足部出现水疱、溃烂、裂口等。幸运的是，多数情况下，人的病情比较轻微，可以自愈。

◎偶蹄动物和人

尽管如此，人感染后的痛苦也是难以忍受的，这使得此病所到之处人人惶恐、户户不宁，紧张混乱之情可想而知。

然而，古语云“路不平有人铲，事不平有人管”，在人类健康和科学事业发展的道路上，科学家们有时就像侠肝义胆的勇士，有时又像爱管闲事的路见不平者。他们往往会在人类最需要的时候，或者在人类处于黑暗中时站出来，如一泓清泉、一盏明灯，滋润人们的心田、照亮人类前行的道路。就在这种怪病肆虐横行，弄得人们束手无策的时候，1910 年，有一位德国细菌学家弗里德里希·勒夫勒（Friedrich Loeffler）挺身而出、迎难而上，为人们带来了希望。他在俄国植物学家伊万诺夫斯基所做烟草花叶病病毒研究的启发下，做了一个有趣的实验：把患病动物的血液用过滤细菌的过滤器过滤，然后将得到的滤液涂抹到健康牲畜身上，观察它们是否发病。结果，这些原本健康的动物也被感染了，接连患上了这种怪病。由此证明了这是一种由病毒感染引起的传染性疾病，可以由一个病畜向另一个无病的牲畜传染。当时人们已根据该病发病后主要引起患病牲畜口、蹄溃烂的特点将其命名为“口蹄疫”，勒夫勒因之也就把导致该病的这种病毒称作“口蹄疫病毒”。就这样，在勒夫勒聪明的实验验证下，世界上第一种动物病毒——口蹄疫病毒——被发现了，人类关于病毒的研究又翻开了新的一页。

正所谓“山重水复疑无路，柳暗花明又一村”，口蹄疫病毒的发现使人类意识到：自然界不仅有祸害植物的植物病毒，还有能侵袭动物的动物病毒；动物病毒不仅会引起动物感染，而且也会引起人类感染。因此，人类对病毒感染性疾病的认识又加深了。

事实上，口蹄疫是一种烈性动物传染性疾病，被誉为畜牧业的“头号杀手”。据相关资料记载，自 1900 年以来，口蹄疫病毒已先后在全球多个国家造成大流行。在美国，1914 年始发于密歇根州、随后扩散至芝加哥牧场及全美的口蹄疫病，共造成了 3500 多个畜群，超过 17 万头牛、羊、猪的感染，经济损失达 450 万美元，这在当时是一笔不小的数目。1967 年 10 月，一位英国农民向当地政府报告了一个跛腿猪的病例，被证实为口蹄疫病，后来病毒迅速蔓延，导致超过44万头牲畜被捕杀，损失约达3.7亿英镑。2005年4月，在我国的江苏、山东等地也曾暴发口蹄疫病，疫情到5月份就迅速蔓延到了河北、新疆等地，造成很大损失。

人类发现的第一种植物病毒烟草花叶病病毒在电子显微镜发明后被成功拍摄，而人类发现的第一种动物病毒——口蹄疫病毒，发现时间跟烟草花叶病病毒一前一后，故也很快迎来了自己的第一张电镜照片。此后人们对口蹄疫病毒的研究一发而不可收，微生物学家们采用生物化学和分子生物学方法搞清了它是一种单链RNA病毒，RNA外面也穿着一层衣服——蛋白质衣壳。它的个头不大，只有25~30纳米，却有很强的传染性和致病性，可以随风飘出很远，也可以通过尿液、精液、唾液以及动物奶制品、肉制品传播，还可经消化道、呼吸道、破损的皮肤黏膜等方式进入牲畜或人的体内（用不干净的手揉搓眼睛也可导致传播）。更有甚者，它还能沾染在人体衣物表面进行扩散。庆幸的是，对人而言，口蹄疫病毒很容易被胃酸杀灭，所以食用加工熟的病畜肉并不一定会造成感染，但未加工的生的病畜肉则带有病毒，在口腔中可以存活，如口腔黏膜有破溃，即可侵入人体引起感染。口蹄疫病毒抵抗力强，在冷冻情况下存活时间长达120~170天。在阳光直射下，60分钟即可杀死；加热85℃以上连续15分钟、煮沸3分钟也可将其杀灭。由此可见，吃熟肉、勤洗手，讲究个人卫生，不用不干净的手揉搓眼睛，在口蹄疫病流行期间戴口罩等，是预防该病传播的重要措施。

对家畜来说，科学家们已研制出了口蹄疫病毒疫苗，只要养殖人员对牲畜按时接种就可很好地预防此病。如未接种疫苗，一旦出现疫情暴发流行，大量的病畜只有捕杀、深埋或火化处理，暂时没有特效药物。

口蹄疫病的故事讲完了，但是留给人的启示是多方面的。都说“天道无常，造化弄人”，尽管我们倡导人与自然和谐相处，但动物身上其实还是带有大量细菌和病毒的，因此无论是爱护动物还是爱惜人类自身，都应时刻绷紧疾病防疫这根弦，管好宠物和畜禽，远离奇珍异兽，不滥捕滥食，方能安好。正所谓：

偶蹄动物口蹄疫，
传人传己不稀奇。
若无疫防警惕心，
疾病时常会来袭。

话说这边口蹄疫的故事刚刚说清，那边毒祸又起，有道是“来者不善，善者不来”。欲知究竟是何毒祸，请看下回分解。

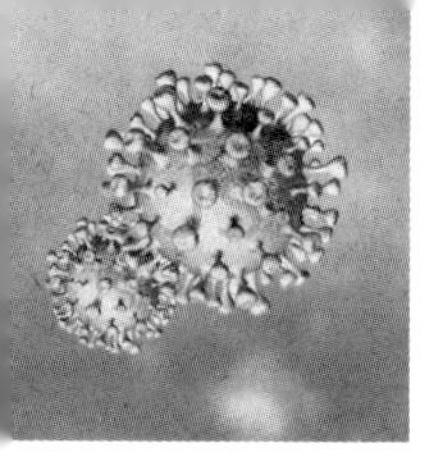

第七章

天国之花杀人狂魔　神勇詹纳痘灭花祸

——天花病毒

上回书写到，人类发现了第一种动物病毒——口蹄疫病毒，此故事刚刚说清，那边毒祸又起，这一次是“来者不善、善者不来”。究竟是何毒祸如此厉害，且听书者慢慢道来。

众所周知，人类的发展道路崎岖不平，与病毒的斗争也是难解难分。据相关资料考证，由病毒引起的大规模人类流行病始于一万多年前的新石器时代，当时从事农业生产活动的人口密度迅速增加，人类活动范围急剧扩大，接触到的自然界中的病毒种类也日益增多。随着人口的迁徙和交流，人与人之间病毒传播的风险不断加大，传染病流行的条件日趋成熟，各种未知疫病此起彼伏。受频繁发生的自然灾害和疾病困扰，直到整个中世纪时代，欧洲人均期望寿命也只有35岁，60%的儿童死于16岁之前，很多孩子活不过出生后的前6个年头，人类真是处在胆战心惊之中。这正是：

晨起活脱脱，薄暮死戚戚。
一人有此疫，城阙匆宁息。
何能除彼瘴，药到人可医。
自是天地暖，人间长有祺。

闲言少叙，言归正题。今天要说的这种疾病是地球上最为古老、也是曾经最为可怕的疾病之一，此病毒有记载的历史要追溯到公元前1500年的古印度和公元前1122年的中国，在3000多年前的古埃及木乃伊身上，也发现了此病的迹象。据推测，该病很可能是公元前 1000 年左右埃及商人前往印度时传入印度的，其后又从南亚传入中国，在公元6世纪左右传到日本。据说仅在 735—737 年日本的一次暴发流行中，该病就一次性夺走日本人口中 1/3 人的性命。此病在欧洲的始发流行时间没有明确记载，一些学者认为在公元 3 世纪后半叶的罗马帝国就曾有本病的流行，另一些学者则认为，欧洲该病最早应是阿拉伯军队从非洲传入西南欧国家，但当时未造成大面积流行。到了 16 世纪，随着人员流动性的增加，此病开始在全欧大部分地区流行，致死率高达 30%。在美洲，15 世纪前没有此病流行，16 世纪初叶，随着西班牙人和其他欧洲人的到来，该病随之而来，造成了加勒比地区大量人口的死亡。随后该病在全球蔓延，至18 世纪中叶，除大洋洲部分地区外，世界各地均有流行，仅在欧洲每年就可造成约 40 万人死亡。如此可怕的疾病，至今也无特效药物，所幸由于两个人的努力，这种疾病已被彻底预防，最终消灭了。这种病就是被誉为天国之花的天花，是当年世界上最臭名昭著、最令人胆寒的疾病杀手。

天花是由天花病毒引起的一种烈性传染病。现已知道，该病毒是一种砖块样的、244~350 纳米大小的单股双链 DNA 病毒，据其个头大小又分为大天花病毒和小天花病毒两种。从结构上看，病毒外面有包膜和衣壳，核酸藏于中心。天花病毒抵抗力强，在干燥和低温环境中可存活很长时间，主要通过跟天花病人及病毒携带者面对面近距离接触后的呼吸道传播方式进行人与人之间的传染，传播距离不超过 1.8 米，但也可通过接触病人的衣物和床上用品等而感染。

天花病人一旦发病，初起的 2~4 天主要表现为流感样症状，如高热、肌肉酸痛、全身不适和疲乏无力等。由于消化道同时也受影响，多数人还会有恶心、呕吐及背痛等表现。病后 2 周左右，病毒会在口腔黏膜、舌、上腭及咽喉部引起小红点儿，人称黏膜疹。此时体温降至接近正常，但黏膜损害会进一步扩大并破溃，释放出大量病毒进入唾液。出现黏膜损害 24~48 小时后，病人会发生特征性的皮肤斑丘疹。典型的皮疹首先出现于前额，随后迅速扩散至整个面部、前胸后背、臀部、胳膊，最后蔓延至整个腿部，形成周身皮疹。这一过程持续 24~36 小时，皮疹出齐后将不再有新的皮疹出现，此后病情的发展将取决于天花的临床类型。普通型在原有病变的基础上，皮疹很快演变成疱疹或脓疱疹，很多人在出疹后的头几天就会死去。如能幸运存活，则脓疱疹会破溃结痂，演变成硬结，最后痂皮脱落留下色素沉着（酷似老年斑），整个人看上去皮肤发花，俗称“天花”。这一型约占未接种疫苗病人的 9%，总的致死率在 30% 左右。变异型大多出疹量少，皮疹轻微，多发生于接种过疫苗的病人，病情一般较轻。恶性型多为儿童，病情严重，占病例数的 5%~10%。出血性天花常见于成人，发生率约为 2%，主要表现为皮肤黏膜和消化道广泛出血，重者肝胆、卵巢等部位也可合并出血。恶性型和出血性天花一旦发生，死亡率几乎百分之百。因此人们常把它称作“天国之花、美丽杀手”。

幸运的是，这样一种致命的疾病，经过与人类数千年的斗争后，却于 1980 年神秘地消失了。这一丰功伟绩的取得要归功于古代中国人和英国医生爱德华·詹纳（Edward Jenner）。根据史书记载，明朝嘉靖二十八年（1549 年）中国医生万全编著了《痘疹心法》一书，详细记载了公元 10 世纪左右中国人就已开始采用鼻苗法种痘的历史，该法能使人群以 0.5%~2% 的微小死亡率为代价，获得对天花的持久免疫力。但由于年代久远，第一个发明此法的中国医生没留下姓名，颇为遗憾。列位看官，书到此处，不得不说，种痘预防天花的重大发明，是中国人献给世界的礼物，虽然给华夏民族和人类社会带来了福音，但发明此法的医生的名字却永远地隐匿于历史长河中，未留下半点痕迹。这一方面源于我国古代人民对个人发明创造成果认可意识的落后，另一方面也是中国知识分子自古胸怀天下、普济苍生、不计较个人名利得失的中华文化精神的体现。遗憾的是，因为当时世界上其他国家生产力落后，作为世界两大文明中心的亚欧大陆之间交流较少，以至于直到 1700 年，中国的种痘之法才由东印度公司到过中国的雇员马丁·李斯特（Martin Lister）等人报告给了英国皇家学会，但这并未引起足够重视。

1700 年后的几十年间，除李斯特外，先后又有多位人士将从中国或间接从其他国家由中国带来的这种方法向当地政府进行了报告，但均未能大

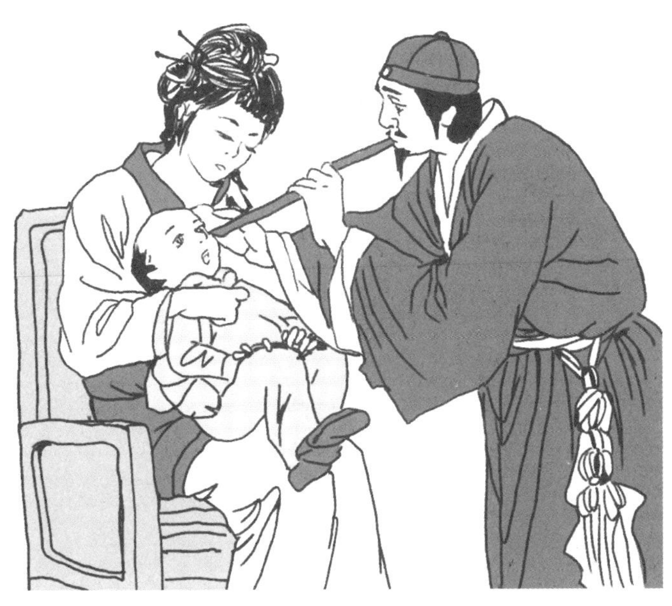

◎古代中国人发明的鼻苗法种痘防天花

面积推广。可喜的是，受此方法启发，1768 年至 1796 年间有多位英国和德国的医生意识到了预先感染牛痘可以预防天花，但因原理不明、实验依据不足，没能得到普遍理解和支持应用，只有一个人例外，他就是英国医生爱德华·詹纳。詹纳在听说了其他医生的想法之后，结合自己的生活经验和日常观察发现，挤牛奶的女佣普遍不会感染天花，由此他推测这可能与挤奶女佣经常接触牛痘（一种由牛痘病毒所致的疾病，牛类易患，人感染后病情轻微）脓疱破溃后的脓液有关。为验证这一想法，1796 年 5 月 14 日，在自家花园园丁的强烈要求下，詹纳冒险给这位园丁的儿子、年仅 8 岁的詹姆斯·菲普斯种了牛痘。他从一个患有牛痘的女佣手上的牛痘脓疱中取出一些脓液，将其接种到菲普斯的双臂上。在随后的几天中，菲普斯仅表现出了轻微的发热和不适，没有发生明显的病变。这个孩子后来大胆地去接触了天花病人的脓疱液，却未得天花，一种新的预防天花的方法就这样被发明出来了，詹纳的名字因之载入了史册。詹纳把种痘时所采用的物质称作“vaccine”（疫苗），该词来源于一个拉丁语词根“vacca”，原意为

“牛”。从此以后，种痘预防天花的疫苗之法就流传开了，获得了广泛应用。受此启发，人类在后来的200多年间先后发明了多种预防病毒性及细菌性疾病的疫苗，开创了以免疫方法预防疾病的新纪元。詹纳也因此被看作是免疫疗法的鼻祖，广受后人尊重。有民间诗人赋诗以赞之：

天国之花杀人魔，
神勇詹纳斗奇祸。
一滴痘液种臂上，
十分健康福禄多。

现在已知，牛痘病毒和天花病毒同属痘类病毒，感染牛痘病毒后获得的免疫力对防止再次感染这两种病毒都有效，这就是詹纳获得成功的秘密所在。

詹纳的种痘方法发明以后，在英国等地得到了广泛应用，但就世界范围而言，因信息闭塞、技术有限和国情不一，并未能大量推广，人类消灭天花之路仍然任重道远。到了20世纪50年代，全球每年仍有约5000万人患上天花，世界各地天花暴发流行的情况此起彼伏。1950年，第一次洲际

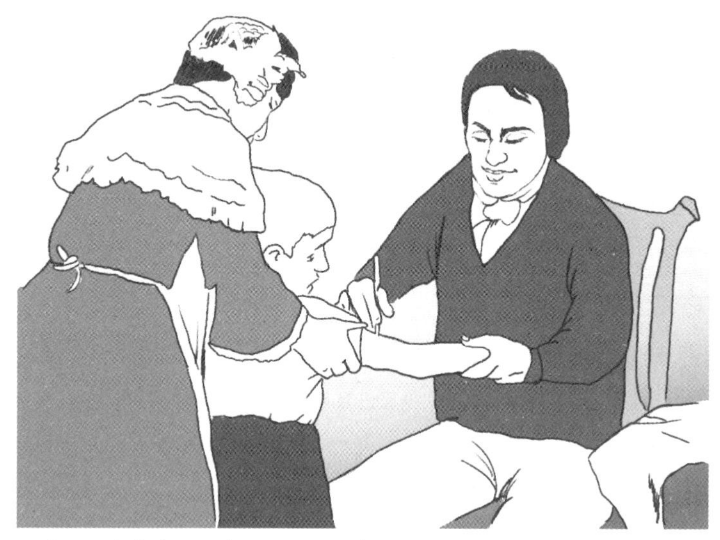

◎英国医生爱德华·詹纳为小孩种牛痘

性消灭天花运动在泛美卫生组织的领导下，在美洲地区展开。1959 年，世界卫生大会采纳了一项全球性消灭天花的倡议。此后，在当时的美国和苏联两个超级大国的鼎力支持下，由世界卫生组织领导，全球各个国家参与，开展了世界性的天花疫苗接种工作。到 1977 年 10 月，最后一个自然感染的天花病人被诊断之后，再也没有新发病例出现。1980 年 5 月，世界卫生组织确认并宣布天花在全球被消灭。至此，天花虽然没有特效治疗药物，却成了世界上第一种在全人类共同努力下被消灭的疾病。

天花虽然被消灭了，但天花病毒在地球上依然存在。为了供科学研究之用和防患于未然，人类仍在美国亚特兰大的疾病预防控制中心和俄罗斯新西伯利亚的国家病毒和生物技术研究中心保存了病毒标本。这就像潘多拉的魔盒，一旦管控不好，随时都有被打开和造成病毒再次扩散的危险。

这不，世界卫生组织刚刚宣布完消灭天花的消息，美国那边就出事了。欲知所出何事，请看下回分解。

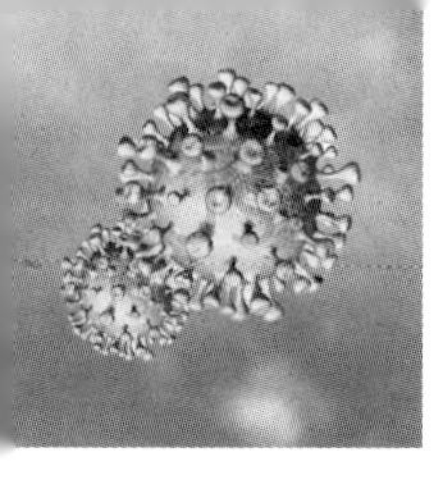

第八章

“H+N”全球惹祸　西班牙无辜背锅

——流感病毒

上回书写道，世界卫生组织宣布消灭天花之后，天花病毒在地球上依然存在，为了供科学研究之用和防患于未然，人类仍留有病毒标本，一旦管控不好，随时都有被打开和造成病毒扩散的危险。

说来这种担心也不无道理，世界卫生组织曾于 1986 年就提出了彻底销毁天花病毒的建议，并将最后的消灭日期定在 1993 年 12 月 30 日。后来因种种因素的干扰，又推迟到 1999 年 6 月 30 日，这也足见销毁病毒仍然面临着不小的阻力。此后，由于美国和俄罗斯的反对，在 2002 年召开的世界卫生大会上，各成员国通过了同意先不销毁、暂时保存病毒毒株以供特殊研究之用的决议，销毁天花病毒一事就这样被搁置下来。俗话说“无巧不成书”，就在 2014 年 6 月 1 日，6 个标注日期为 1954 年的装有天花病毒的密封玻璃小瓶被研究人员发现遗弃在美国马里兰州贝塞斯塔市的美国国立卫生研究院一间隶属于美国食品药品监督管理局的实验室冷库内，发现者大惊失色，不由惊出了一身冷汗。他们立即报告给了美国亚特兰大的疾病预防控制中心，该中心即刻派人将病毒运走，并取样进行了培养检测，结果证实其中确实含有天花病毒的 DNA，而且至少有 2 瓶天花病毒仍有活性和致病力。2015 年 2 月 24 日，在世界各国的强烈要求下，由世界卫生组织负责监督，美国疾病预防控制中心销毁了这些意外发现被遗弃的病毒。这一震惊美国国内外的事件宣告结束，经跟踪观察，该事件未造成病毒泄露和人员感染。反观天花这一烈性传染病的消灭，是人类团结互助、同呼吸共命运、共同战斗的结果，这彰显了人类集体力量的伟大和科技发展的神奇。有一首词可赞之：

一毒流播万年长，古也天花，今也天花，五湖四海无宁家。

举世同心战疫忙，美欧种痘，亚非种痘，人类康乐共寰球。

花开两朵，各表一枝，天花病毒一事暂且按下不提。再说 1918 年，第一次世界大战的硝烟尚未散去，病毒与人类的斗争就再掀波澜，这一次是人们耳熟却不能详、至今依然十分活跃且危害严重的流感病毒在兴风作浪。

流感源于何时何地已无所考，一说人类第一次流感大流行发生于 6000 多年前的中国，但有记录的流感样症状却是约 2400 年前由古希腊医生希波克拉底所描述的。实际上，流行性感冒貌似在人类历史上有过无数次流行，但由于其症状与其他呼吸道疾病的症状极其相似，人们很难界定它的起始年份。能够明确的是，美洲的流感病毒最早可能追溯到意大利探险家哥伦布带领的欧洲殖民者入侵之后，因为当时生活在安的列斯群岛的土著人在 1493 年的流感样流行病暴发之后，几乎灭绝，而 1493 年正是哥伦布和他的船队占领该岛的时间。人类有确凿记录的流感大暴发是在 1580 年，那次流感始于俄罗斯，它像龙卷风一样迅速向西蔓延，波及整个欧洲及非洲，造成罗马市 8000 多名市民死亡、西班牙数个城市人口绝迹。其后在 17~19 世纪的 300 多年间，流感先后暴发了多次洲际性大流行。由于技术落后、认知有限，人们只知这种病是流感，但却不知是什么病因造成的。到了 1918 年，流感的流行达到登峰造极的程度，形成了历史上最著名、最致命的全球性流感，造成约 10 亿人感染、5000 万到 1 亿人死亡，被历史学家们描述为可与发生在中世纪欧洲的黑死病相提并论，是“史上最大规模的疾病屠戮”。如此大量的死亡源于高达 50% 的人口感染率和极其严重的并发症，很多人都出现了口、鼻、胃肠黏膜、外耳道出血和皮肤点状出血症状，同时也多并发肺炎、肺水肿等。由于起病危险，进展很快，开始流行时，人们常常把它误以为是登革热、霍乱或者伤寒，造成了很多诊疗的延误。这次流感一直持续到 1920 年，致死率高达 2%~20%，而同一时期普通感冒的致死率仅有 0.1%。此次流感的另一个特点是死亡者以 20~40 岁的中青年为主，明显有别于以往普通流感以婴幼儿和老年人为主的情况。可笑的是，这场流感最初源于美国的一处军营，在美国人的放任下随一队美国士兵坐船漂洋过海到达了欧洲，最后沿欧洲大陆蔓延到全世界。当时由于第一次世界大战尚未完全结束，因鼓舞士气、激励作战的需要，英、法、德、美都封锁了流感暴发的消息。唯有中立的西班牙允许报纸对疫情扩散的情况进行报道，特别是有关国王阿方索十三世患流感的严重病情，每天都有媒体关注、公开谈论。这也给外界造成了一种假象，即西班牙疫情最严重，是此次流感的疫源地，因而人们将此次流感称作“西班牙流感”，此事件引发了西班牙人的极大愤慨和抗议。

话说第二次世界大战结束后至今，流感的流行一直没有停止。1957 年暴发了亚洲流感，导致约 200 万人死亡。1968 年发生香港流感，引起约

◎ 1918 年流感全球大流行

100 万人死亡。2009 年又出现了甲型 H1N1 流感的大流行，2018 年再次出现了 H7N9 禽流感病毒的人类流行，凡此种种都说明了人类防治流感的重任依然道阻且长。

流感的症状人们十分熟悉，包括发热、头痛、全身酸痛、打喷嚏、流鼻涕、流眼泪、咽喉肿痛、关节痛和乏困无力等，多持续 1~2 周不等。但多数人不知道的是流感的主要危害并不在于流感本身，而在于其通过炎症因子风暴所引起的其他严重并发症，如病毒性肺炎、继发性细菌性肺炎、鼻窦炎和脓毒败血症等，如诊治不及时，往往有致命危险。流感也可使病人原有的基础疾病，如哮喘、肺心病等迅速加重，从而导致病情恶化、生命垂危。因此，在流感流行季节，只有高度重视并加以积极防治的人方能力保无虞。

从传染的角度来讲，流感的传染源主要是流感病人和流感病毒隐性感染者。传播途径以打喷嚏、咳嗽等空气飞沫传播为主，也可经过口腔、鼻腔、眼睛等黏膜直接、间接接触方式感染，接触被病毒污染的物品也可感染，在人群密集且通风不良的环境中尤易感染。因此，在流感流行季节，应注意保暖，防止受凉，与感冒病人保持一定距离（1.5 米左右），打喷嚏和咳嗽时注意相关礼仪，最重要的是要戴好口罩。同时注意勤洗手，多通风，少聚集，少到人流密集和环境封闭的场所去，这是预防流感发生和传播的重要措施。当然更重要的是加强锻炼、增强体质，一旦感到不适应及时就医。

流感的病因是流感病毒，这一点毋庸置疑。然而，要弄清楚流感病毒可不那么简单。它属于 RNA 病毒，一门有四个兄弟，好比“四大家族”，医学上称为亚型，分别是甲型、乙型、丙型和丁型，四兄弟中以甲型流感病毒家族的人丁最为兴旺，致病力最强，最为活跃，也最为凶残。甲型流感病毒不断变换手段和方式，每隔几年、几十年就会卷土重来一次，杀入人间、横行乡里、为害不浅，所到之处易感人群纷纷中招，五湖四海皆无平安。原来这甲型流感病毒家族非常狡猾、也非常聪明，它们在经过与人类数千年的博弈之后，演化出了完整的病毒颗粒。在它的病毒颗粒中，不仅核酸居于最中心位置，受到很好的保护，而且核酸外面有两层护甲，一层是靠近核酸的蛋白质衣壳，另一层是在蛋白质衣壳外面包裹着的脂质包膜，双层保护，十分安全，使人类的免疫细胞不易对其形成攻击。更重要的是，它的脂质包膜上有两种化学本质为蛋白质的致命武器：血凝素（hemagglutinin，缩写为 HA 或 H）和神经氨酸酶（neuraminidase，缩写为 NA 或 N）。前者可以与人体组织细胞表面的血凝素受体结合，帮助流感病毒黏附并进入人体细胞。后者的主要作用在于，当流感病毒进入人体细胞，利用人体细胞内的各种原料物质完成子代病毒颗粒的复制和组装，也就是生出很多子孙后，这些子孙会以出芽（类似种子发芽）的形式钻出人体细胞，但钻出后的病毒颗粒仍然会用血凝素分子末端的神经氨酸残基与人体细胞膜表面血凝素受体上的糖基以糖苷键形式结合，像脐带一样把流感病毒拉住，不让它脱离，防止它侵害其他细胞。此时，流感病毒的神经氨酸酶就像一把剪刀，会立即恶狠狠地把糖苷键剪断，使子代病毒颗粒与人体细胞分离，进而侵害其他健康细胞，引起病变扩散和病情加重。甲型流感病毒的这两种武器相互配合，成了其杀伤人体组织细胞的利器。然而，这还不是甲型流感病毒家族最厉害的地方，其最厉害也是最聪明的方面是，它们知道人类可以对自己产生抗体，如果一成不变就将无法反复杀戮人间，所以它们也在不断地流行和感染人类、与人类进行殊死搏斗的过程中，学习人类、感知人类、适应人类，不断地发生变异和进化。正如军事学家们倡导的在战争中学习战争一样，甲型流感病毒的基因每隔几年就会突变或重组一次，从而使其表面的血凝素和神经氨酸酶的组成成分也每隔几年就微调一次，以至于至今已形成 18 种血凝素亚型（H1~18）和 11 种神经氨酸酶亚型（N1~11），未来可能还会有新的亚型出现。说甲型流感病毒家族人丁兴旺，主要指的也就是其血凝素和神经氨酸酶的数量多、变化大、危害重。需要指出的是，18 种血凝素亚型中的任意一个和 11 种神经氨酸酶亚型中的任意一个必须同时组装到一个完整病毒颗粒表面，才能帮助病毒致病。

而它们就像任性的韩国歌唱天团，没有固定搭配，可以随机组合，每进行一次新的组合，就会产生一个新的甲型流感病毒亚型，引起一次新的甲型流感的大流行，原因是前一次流行时的病毒亚型已被人体产生了相应的抗体和免疫力，如果再次出现，将无法造成大流行。新形成的甲型流感病毒亚型，人类从未接触过，故缺乏免疫力，这样就可以造成一次新的大流行。根据甲型流感病毒家族所拥有的血凝素亚型数量和神经氨酸酶亚型数量，粗略计算它们全部自由组合的结果，可发现约能形成 200 种不同的甲型流感病毒亚型（比如 H1N1，H1N2，H1N3，H2N1……），这一数量对单一病毒家族来说是十分惊人的。甲型流感病毒家族这种狡猾和刁钻的致病特性在历史上已多次展露，它的变幻莫测也使人类在应用流感疫苗预防流感方面存在很大困难。例如，1918 年的全球大流感，其血凝素和神经氨酸酶组合形成的亚型是 H1N1，而到了 100 年后的 2018 年，同样是甲型流感，其亚型却变成了 H7N9。由于一种甲型流感疫苗仅能预防一种亚型引起的甲型流感，这就使得人类针对甲型 H1N1 流感病毒研制的疫苗无法用于预防所有其他类型的甲型流感（包括 H7N9、H3N2 等），也无法用于预防乙型、丙型和丁型流感，这也是为什么人类至今都无法完全预防流感发生的原因所在。

好在作为高级灵长目动物的人类，还是比病毒聪明无数倍。现在人们已开发出针对甲型流感病毒脂质包膜上神经氨酸酶的特效药物——神经氨酸酶抑制剂，包括奥司他韦、扎那米韦和帕拉米韦等。另一种针对其血凝素的药物阿比多尔（血凝素抑制剂）也已用于临床。这些药物在罹患甲型流感后如能尽早使用，效果还是很不错的，但如应用过晚，出现了流感严重并发症时预后较差。

至于四大家族中的另外三型，仅乙型可对人致病，而丙型和丁型流感病毒脾气温和，一般不与人类较劲，多在猪、牛等动物中流行，故不赘述。由此可见，流感病毒家族中唯有这甲型流感病毒着实熬煞人，对此有好事者写了一首《一剪梅・问流》聊解心愁：

甲型流感虐人忙，十年沧沧，百年惶惶。
奈何桥头苦思量，生死无常，何来无恙。

他年若能消流郎，人自欣狂，心自爽朗。
地球村里暖洋洋，乐了西邦，喜了东方。

列位看官，刚说这流感事过，忽闻新毒又来。欲知详情，请看下回分解。

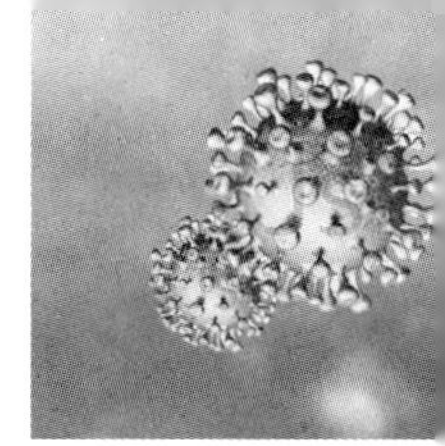

第九章

犬患成灾殃无辜　巴斯德救民无数

——狂犬病毒

前面说到，这流感貌似轻微、易被很多人轻视，实则十分凶残，在历史上曾多次横行世界、席卷五洲，造成大量人员、财物损失，自不待言。且说这1300多年前的唐朝，有一位落魄诗人，自恃才高八斗、学富五车，风流倜傥、放浪形骸，一日杯酒过后赋诗曰：

人生岁月苦，时序不逆流。
春拂寸草意，秋失万菊畴。
病树结新花，晚境遇良逑。
愿得一人心，与君共白头。

原来这位落魄诗人是活生生的一个情种，少年时曾暗恋邻家女子，求之不得，比及官考，又不及第，从此郁郁寡欢，以至归隐山林，终日与一狗为伴，打些野味、种些菜蔬，倒也自在。据说这狗寿终之后，此君另换一只新狗，用以看家护院、与己做伴，谁知这只狗模样与此前那只大不相同，性情暴躁、易怒易惊，没多久就惹出了事端。那一日，此君正在劈柴，冷不防这只狗冲过来，对着那脚腕儿就是一口。他疼痛不堪、哭叫连天，急忙敷些消炎止血的草药，又不忍心杀狗，此事也就罢了。四五日过去，伤口即将愈合，此君寻思数日未出门，就去挖些野菜。谁知这一去竟成了永别，他直挺挺地倒在地里，口吐白沫，全身抽搐，呼吸困难，及至夜间下起了小雪，北风凛冽，众人发现之时他早已一命呜呼，只留得那只恶狗空在那里吠叫。

这真是“柴门闻犬吠不住，风雪夜无应归人”，可怜了一位才子，就此惨死。无独有偶，1000 多年后的今天，在古老的中华大地，家养狗、流浪狗遍地都是，这些狗经常会因狗主人不牵狗绳而对他人发起猝不及防的攻击，每年因狗咬伤而致人死亡的案例不断上演。因此，我们不能说狗患成灾，但也应提高警惕。这种情况可以说是：

路人本是布衣族，
谁家恶狗行道中。
突然一口奇祸至，
可怜无辜成牺牲。

说到这里，想必大家已经明白，本章要说的这种病就是众人皆知、绝对致命的狂犬病。

说起这狂犬病，人类首次发现它是在 4000 多年前，而有明确记录的狂犬病最早则是在公元前 1770 年美索不达米亚的《埃什努那法典》中。

◎疯狗咬人常引起狂犬病

该法典明确规定，有狂犬病症状的狗的主人必须采取预防措施以防狗咬伤他人，如果他人因这只疯狗咬伤而死亡，狗的主人必须接受严重刑罚。可见早在近4000年前，位于幼发拉底河和底格里斯河两河流域之间的古巴比伦人就已深知狂犬病的危害和致命性，他们不但要求人们规范养狗，而且通过立法也予以明确，这对于防止狂犬病的发生和流行至关重要。可惜数千年后的今天，在古老文明存在过的地区，狗患反而更加严重，狂犬病发生率居高不下。据相关资料记载，全球每年因狂犬病死亡的人数成千上万，其中大部分发生在印度、中国，少部分发生在非洲及其他地区。在北美，第一次狂犬病流行可追溯到1768年的波士顿，其后数年间迅速向整个美洲大陆蔓延。在欧洲，19世纪是狂犬病流行的高峰期。当时在法国和比利时，受人尊重的圣胡伯特（Saint Hubert）发明了一种“圣胡伯特之钥（Key of Saint Hubert）”，人们把它加热之后用于烧灼疯狗咬伤的伤口，以防治狂犬病。连一些狗也被用此钥打上了烙印，以提醒人们该狗是否健康。出于对狂犬病的恐惧和因无特效治疗药物，被怀疑由疯狗咬伤的人常不是自杀就是被他人所杀，而疯狗的舌头也常常被割下来，因为人们认为狂犬病来自那里，这些现在看似愚蠢的行为在当时却合乎常理。事实上，现代人通过电子显微镜及分子生物学技术已经明确了狂犬病的病因是狂犬病毒。

狂犬病毒是一个狠角儿，属于RNA病毒，专门侵犯人体的神经系统。它就像习学奇门遁甲之术、长相稀奇古怪的杀人魔头，形似子弹，一端圆钝、一端平凹。个头儿约180纳米、直径约75纳米。与其他病毒相似，狂犬病毒仅有的一条单链RNA包裹在核衣壳里面，衣壳外面有包膜，包膜上伸出致命武器——糖蛋白。狂犬病毒平日里十分狡猾，它躲藏在宿主动物如疯狗的唾液腺里，不动声色。一旦疯狗咬人，它就会随唾液一起注入人体内，在人体被咬部位的组织细胞中大量复制繁殖，两三天后，复制出来的完整病毒颗粒就会沿神经走行逆行到达脊髓和大脑。在这些部位，狂犬病毒借助其包膜上的糖蛋白，迅速与神经元细胞膜上的乙酰胆碱受体结合，引起大脑、小脑和脊髓发炎，产生相应的神经损害和功能障碍。同时，病毒也会从中枢神经系统向人体其他外周组织扩散，并到达人的唾液腺。一般从人体被咬到发病要经历1~3个月，也可短至4天、长至6年。初期的表现主要是发热或头痛之类的，没有特征性。一旦病毒波及大脑和脊髓，就会出现肌肉无力、焦虑不安、失眠、愤怒、意识错乱、行为反常、偏执、恐惧、幻觉和极度恐水，直至最后昏迷。死亡常发生在初始症状出现后的2~10天，无药可救。狂犬病毒尚可存在于猫、猪、牛、马、蝙蝠、狼、狐狸、猴子、猫鼬、土拨鼠和浣熊等体内，并在这些动物抓、咬人时进行传染。兔子和小型啮齿类动物，如大鼠、小鼠、沙鼠、豚鼠、仓鼠和松鼠等尚无明确证据可以证明其感染狂犬病，亦不确定其是否可以给人类传染狂犬病。

列位看官，我们知道19世纪末20世纪初涌现出了许多卓有成就的科学家，他们或发现病毒，或找到抗生素，或发明电子显微镜，或破解生命奥秘，为人类文明的进程和科技事业的发展绘制了一幅幅壮丽的画卷，路易斯·巴斯德（Louis Pasteur）就是其中的一位。这位生于1822年12月27日的法国生物与微生物学家、化学家，自幼家境贫寒，九岁时才得以进入小学，早年学习成绩平平，对学术研究也缺乏兴趣，喜欢钓鱼和写生，画了不少他的父母、朋友和邻居们的画像。由于成绩欠佳，巴斯德的求学之路充满了曲折。1845年，经过两次入学考试和三年刻苦学习，他方才获得巴黎高等师范学院的科学硕士学位。两年后，开始感兴趣于化学研究的他取得了化学博士学位。1954年，基于巴斯德在酒石酸研究上的突出成就，他被任命为里尔大学科学系的主任，由此开始了他的发酵研究。也正是在这一时期，他写出了自己的至理名言："在观察领域，机遇总是垂青于有准备的头脑。"

巴斯德可谓一位科学奇才，他在自己的科学探索之路上解决了不少人类面临的实际问题，深得老百姓厚爱和科学界推崇，是一位了不起的划时代人物。1856年，一位法国当地红酒制造商的儿子找到巴斯德，要他协助解决红酒发酵变酸的问题，巴斯德欣然应允。经过严密观察，他发现导致红酒变酸的主要原因是红酒中混入了一种微生物——乳酸酵母菌，该菌可使红酒中的葡萄糖转变为乳酸，使酒变酸。他还发现微生物的生长可以破坏一些饮料，如啤酒、红酒和牛奶，而如果把这些饮料加热到60~100℃，则可以杀灭饮料中的大多数细菌和真菌，能防止饮料变质，这就是著名的“巴氏消毒法”。很快这一方法就被广泛应用到啤酒和牛奶的消毒中，法国的酿酒业和畜牧业得救了，巴斯德也因此成了现代微生物学的奠基人。

此后，在法国人心目中已变成“大能人”的巴斯德又被邀请去解决当时不断流行的鸡霍乱和牛炭疽问题，这两个问题造成了法国大量的鸡和牛死亡，对农牧业造成了很大冲击，农民们叫苦不迭。通过数年研究，巴斯德发现将引起鸡霍乱和牛炭疽的微生物进行连续多代人工培养后可使其致病力减弱，再把这些毒力减弱的微生物注射到鸡或牛的体内，就能使其获得对该病的免疫力，从此不再得病，他也由此开发出了鸡霍乱和牛炭疽疫苗。同时，巴斯德认为保持鸡和牛饲养环境的清洁、注意饲料的卫生和检疫等对防治鸡霍乱和牛炭疽也很有帮助。就这样，通过疫苗和消杀等综合措施，困扰法国多年的鸡霍乱和牛炭疽问题被完美解决了。其实，这种通过疫苗接种来预防疾病的方法并不新鲜，早在18世纪末，英国医生詹纳在预防天花中就已使用过。然而，由于技术条件和研究方法的不同，詹纳使用的是自然减毒法，巴斯德使用的是人工减毒法，后者的推广和应用价值更大。人们借此方法，突破了以往如天花疫苗研制法的诸多瓶颈，生产出了脊髓灰质炎疫苗等更多可以临床应用的预防其他疾病的疫苗，人类的疾病预防事业又前进了一大步。对此有人不禁赞叹：

巴氏消毒美名传，
牛奶啤酒不再酸。
霍乱炭疽鸡牛病，
疫苗减毒谱新篇。

说到这里，各位不禁要问，巴斯德做了这么多工作，哪一项又跟狂犬病有关系呢？原来在巴斯德生活的年代，狂犬病也很猖獗，许多人都因被狗咬伤而失去了生命。巴斯德看在眼里急在心里，于是他也开始琢磨起了狂犬病一事。他和自己的同事、法国医生艾米尔·鲁克斯（Emile Roux）一起把病毒接种在兔子身上，诱其发病，然后将受到影响的神经组织取出来干燥5~10天，制成了人类历史上第一个狂犬病疫苗。为确保安全，在用到人体之前，他们先在50只狗身上做了实验。1885年7月6日，该疫苗首次用于被疯狗严重咬伤的年仅九岁的法国小男孩约瑟夫·梅斯特。对巴斯德而言，这种做法要冒很大的个人风险，因为他不具备行医资格，可能会面临无证行医的指控。但在咨询了医生之后，巴斯德还是决定继续实施这项治疗措施。在接下来的11天时间里，梅斯特一共接受了13次病毒减毒疫苗的接种。3个月后，巴斯德对梅斯特进行了回访，发现梅斯特的健康状况良好，这表明狂犬病毒疫苗成功阻止了狂犬病的发生，巴斯德成功了。一时间他成了英雄，同时也被免于法律指控。随后他又给5名病人进行了疫苗接种，其中包括来自美国的4名儿童。到了1886年，巴斯德共成功接种了350名病人，仅有1名因狂犬病而死亡。巴斯德的这种疫苗因价格低廉，至今还在一些贫穷国家使用。由此可见，巴斯德不仅在细菌学领域建树卓越，而且在人类狂犬病防治事业中也做出了巨大贡献。1895年9月28日，这位科学巨匠与世长辞。2007年9月8日，全球狂犬病控制联合会将每年的9月28日定为世界狂犬病日，以纪念巴斯德在人类狂犬病防治事业中的不朽功绩。

现在，人们已经能够使用鸡胚细胞和猴肾细胞培养的狂犬病毒减毒活疫苗进行预防接种，采用基因工程技术所生产的重组狂犬病疫苗也获得了广泛应用。由于严格的动物饲养管理和狂犬病疫苗的普及使用，欧美国家的狂犬病几乎已不复存在。美国自1960年至2018年，共报告人狂犬病125例，年均2例左右。英国从2000年以来，仅有4人死于狂犬病，且均为在其他国家被疯狗咬伤所致。这说明狂犬病是完全可以预防，也是可以消灭的。目前国际上倡导的有效做法包括：国家立法强制对狗、猫等动物进行狂犬病疫苗接种；实行宠物饲养证制度，凡个人及家庭饲养宠物狗等买卖双方必须主动向管理部门报备，定期给予体检和疫苗注射；无证无主流浪狗及患病宠物一律捕杀；宠物必须有人监管（外出时牵狗绳、戴嘴笼）；禁止收留野生动物和无主宠物；看见野生动物或无主宠物，尤其是行为举止异常的，要及时联系动物管理人员；一旦被咬伤，立即用肥皂水清洗伤口10~15分钟，并寻求医生帮助，以决定是否要做进一步预防狂犬病的处理。鉴于英国等国家采取上述措施取得的成效，世界卫生组织、世界兽医组织、联合国粮农组织和全球狂犬病控制联合会于 2015 年发起合作，提出了到 2030 年在全球消灭狂犬病的计划。由此可见，人类离真正消灭狂犬病也不远了。这真是：

有备之人得垂青，
高效疫苗巴氏呈。
众望狂犬疾病消，
规范养宠定输赢。

人类如能真正消除狂犬之害，当属大功一件。然而，疾病众多、毒祸不少，人类与病毒的斗争远未结束。这不，巴斯德之后，又有一位科学巨匠横空出世，干了件意想不到的事，使人们对病毒的认识达到了一个新的高度。要问他是何许人也，所做何事，请看下回分解。

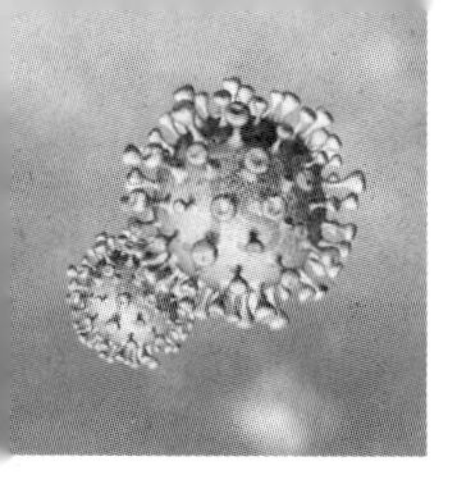

第十章

肿瘤病毒为害深　谋财戕命不留情

——肿瘤病毒

话说正在法国科学家巴斯德科学事业风生水起、春风得意的时候，1879 年 10 月 5 日，病毒学研究领域的另一位重要人物弗朗西斯·佩顿·鲁斯（Francis Peyton Rous）悄然出生了。鲁斯的家乡位于美国马里兰州巴尔的摩市，他从小勤奋好学，成绩优异，不费吹灰之力就在约翰·霍普金斯大学取得了博士学位，成了一位小有名气的病理学家。他过着充实的研究生活、享受着快乐的闲暇时光、憧憬着美好的未来世界，好不自在。然而，好景不长，鲁斯朝九晚五的平静生活很快就被一件突如其来的事情打破了。原来附近乡下有一位农妇开了个养鸡场，最近她的几只鸡身上突然长出了一块块肉疙瘩，打眼看上去不是什么好东西。这位农妇听说鲁斯对组织病理有特长，不论什么病只要让他用显微镜一看就立马清楚了，于是就抱着病鸡慕名来找他，请求他帮忙查清这只鸡身上长的东西是什么，会不会传染。鲁斯倒也爽快，一口就答应了。他驾轻就熟，随手切下一块组织，将其做成病理切片，放在显微镜下观察，发现这只鸡身上长的是肉瘤。他把观察到的结果当下就告诉了农妇，可那农妇还是不满意，因为她还想知道，如果把这只长着肉瘤的鸡放回鸡群，会不会对其他鸡有影响。换句话说，这种病在她们家的鸡身上第一次出现，会不会传染给其他的鸡。这下可难住了鲁斯，因为当时人们只知道肉瘤是一种实体瘤，但却不知道它是否具有传染性。怎么办？面对这样一个新颖而又棘手的问题，是直接说不知道，还是通过实验来加以证明？列位看官，我们说但凡在人类发展史上卓有成就的科学家，无论姓甚名谁、是男是女，身上都有一股咬定青山不放松的韧劲儿、极其可贵的自尊、独特的思维、迎难而上的信心和板凳不怕十年冷的毅力，在面对一个难题时，这些人总是有自己独到的处理方式。面对这一问题，鲁斯稍做犹豫后就同意了，他决心要找到这个问题的答案。

当时，人类制作过滤器的技术已经比较成熟，大大小小、孔径不一的过滤器种类繁多。鲁斯想到了过滤这一办法，他轻而易举地就准备好了一系列过滤器，其中最小的过滤器可以把细胞过滤掉。他将这只鸡身上切下的肉瘤组织切碎研磨，制成肉浆。然后用上述滤器反复过滤，直至将肉浆中的细胞全部过滤掉。接着他把不含细胞的过滤液接种到另一只健康的普利茅斯岩鸡身上，发现那只鸡不久也患上了肉瘤。于是他推测，这种鸡肉瘤可能是由比细胞更小的病毒引起，并可通过病毒在小鸡之间的传播而向其他鸡传染。这就证明了这种动物肿瘤不仅是由病毒所致，亦可随病毒传播而传染。那一年是 1911 年，农妇的问题解决了，而鲁斯提出的“病毒

◎一只长了肉瘤的鸡

致瘤”这一观点，却由于其概念过于新颖、问题过于耸人听闻，超出了当时绝大多数科学家们的认知范畴，不仅饱受质疑，而且其实验结果在很长时间内也几乎没有人愿意去重复。这使得鲁斯的自尊心受到了极大伤害，以至于后来一些有影响的科学家在 1926 年及其后的很多年间反复举荐他作为诺贝尔奖的获得者时，他都婉言谢绝。直至 1966 年 10 月 13 日，在病毒可以致癌这一理论被普遍证实和认可之后，鲁斯才打开心结，接受了诺贝尔生理学或医学奖，他也因此被称为现代肿瘤病毒学之父。他发现的世界上第一种可引起鸡肉瘤的病毒，被国际病毒学会命名为“鲁斯肉瘤病毒”，以示纪念。这件事说来真是：

病毒致瘤不简单，
鲁斯执着有发现。
科学亦有误解时，
真理终归会释然。

却说在鲁斯发现鸡肉瘤病毒可以致瘤之后，随着这一概念被逐渐接受和后续研究的不断深入，病毒学家们前赴后继，先后发现了多种非人类致瘤病毒（亦即动物肿瘤病毒，可引起鸡、牛、羊等动物发生肿瘤）。这其中，美国病毒学家理查德·爱德文·肖普（Richard Edwin Shope）于 1933 年发现了第一种哺乳动物肿瘤病毒——棉尾兔乳头瘤病毒，此前他还在猪身上发现了甲型流感病毒（H1N1），这一病毒被他和其他科学家鉴定为是导致 1918 年西班牙大流感的罪魁祸首。1953 年，波兰裔美籍病毒学家路德维克·格罗斯（Ludwik Gross）分离出了小鼠多瘤病毒，该病毒可引起小鼠多种腺体的肿瘤。1957 年，美国病毒学家夏洛蒂·弗莱德（Charlotte Friend）发现了一株小鼠白血病病毒……这些病毒的发现夯实了现代肿瘤病毒学的基础，也为动物肿瘤性疾病的防治带来了希望。然而，这些病毒引起的肿瘤都确定与动物有关，病毒是否可导致人类发生肿瘤却仍然是个谜。这一问题直到 1964 年才有了答案。原来早在 1961 年，英国病理学和电子显微学家迈克尔·安东尼·爱普斯坦（Michael Anthony Epstein），在出席了工作于乌干达的英国医生丹尼斯·帕森斯·伯基特（Denis Parsons

Burkitt）关于儿童淋巴瘤（一种恶性血液病）的演讲活动后，就了解到了这种病的严重危害，他决心为此做点儿什么，以缓解孩子们的病痛。1963年，在爱普斯坦的积极协助下，一个血液病孩子的标本从乌干达被送到了英国伦敦的米德尔塞克斯医院，在这里爱普斯坦和他的女博士研究生伊冯·巴尔（Yvonne Barr）、同事伯特·阿琼（Bert Achong）一起进行了病毒的分离、培养和鉴定，并成功地在淋巴瘤细胞中找到了病毒颗粒（后来为纪念伯基特医生，这种血液病就被命名为“伯基特淋巴瘤”）。1964年，署名爱普斯坦、阿琼和巴尔的论文在《柳叶刀》杂志上发表。第一种可导致人类恶性肿瘤伯基特淋巴瘤的病毒被发现了，它随后被命名为“Epstein-Barr 病毒”（即 EB 病毒）。

现在人们已经知道，大约 15% 的恶性肿瘤都与一种或几种病毒感染有关。这些病毒及其所致肿瘤主要有：人乳头瘤病毒（宫颈癌），乙型肝炎病毒（肝癌），丙型肝炎病毒（肝癌），EB 病毒（鼻咽癌、伯基特淋巴瘤），人 T 淋巴细胞病毒（人 T 淋巴细胞白血病、淋巴瘤），卡波西肉瘤相关疱疹病毒（卡波西肉瘤）和默克尔细胞多瘤病毒（默克尔细胞癌）。

列位看官，病毒对人类致癌一事已明确，但是病毒是如何致癌的还不清楚。原本人们指望自信满满的美国病理学家鲁斯一解谜团，但他自从其“病毒致瘤”的观点被怀疑后，一下子就心灰意冷，失去了对科研的浓厚兴趣，再也没出大的成果，到了晚年竟转而写起了他人的传记。此事令人唏嘘、不再赘述。俗话说“长江后浪推前浪，江山代有才人出”，正在人们对病毒致癌机制疑问重重的时候，后来成为意大利病毒学家的瑞纳托·杜贝克（Renato Dulbecco）于 1914 年 2 月出生在意大利南部小镇卡坦扎罗，他就像冥冥之中由上帝派来的导师，注定要与肿瘤病毒联系在一起。22 年后，尽管对数学和物理学怀有浓厚兴趣，杜贝克还是毅然决定学习医学，并从意大利都灵大学病理学系毕业。由于当时意大利的大学不设博士学位，所以杜贝克并无博士研究经历。其后在好友的帮助下，他辗转来到美国，准备从事科学研究。然而，由于战争的需要，杜贝克被意大利政府召回参军，并在战场上受了伤。战争结束后，他再次来到美国，进入印第安纳大学研究噬菌体。1949 年他转而开始研究动物肿瘤病毒，1950 年他接收了郝伍德·马丁·特明（Howard Martin Temin）做自己的学生。特明 1934 年 10 月出生在美国宾夕法尼亚州费城的一个犹太家庭，他自幼天资聪颖，善于独立思考，对科学研究有着浓厚的兴趣。25 岁那年，特明以优异的成绩取得了加州理工大学动物病毒学博士学位，导师就是时任加州理工大学教授的杜贝克。在杜贝克的实验室，他利用导师教给的实验方法，研究能引起鸡肉瘤的鲁斯肉瘤病毒，这实际上接续了鲁斯的工作。他通过观察发现，病毒核酸的变异导致了被感染细胞的结构变化，并发生了病毒核酸与鸡细胞基因组结合的现象。

1960 年，特明离开导师的实验室，应聘加盟威斯康星麦迪逊大学癌症研究实验室担任助理教授，在那里他一边研究鲁斯肉瘤病毒，一边开始关注病毒在被感染细胞中形成的遗传物质——“前病毒”。通过实验，特明认为前病毒就是 DNA 或者位于被感染细胞的 DNA 上，这一结果提示鲁斯肉瘤在病毒感染过程中以某种方式产生了互补双链 DNA。由于鲁斯肉瘤病毒属于 RNA 病毒，所以该病毒感染后形成 DNA 的过程意味着病毒的遗传信息由 RNA 反向传递给了 DNA，这与当时克里克确定的“中心法则”认为遗传信息只能由 DNA 向 RNA 传递、不能由 RNA 逆行向 DNA 传递的理论相悖，因此特明对肿瘤病毒 RNA 如何通过逆转录（或反转录）作用于宿主细胞 DNA 的描述是革命性的。这给当时占据绝对主导地位的、由诺贝尔奖获得者弗朗西斯·克里克提出的分子生物学“中心法则”带来了挑战，因为根据这一法则，遗传信息只能由 DNA 传递给 RNA，再传递到蛋白质，不能逆向传递。特明的发现则意味着肿瘤病毒可以以自身的 RNA 为模板反向转录（或者说逆转录）合成 DNA，通俗地说，就是遗传信息也可由 RNA 反过来传递给 DNA。这项挑战权威的重大发现，甫一提出就遭到了学术界的反对，就连很多令人尊敬的大科学家们也对他的发现嗤之以鼻，但特明并不在意。1969 年，他和一位博士后搭档合作开始寻找能催化病毒 RNA 转变成前病毒 DNA 的酶，他们很快就发现并指出，某些肿瘤病毒可使用一种能催化反向转录过程的酶（也叫逆转录酶），使遗传信息从 RNA 逆行传递给

DNA。说来也巧，此时另一位同在美国的生物学家戴维·巴尔的摩（David Baltimore）在研究小鼠白血病病毒致病机制时也发现了这种酶，这一发现是在与特明互不知情的情况下做出的。

列位看官，科学发现之路总是充满了荆棘和同行之间的竞争，有时候一个人穷尽一生却一无所获，有时候一个人刚一入行就斩获颇多，有的人研究的脚步才行至半山腰，另一个人可能已到达山顶、摘取了唯一的果实，如此等等，不一而足。却说这特明的发现尚未来得及获得科学界的承认，就半路杀出个“程咬金”，真是前程未卜、吉凶难料。这个“程咬金”就是巴尔的摩，他出生于1938年3月，比特明小了4岁，也是活脱脱的一个学霸。他26岁取得博士学位，随后就拜特明的恩师杜贝克为师，进入了老师新建立的生物学研究所从事研究，而此时特明早已离开。早在读博士期间，巴尔的摩就首次描述了一种RNA转录酶，这为他后续的研究奠定了良好的基础。

1968年，在杜贝克的实验室工作三年后，巴尔的摩离开那里，加入了麻省理工学院生物学系，成了一名微生物学副教授。与此同时，他也赢得了从事疱疹性口炎病毒研究的美女科学家爱丽丝的芳心，他们一同对该病毒进行了研究，结果发现这种病毒包含了一种依赖RNA的RNA聚合酶，该酶能以病毒RNA为模板催化合成更多的子代RNA。随后，巴尔的摩又采用同样的方法研究了同属可引起动物肿瘤的RNA病毒——小鼠白血病病毒和鲁斯肉瘤病毒，发现存在一种以病毒RNA为模板催化反向合成DNA的酶（即逆转录酶）。巴尔的摩把这一研究成果写成论文，与特明阐述逆转录现象的论文背对背同时发表在了英国《自然》杂志上。如此一来，RNA病毒致癌（瘤）的逆转录机制明确了。原本傲慢的科学家们开始认真审视他们的研究结果，人们意识到原始版的“中心法则”需要补充和完善。这时候，聪明谦虚的大科学家、“中心法则”理论的创立者克里克获悉这一重要进展后，也立即对原来的“中心法则”做了修改，加进去了逆转录的内容，沿用至今（详见第四章）。现在，科学家们把具有逆转录特点的RNA病毒统一称为“逆转录病毒”（retrovirus）。而巴尔的摩、特明及他们的老师——彼时已加入美国国籍的意大利裔病毒学家杜贝克，则因在逆转录病毒研究中的贡献，一起获得了1975年的诺贝尔生理学或医学奖，传为佳话。

逆转录病毒被发现之后，RNA肿瘤病毒致癌的主要机制基本明晰了，那就是肿瘤病毒以自身的RNA为模板，反向转录出带有肿瘤病毒遗传信息的DNA，再将此DNA片段整合至宿主细胞的DNA中，引起宿主细胞基因突变，形成肿瘤。事实上，随着科学研究的进展，目前肿瘤病毒的概念已不只包含可引起肿瘤的RNA病毒，也包含了致癌的DNA病毒，或者说任何能够引起肿瘤的病毒都属于肿瘤病毒或致癌病毒。DNA肿瘤病毒则主要通过复制或转录过程，将自己的DNA插入宿主基因组中，使宿主细胞无序生长，诱发肿瘤。

自然界的病毒种类繁多，有的引起感染，有的引起肿瘤，有的是新发，有的是突变，病毒性疾病的不断涌现要求人类需以更大的勇气和空前的团结来合力应对。如违反科学规律，则可能酿出大事，这是后话。只说这病毒还真是神通广大，它不仅与人类为敌，连细菌也不放过。1917年，就闹出了一桩奇闻，让同属微生物的细菌都不得安生。欲知此为何事，且看下回分解。

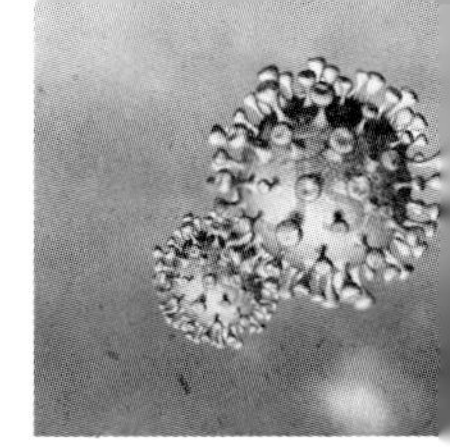

第十一章

细菌逞能魔高一尺　病毒噬菌道高一丈

——噬菌体

上回书说道，病毒神通广大，不仅能与人类为敌，而且连细菌也不放过。有道是“本是同根生，相煎何太急”，这细菌和病毒同属微生物，理应相互协作、相互帮助，在人类及其他大型生物面前共生共存，但二者又为何互不谦让、相生事端呢？原来这病毒数量太多，欺负人类过程中，人类会对它们产生免疫力，使其活动受限，病毒就不得不经常改变形状及进攻策略，科学上称之为突变或变异，甲型流感病毒就是典型的例子。有鉴于此，部分病毒为满足日常繁殖的需要，常常会找上细菌，借其核酸原料一用，久而久之就结下了梁子。列位看官，想那细菌一族，威风凛凛、横行四方，所到之处常常引起人类发生各种感染性疾病，譬如肺炎、扁桃体炎、肾盂肾炎和黑死病等，在抗生素出现之前，此类疾病不是留下后遗症，就是致人死亡，害得人类叫苦不迭、哭丧连天。谁曾想在浩瀚宇宙、洪荒天地间，竟然也有专杀细菌的微生物。正应了中华民族古老的五行学说，世间万事万物，莫不过金木水火土，木生火、火生土、土生金、金生水、水生木，及至万物；木克土、土克水、水克火、火克金、金克木，以至无穷。如此相生相克，生生不息，和谐自然。这正是：

世间万物皆相生，
相生相克赋流形。
纵有机关常算尽，
不及造化更聪明。

言归正传，关于病毒相克细菌一事，列位不禁要问，这病毒和细菌都是微生物，肉眼无法看见，它们打架人类是怎么知道的？

事情还得从1896年说起。那一年，英国细菌学家厄内斯特·汉金（Ernest Hankin）通过法国巴斯德研究所发表了一篇他在印度防治霍乱（一种由霍乱弧菌引起的烈性传染病）暴发时所做的研究论文（这是世界上第一份关于印度河水中存在能阻止霍乱暴发流行的抗细菌活性物质的报告），文中指出印度的恒河及其支流亚穆纳河水中含有一种不知从何而来的、有明显抗霍乱作用的物质，能通过十分精细的陶瓷过滤器，可惜由于其他事务干扰，他的研究并未深入下去。1915年，英国细菌学家、伦敦布朗研究所的掌门人弗里德里克·托特（Frederick Twort）发现了一种可感染和杀死细菌的微小物质，虽然当时他还不能确定这种物质究竟是什么，但他坚信这种物质应该属于下面三种情况之一：一是细菌生活周期某个阶段的特殊形态；二是细菌产生的一种酶；三是一种能在细菌体内生长并破坏它的病毒。遗憾的是，由于第一次世界大战爆发、研究经费短缺和抗生素的发现，托特的研究不得不中断（注：抗生素的发现使人们误以为找到了治疗细菌感染性疾病的金钥匙，从而不再关注病毒对细菌的天敌作用了）。幸运的是，在法国巴斯德研究所，一位加拿大裔法国微生物学家弗利克斯·德赫雷尔（Felix d'Herelle）经过独立深入研究后，于1917年9月宣布他发现了一种肉眼不可见的、能够拮抗痢疾杆菌的微生物。他坦言自己在一闪念间就突然理解了那个东西可能就是一种肉眼看不见的、能寄生在细菌身上的病毒。德赫雷尔将这种病毒称作“噬菌体”（bacteriophage），亦即能够吃掉细菌的东西，原意取自希腊词“phagein”，意为“吞噬”。同时作为一名内科医生，德赫雷尔还记录了一名患有痢疾的人因使用噬菌体而恢复健康的神奇疗效。他随后对噬菌体做了很多研究，并提出了“噬菌体疗法”这一概念，开创了噬菌体疗法的先河。

有人不禁要问，这德赫雷尔何许人也？为何如此厉害？答案还要从他小时候找起。1873年4月25日，德赫雷尔出生在法国巴黎。6岁那年，他父亲因病去世。悲痛之余，他坚持在巴黎求学，读完了小学、初中和高中。

由于学业平平、成绩不佳，高中毕业后他就放弃了上学，开始用母亲给他的钱遍游欧洲及南美洲。俗话说人有一短，必有一长，虽然这小子其貌不扬、长相平平，但头脑倒也十分灵活，嘴巴尤其讨巧，20岁就在土耳其赢得了妙龄少女玛丽的芳心，抱得美人归。24岁那年，已经有一个女儿的他，决定举家搬迁至加拿大。在那里他建立了家庭实验室，开始研究微生物。同时，经其继父朋友帮助，他还获得了加拿大政府的资助，致力于研究枫糖浆和杜松子酒的发酵和蒸馏工艺。因为他继父那个精明的朋友认为，巴斯德当年以研究发酵起家，成就了一番了不起的事业，德赫雷尔这么聪明，应该也可以从研究发酵和蒸馏中受益。说到这里有人要问，德赫雷尔区区一个高中毕业生，怎么可能承担得起科学研究的任务呢？原来这德赫雷尔虽然智商一般、学习成绩欠佳，但在科学研究方面天赋奇高、异常勤奋、自学成才，对事物常有独到见解，深得周围人赏识。俗话说，自助者天必助之，这恐怕就是他父亲的朋友倾力帮他的原因所在吧。1901年，基于自己的悉心观察和不断琢磨，年仅28岁的德赫雷尔发表了自己学术生涯中的第一篇科学论文，尽管在今天看来其论文的主要观点都是不正确的，但这也反映了其勇气可嘉。他还自告奋勇、热情洋溢地给当地的地质探险队做队医（尽管没有医学学位和经验）。之后由于杜松子酒的生产采用了机器化生产模式，古老的作业方式渐趋淘汰，他又从加拿大回到了巴黎。在巴黎，利用业余时间，他去巴斯德研究所做义工。在那里他对防治蝗虫灾害产生了兴趣，并尝试从蝗虫的胃肠道中提取致病菌，以期达到利用蝗虫自身携带的病菌杀死蝗虫的目的，这一创新性的方法使他成了应用苏云金芽孢杆菌（*Bacillus Thuringiensis*）防治害虫的现代生物防治技术的先驱。

故事又回到1917年，当德赫雷尔发现噬菌体及其噬菌现象后，并不真正清楚噬菌体究竟是什么，所有同时代的其他科学家们也对此一无所知。为了证明这种病毒切切实实存在，也为了证明他的研究结果的正确性，他又不断地进行噬菌体的分离、培养、鉴定和坚持不懈地探索。功夫不负有心人，1919年初，德赫雷尔终于从鸡粪中分离出了噬菌体，并将其用于治疗鸡伤寒病例，果不其然，这些鸡瘟很快都被他治好了。这下子德赫雷尔信心倍增，胆子一下子大了起来，他决定将噬菌体用于人类疾病的治疗。1919 年 8 月，第一例细菌性痢疾病人被他用噬菌体疗法治愈，他因此名声大噪，这一疗法也随即受到了热捧，很多病人争相使用。然而情况并不乐观，当时包括德赫雷尔本人在内的所有科学家都不知道真正的噬菌体是什么。德赫雷尔认为噬菌体是一种生物有机体，可以繁殖，能以细菌为食，但尚不明白其噬菌的机制。其他科学家，包括诺贝尔奖获得者比利时免疫与微生物学家朱尔·博尔代（Jules Bordet）等，则认为噬菌体是一种无生命的东西，是细菌本身就有的酶或者化学物质，平时没有活性，偶然情况下被激活后能产生杀灭细菌的作用。鉴于这些争议和不明白噬菌体性质带来的不确定性，德赫雷尔这种毫不犹豫地用噬菌体治疗人类疾病的行为饱受科学家同行和医生们的诟病。直到 1939 年，德国生物学家、诺贝尔奖获得者厄恩斯特·卢斯卡的兄弟海尔穆特·卢斯卡用电子显微镜找到了有史以来第一个噬菌体，这一质疑方告结束。1921 年，德赫雷尔费尽周折出版了自己的专著《噬菌体的免疫学作用》（*The Bacteriophage, Its Role in Immunity*），这引发了西欧国家很多临床医生和研究人员的浓厚兴趣，他

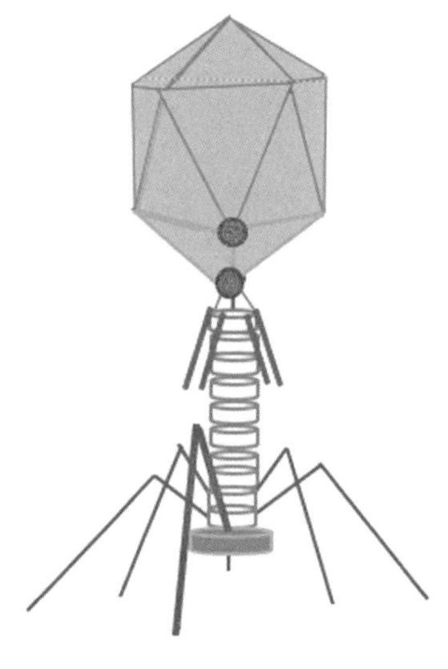

◎噬菌体结构示意图

们使用噬菌体治疗了多种疾病。噬菌体疗法迅速成了一个新兴的具有良好应用前景的治疗手段。1924 年，德赫雷尔收获了荷兰莱顿大学的荣誉博士学位，并获得了列文虎克奖章，这是他梦寐以求的奖章，因为他人生的偶像——法国微生物学家巴斯德——就曾获得过这个奖章。遗憾的是，科学家们先后 8 次举荐他为诺贝尔生理学或医学奖候选人，他都未能获奖。这个遗憾可以说是：

发现噬菌第一人，
非医却医建奇功。
即无诺奖相与赠，
亦是世间真英雄。

自德赫雷尔发现噬菌体以来，众多科学家们前赴后继，争先恐后，都想一睹噬菌体的真容。幸有电子显微镜的出现和分子生物学技术的发展，才使这一问题有了答案。那么，什么是噬菌体呢？简而言之，噬菌体是一类能感染细菌、并在细菌体内复制的病毒。它同其他病毒一样，也具有蛋白质包膜或衣壳，将核酸包于中心，其核酸可以是 DNA，也可以是 RNA，结构或简单或复杂，外形如高脚蚂蚱，可通过其一端存在的像针头一样的结构，刺破细菌细胞壁，将噬菌体病毒的核酸注入细菌体内来进行复制合成。新合成的噬菌体由于数量众多，可以胀破细菌细胞壁，导致细菌死亡。也可使细菌体内的营养物质耗竭而使之死亡，起到杀菌作用。此即噬菌体“噬菌”的机制所在。

现在已知，噬菌体是生物界数量和种类最多、最为普遍的群体之一，只要有细菌存在的地方就有噬菌体。噬菌体的用途广泛，可用于细菌感染性疾病的治疗，尤其是耐药菌感染的治疗。在噬菌体疗法出现后不久，由于抗生素的出现和大量应用，人们以为细菌感染性疾病从此就可被彻底控制了，所以噬菌体疗法虽然在西欧部分国家受到了医生们重视，但总体并未受到主流科学家和医学界的认可。然而，随着抗生素应用时间的延长，医生们发现越来越多的细菌对现有的抗生素产生了耐药现象，这直接导致了治疗无效和治疗失败。虽然抗生素种类较多，但细菌进化的速度更快，

往往一种细菌会同时对多种抗生素产生耐药，从而使其感染的治疗难度一步步加大。而噬菌体由于其杀菌机制独特、耐药现象少、特异性强，仅对所要治疗的细菌有影响，治疗结束后会自然衰减并被人体清除等优点，又重新引起了人们的重视。噬菌体尚可通过破坏细菌的细胞壁及细胞膜，增加抗生素进入细菌体内的浓度，协助增强抗生素的抗菌作用。2019 年 4 月，在荷兰阿姆斯特丹举行的第29届欧洲临床微生物与感染性疾病学会年会上，美国和澳大利亚学者就分享了他们在临床静脉注射噬菌体制剂成功治愈重症耐药金黄色葡萄球菌感染病人的经验。由于噬菌体在自然界数量众多，发现针对某一细菌的噬菌体较为容易，因此噬菌体疗法有望焕发青春，再次成为治疗细菌感染，尤其是耐药菌感染的一种重磅武器。噬菌体尚可用于食品工业，早在 2006 年美国食品药品监督管理局和美国农业部就批准了几种噬菌体产品用于肉类制品中细菌污染的处理，以防止这些食品变质。噬菌体在临床耐药菌监测中也获得了应用。2011 年，美国食品药品监督管理局批准了一种噬菌体鸡尾酒测定法，用于检测金黄色葡萄球菌对甲氧西林的耐药性和敏感性，仅需 5 小时就可以知道结果，而传统的标准微生物鉴定和药敏试验法常需 2~3 天才能出结果。噬菌体尚可用于对抗生物武器、开发新型抗菌药物和基础研究，由此可见这噬菌体个头虽小，但用途还真不少。

当然，虽说这噬菌体人小鬼大、用处很多，但要真正大规模用于疾病治疗，还有一些问题是亟待解决的，这一点暂且不谈。却说 1647 年，在美洲新大陆的巴巴多斯，发生了一场瘟疫，夺去了很多人的性命，就连入侵的殖民者也概莫能外。要问此为何病，请看下回分解。

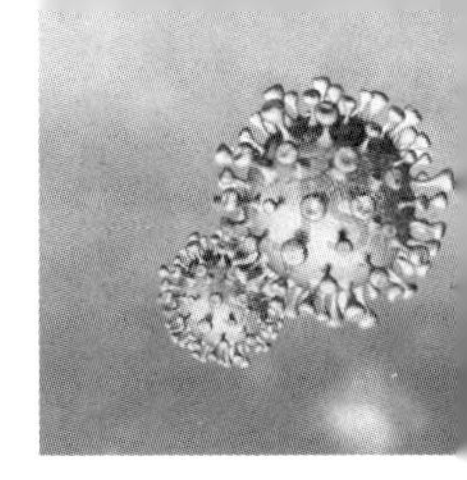

第十二章

黄热一病数百年　一九三七是关键

——黄热病毒

有道是：

天下大势皆浩荡，
隔三岔五疫病猖。
但使巴斯德常在，
不教毒魔再癫狂。

我们说病毒性疾病普遍没有特效药物，根本的预防措施还是要靠疫苗。而疫苗的研究周期较长、风险较高、推广较慢，特别是疫苗研究人员较少、投入产出比低，直接制约着疫苗开发的速度和效率。因此，人们盼望有更多的像巴斯德一样的科学大家不断涌现，在人类健康事业的道路上恒久钻研、硕果频出，保护人类世界这艘诺亚方舟免受病毒性疾病的危害。这一愿望，其真其切，毋庸置疑。

前回写到，1647 年在美洲新大陆东加勒比海小安的列斯群岛东端的巴巴多斯，发生了一场可怕的瘟疫，夺去了很多人的生命。当时尸横遍野、噩耗不断、十里之间不见人烟，这个小小的岛国刹那间就变成了人间地狱。就连入侵的殖民者也概莫能外、暴死连连、减员严重，战斗力遭到重大损失。原来这种病患病轻者多无大碍，发病后一般表现为轻微的发热、头痛、寒战、背痛、疲乏、胃口不好、肌肉酸痛、恶心或呕吐，恰似一场“感冒”，在病人免疫力较强或入侵病毒数量较少的情况下，只需 3~5 天就能康复，所以容易被老百姓忽视。但这也正是这种病的狡猾之处，由于民众普遍重视程度不够高、防护意识差，因此病毒会乘虚而入，使那些免疫力差，原本就有心、脑、肺、肾等基础性疾病的人群感染后病情迅速恶化。这时病人就会出现全身皮肤黏膜发黄和尿色深黄（医学上称之为黄疸，系严重肝损害所致）、腹痛，眼、耳、鼻、口和胃肠道等部位的出血，部分人还会出现没有尿液（医学上称之为无尿）、持续不断难以缓解的打嗝（医学上称之为顽固性呃逆）和说胡话（医学上称之为谵妄）的现象。出现这种情况后病死率高达 20%~50%，其中 50% 以上的病人都是死于严重的并发症，而如果能幸免于难最终康复，则会获得永久性免疫力，终生不再患此病。

过去这种病主要流行于南美洲和非洲地区，现在则由于人口流动性增加散发于世界各地。这种病就是大名鼎鼎的“黄热病”，大概因发病后既有黄疸又有发热而得名吧。

黄热病在地球上有着悠久的历史，它的起源已无从考证，有可能从远古时期的非人类灵长动物传播至人类，也可能从其他途径传播而来。从发源地上讲，该病最初源于东非的可能性最大，之后从东非到中非再到西非，逐渐向西到达南美洲。由于在非洲地区该病常年有小规模的流行，所以大多数非洲人从小就因暴露于疾病环境中而获得了免疫力，即使发病也往往能度过鬼门关、存活下来。而与这些土著人相比，外来人口就没有那么幸运了。正如本文开头所说，在哥伦布发现新大陆后，随着非洲奴隶买卖的进行，很多非洲人被拐卖到美洲地区，病毒随之被带入，这导致南美洲也时常暴发黄热病。欧洲来的殖民者从未接触过该病，普遍缺乏免疫力，因此黄热病一旦暴发往往会造成这些殖民者的大量死亡。据记载，当年在牙买加的英军驻地，士兵因黄热病及其他热带疾病死亡的人数是其在加拿大驻地士兵的 7 倍。在拿破仑时代，法国派往圣多明戈抢夺蔗糖贸易权的士兵中有 35 000~45 000 人患上了黄热病，最后回到法国的军队大约只占原数量的 1/3 左右，拿破仑不得不放弃了对该岛和北美洲的权利主张，于 1803 年将路易斯安那州卖给了美国。1804 年，海地也脱离法国宣布独立。由此可见，疾病对国际政治经济贸易会产生深刻的影响。黄热病不是热带地区的专利，在北美洲亦有流行。1668 年，纽约市暴发了第一次黄热病，翌年又蔓延到了费城和密西西比河谷。1793 年，作为当时美国首都的费城，严重的黄热病疫情导致数千人死亡，整个美国联邦政府官员包括总统乔治·华盛顿在内，全部仓皇逃离。1878 年，田纳西州的孟菲斯市由于阴雨连绵，导致蚊子大量滋生，黄热病迅速蔓延，整个密西西比河谷笼罩在恐怖当中，造成约 2 万人死亡。从 17 世纪至 19 世纪，共有大大小小数十起黄热病疫情暴发，而与美洲有紧密关系的欧洲也未能幸免，仅 1821 年在西班牙暴发的黄热病就夺去了数千人的性命。在南美洲，该病有记录的流行史可以追溯到 17 世纪下半叶的巴西，到了 19 世纪中叶，巴西再次发生了本病的暴发流行。在 2016 年，黄热病又卷土重来，在巴西米纳斯吉拉斯州大规模流行，此次疫情一直持续到 2017 年 5 月，造成 3000 人疑似感染、758 人确诊、264 人死亡。同年，该病在非洲的安哥拉也发生了一次大暴发，疫情不仅扩散至邻国，也有史以来第一次传播至中国。据世界卫生组织估计，目前全球每年约有 6 亿人生活在该病流行地区，有 20 万人罹患此病，3 万人因之死亡。如此厉害的疾病究竟是由什么病原体引起的呢？在 20 世纪以前，人们面对此疾莫不仰天长叹，恨不能刀割之、手撕之、火焚之、水淹之、土埋之，却终不得见，泪眼涟涟。其情其景令人感叹：

黄热一病数百年，
寻根问底难溯源。
多少英雄都不见，
瘟君得意在人间。

要说这黄热病的病因，实则是一种 40~50 纳米大小的 RNA 病毒，通称为“黄热病毒”，是人类发现的第一种可经血液及蚊虫叮咬而传播的病毒。这一发现颠覆了人类对疾病传播途径的既有认知，开辟了流行病学研究的新纪元，对通过切断传播途径防控传染病有重大指导意义。然而，这一过程却并非一帆风顺，且由此造就了一宗三个人不断探索、接力前行的动人故事。1833 年，在古巴出生了一位体质孱弱的小男孩，名叫卡洛斯·芬莱（Carlos Finlay）。11 岁那年，芬莱从当时尚为西班牙领地的古巴来到法国求学，他勤奋上进、努力有加，学习成绩名列前茅，是班里出了名儿的学霸，如果不是命运的戏弄，他会顺利快乐地成长。不幸的是，在法国仅仅2年时间，他便碰到了霍乱流行，因被感染而放弃了学业，重回古巴。1848年，躲过一劫、从霍乱中恢复的他，再次踏上了欧洲求学之旅，这一次他满怀信心、决心大干一场，不拿到学位绝不回还。然而命运又一次戏弄了他，当他转道英国时，欧洲革命突然爆发。这场始于意大利西西里岛的平民与贵族之间的斗争，不仅促进了意大利的统一进程，而且战事迅速蔓延到奥地利、德国、波希米亚及法国等地，席卷了整个欧洲。在广大民众的要求下，法国国王路易·菲利普被迫下台，国内政局一片混乱，游行集会此起彼伏，英法关系极为复杂，由英国入境法国面临重重困难。有鉴于此，芬莱的求学之旅一再推延，一耽误就是2年。1850年，费尽周折的芬莱终于到达法国，却又不幸罹患伤寒、无法继续学业而退学。回到古巴后，他本想在哈瓦那大学继续学习，但因该校不承认他在欧洲的学分，他不得已进入了位于费城的杰弗逊医学院继续学业。1855年，修业期满的芬莱顺利毕业，回到了哈瓦那，开始了自己的职业生涯。他察病患、访疾苦、救灾民、集资料，悉心观察，立志要医民于病魔、祛黄热于未来。1881年，经过长期的观察实验，芬莱在国际卫生大会上率先提出了蚊子是黄热病中间宿主和传播媒介的理论，也就是说，当一只蚊子叮咬了某个黄热病病人后，再去叮咬一个健康人时，就会把黄热病毒传染给这个健康人。因此通过灭蚊运动、减少蚊子的数量、防止蚊虫叮咬就可以切断黄热病的传播途径、防止黄热病的传染和流行。

列位看官，我们今天已经知道，芬莱的理论和假设是完全正确的，许多传染病包括疟疾、流行性乙型脑炎和登革热等都是由蚊子来传播的，但在100多年前，由于人们认识的局限和科学的不发达，芬莱的上述发现被同时代的科学家们诟病了近20年。直到有一天，第二个极具影响力的人物出现，这个人就是美国军医沃尔特·里德（Walter Reed）。里德出生于1851年9月，这个身形消瘦的弗吉尼亚人天资特别聪颖，年仅18岁就获得了弗吉尼亚大学的医学博士学位，是当时该校历史上最年轻的博士学位获得者。随后他又一口气拿下了纽约大学医学院的博士学位。年轻气盛而又雄心勃勃的里德毕业后在纽约从事过多种工作，但由于厌倦城市生活和收入不高，他又转而参军，成了一名军医。十几年间随部队辗转多地，积累了丰富的战地救治经验和军队流行病学调查知识。1898 年美西战争爆发，里德被派往古巴协助调查美国军队中的伤寒病因，同一时期黄热病也开始在军队里流行，造成了大量美国士兵死亡。为了迅速查明病因，阻止黄热病流行，里德奉命负责这一任务，他通过阅读古巴医生卡洛斯·芬莱的论文，获得了大量的感性认识，决心由此出发对芬莱的理论加以实践证明。他从士兵和平民中招募了一些志愿者，让他们接受叮咬过黄热病病人的蚊子的叮咬，结果证明蚊子确实是传染黄热病的中间宿主和媒介，而不是此前争论的通过接触士兵的衣物或生活用品来传播。此后通过灭蚊和防蚊运动，不仅使士兵中的黄热病发病率显著下降，而且还保障了巴拿马运河的修建，这一成就使里德的名声大噪。在此之前法国人也曾尝试修建巴拿马运河，却因黄热病引起的接连不断的工人病死减员而无法继续。由于芬莱的巨大贡献，他的发现被评价为自詹纳发明牛痘疫苗以来医学科学最重要的进展，虽然他没有获得诺贝尔生理学或医学奖，但却被人们广泛纪念和颂扬，在古巴很多地方都有他的纪念碑。联合国经济合作与发展组织也专门设立了以他的名字命名的卡洛斯·芬莱微生物学奖，以纪念他在黄热病和其他传染病防治中的贡献。而里德的贡献在于用实践证明了芬莱的理论和假设的正确性，从而使医学和流行病学进入了一个真正的全新的阶段，因此他也在医学史上留下了浓墨重彩的一笔，让后人铭记。

一般而言，传染病的流行有一个基本规律，那就是必须具备三个条件：传染源、传播途径和易感人群。传染源就是被病毒或其他病原体感染的动物和人（病人）。传播途径主要包括因摄入被病原体污染的食物或饮水而感染（亦即经胃肠道传播或粪－口传播）、吸入含有病原体的空气而感染（亦即经呼吸道传播或空气、飞沫传播）、接触带有病原体的物体或不洁性交而感染（亦即经接触传播或性传播）、输入含有病原体的血液或血制品而感染（亦即经血液、体液传播），或被带有病原体的昆虫叮咬而感染

（亦即虫媒传播），部分疾病尚可通过妊娠来进行传播（母婴或父婴传播）。易感人群指的就是那些从未接触过该病原体的人或群体。对于传染病的防控，无论在什么地方、什么情况下，都主要是针对上述三个流行条件采取措施。在传染源控制方面，对于被感染的动物往往需要大规模地捕杀、焚烧或深埋，以防疾病由动物传染给人，而对病人只能通过隔离治疗或观察来防止疾病在人与人之间传染。这就是为什么禽流感来了要大量捕杀患病禽类，而类似非典这样的疾病暴发后要将病人及其密切接触者隔离的原因所在。针对传播途径，不同的疾病也有不同的预防措施，譬如肾综合征出血热是由黑线姬鼠传播的，所以在该病流行地区就要倡导灭鼠；非典型肺炎是经呼吸道传播的，所以就要求人们戴口罩；黄热病是由蚊虫叮咬传播的，就要倡导灭蚊防蚊。针对易感人群，最关键的预防措施是要增强其免疫力，尤其是要提高针对某一特定病原体的免疫力（例如，要预防黄热病，就需想方设法让易感人群产生对黄热病毒的免疫力），解决这一问题的根本措施就在于研发和接种疫苗。所谓疫苗，就是含有毒性减弱的某种病毒（或

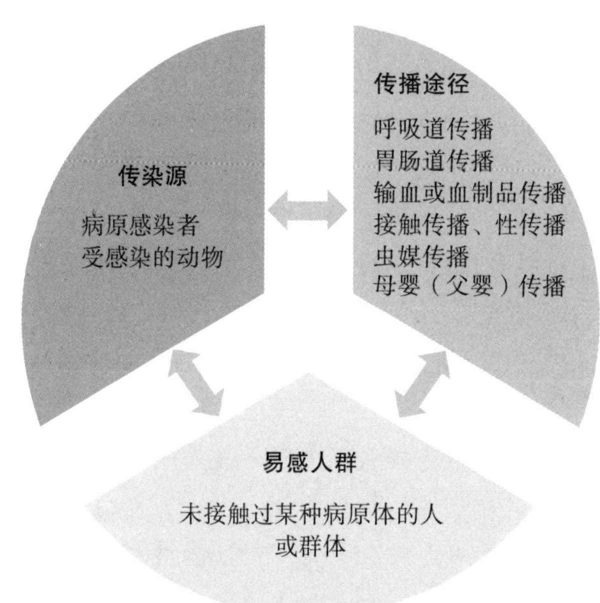

◎传染病流行的三个基本环节

细菌），或没有活性的某种病毒（或细菌）的生物药剂（目前的疫苗主要是针对病毒性疾病研发的）。接种疫苗实际上就是将这样的毒性减弱的或没有活性的病毒（或细菌）注入人体，使人体产生相应的抗体，从而达到防止感染的目的。

说到此处,列位基本明白了传染病防控的要点,这一问题就不再赘述了。言归正传，也活该这黄热病倒霉，要被人类控制，因为它在历史上太猖狂了、为害过深，直接惹恼了一个人。这个人堪称黄热病的克星，也是我们要说的第三个人，他的名字叫马克斯·塞勒（Max Theiler）。1899 年，塞勒出生于当时南非的首都普利托利亚，19 岁从开普敦大学毕业，随后前往英国伦敦求学。1922 年，年仅 23 岁的他获得了伦敦国王学院卫生与热带医学院的毕业证，成为皇家内科医生学院的一名执业医师。各位读者，纵观整个人类科学发展史，但凡在科学上卓有成就的人，往往在性格上有些稀奇古怪。年纪轻轻的塞勒一毕业就取得了医生执照，成了一名受人尊敬的内科医生，这在西方社会可以说是从此踏入了上流社会，过上衣食无忧的富裕生活了。可塞勒偏偏不喜欢医生这个职业，偏偏乐于从事科学研究工作，因此他马不停蹄地来到美国，在哈佛大学医学院谋了一个职位，开始从事阿米巴痢疾研究，并试图开发一种预防鼠咬热的疫苗。1928 年，黄热病病毒分离成功。也是这一年，塞勒自己不幸感染了黄热病，所幸他的抵抗力较强、侥幸存活了下来并获得了免疫力，但也被折腾得够呛。他对该病由此恨之入骨，发誓要研制出一种能预防黄热病的疫苗。

1930 年，塞勒来到纽约加入了洛克菲勒基金会，担任病毒实验室主任，开始大展拳脚。当时疫苗开发的一个首要问题是如何证实疫苗的有效性，为此塞勒首先设计了一种名为“小鼠保护实验”的研究方案，即通过将接种过疫苗的人的血清分离出来，注入小鼠体内，然后再让带有黄热病毒的蚊子叮咬这些小鼠，以此来验证这种血清是否对小鼠起到了预防黄热病的保护作用。在此基础上，塞勒和他的同事先后进行了 100 多次实验，终于在 1937 年获得了一种减毒的能使小鼠产生免疫力的黄热病病毒株，命名为“17D”，这种毒株经动物实验证明是安全和有效的。塞勒及其团队将其迅速开发成 17D 疫苗，由洛克菲勒基金会在南非进行人体试验和小鼠保护实验等，最后投入使用。从 1940 年至 1947 年，经过 7 年的努力，洛克菲勒公司共生产了 2800 万剂黄热病疫苗，成功地预防了该病的暴发流行，使其不再成为当时的主要传染病。1951 年，鉴于其在黄热病疫苗开发中的贡献，塞勒获得了诺贝尔生理学或医学奖。至此，又一种传染病得到了控制，人类的健康事业又向前推进了一大步。然而，由于各国经济发展不平衡，贫富差距较大，一些贫穷国家的穷人们至今也用不上黄热病疫苗，这也是该病在一些国家仍然未能完全消灭的原因所在。这真是：

天下疫苗一箩筐，
有需没钱你别忙。
人生从来病犹苦，
富的慌慌穷的亡。

大千世界病毒众多，一个解决一个又来。话说这黄热病的事情刚刚告一段落，又有一种病毒开始兴风作浪，连古罗马的皇帝也不曾放过，即使是万里之外的中国皇帝也曾中招。要问何毒如此厉害，且看下回详解。

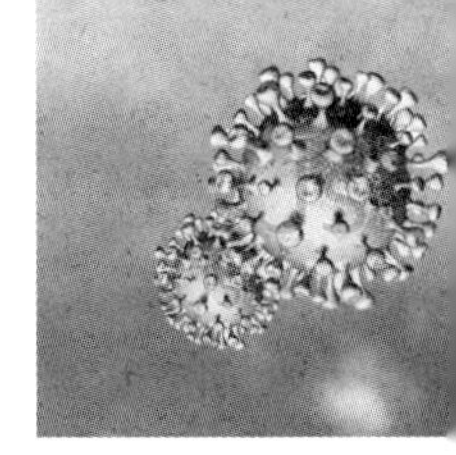

第十三章

染恶疾皇帝身残　研疫苗后世得康

——脊髓灰质炎病毒

上回书说道，有一种病毒十分厉害，连古罗马的皇帝都不放过，中国的皇帝也曾中招。就是到了近现代，此病毒也仍然在世界各地肆虐。可见从古至今，病毒之祸从未断绝。正应了一首诗：

病毒一族为害深，
狂若飓风能封城。
贵胄草芥都不认，
敢辗尔作万古尘。

这究竟是什么情况？原来在古代，由于缺医少药，一个孩子生下来能否长大成年，一靠抵抗力，二靠运气。如果抵抗力足够强、运气足够好，并且未碰到大的疫灾，一般都能长大成人，活到四五十岁不成问题，否则便会早早夭折、撒手人寰。这其中有医学科技不发达、对疾病病因认识不足、缺乏特效药物的原因，也有自然环境恶劣、生存条件差、缺吃少穿的因素，更有病毒和细菌等微生物来无影去无踪的反复感染造成的窘境。正因如此，才有了迷信、巫术、谣言和不知所措等，当然也有了勇敢者，如神农氏踏遍万水千山、遍尝百草、救民于疾苦的大无畏故事，直至今日，在很多疫苗研究者的身上，依然有这样以身试毒的特点和精神。正如本书反复提到的那样，这病毒十分狡猾、面目狰狞、为害深重，但有一点儿却格外突出，那就是它十分公平、从不谄媚，无论皇亲国戚、达官显贵，还是民间草芥、下里巴人，它从不分高低贵贱、贫富强弱，一律使其感而染之，因此也引出了许多历史故事，任人评说。

话说公元前10年，法国小镇卢格杜鲁姆（现在的里昂）出生了一个男孩儿，他的名字叫提贝里乌斯·克劳狄乌斯·凯撒·奥古斯都·日耳曼尼库斯。他天资并不聪明，但也绝非等闲之辈。由于兄弟姊妹众多，他的存在似乎并不那么起眼，常常被人遗忘。可悲的是，这孩子命运多舛，出生后不久就染上了一种怪病，起先是高热不退，拒绝饮食，其后又出现恶心、呕吐、腹痛、腹泻，后经治疗虽然保住了性命，但一条腿的活动却越来越不灵便。及至1岁后，那条腿的肌肉开始萎缩，走路出现跛行。1岁那年，他的父亲德鲁苏斯在日耳曼运动中意外死亡，留下他由母亲安东尼娅抚养。安东尼娅本来就是一个贵妇，不擅长相夫教子，看到克劳狄乌斯的残疾症状越来越明显，便把他视作一个怪物，认为他是个蠢笨的家伙，因而极其厌恶他。她把他送给了他的外祖母丽维娅照看，谁知丽维娅也好不到哪里去，动辄用粗俗的语言和带有侮辱性的词语数落他。直到他长大一些后，人们才终于发现，克劳狄乌斯在文学艺术方面有一定的天赋，加之他的残疾症状较前减轻，人们对他的看法便有了改变。克劳狄乌斯虽然出生在法国，但却是罗马帝国的皇族成员，在其父亲死后不久他就随母亲回到了罗马。公元37年，他的侄子卡利古拉（原名为盖乌斯·尤里乌斯·凯撒·日耳曼尼库斯）继承王位成为罗马帝国的第三位皇帝。卡利古拉极其贪婪，横征暴敛、排斥异己、大开杀戒，连自己的妹妹都不放过，很快就触动了贵族阶层的利益。他对克劳狄乌斯也极尽羞辱和折磨，但由于克劳狄乌斯身患残疾，被大多数人认为没有什么实质性的威胁，由此反而侥幸逃脱了宫廷内你死我活的斗争之害。公元41年，卡利古拉被他的禁卫军队长及其同谋暗杀，当时克劳狄乌斯就躲在一个帘子后面，亲眼看着卡利古拉和其他几位贵族人士被杀头斩首。他吓得直打哆嗦，在尚未来得及逃走时就被卫队长发现了。由于卡利古拉在位时性格暴虐、大肆清洗异己，当人们寻找适合于接替皇位的那个人时，突然发现有皇家血统的人中除了克劳狄乌斯，已找不出第二个合适的人了。于是，他们顺理成章地推举克劳狄乌斯为罗马帝国的第四任皇帝，这位身有残疾的皇族成员因祸得福，侥幸荣登大位。无独有偶，在中国明朝也有这样一位皇帝，那就是明仁宗朱高炽。他幼年时患病，病症跟克劳狄乌斯的相差无几，因一条腿肌肉萎缩、行动不便，进出房门时常常需要仆人搀扶。这导致他的灵巧和勇武远逊其弟，最初也不被一众君臣看好。所幸他虽然喜静不喜动，但学习尚很用功、心地也很善良、为人十分正直，又是长子，所以最终被他的父亲朱棣指定为皇位继承人，成了明朝第四位皇帝。列位看官，克劳狄乌斯和朱高炽这两个人虽非同一个国家、同一个时代，但命运却有相似之处。所谓身残志坚，苦尽甘来，莫不如此，正如《一剪梅·两皇帝》所感：

自幼染疾人跛行。貌似愚钝，屡受鄙凌。
苦字只在脑海深，唯余坚持，默然奋争。
祸福来时不由人。一种病毒，两座城中。
千年弹指也匆匆，罗马过了，又是大明。

◎罗马帝国皇帝克劳狄乌斯和明朝皇帝朱高炽都患有小儿麻痹

要问克劳狄乌斯和朱高炽所患何病？“小儿麻痹”是也，现代医学亦叫“脊髓灰质炎”，是由脊髓灰质炎病毒引起的一种传染病。该病毒是一种肠道病毒，可随被污染的食物或饮水进入人体消化道，附着于胃肠黏膜细胞而引起感染，只对人致病。脊髓灰质炎病毒结构简单，仅包含了一条单链 RNA 和一层蛋白质衣壳，而蛋白质衣壳是病毒感染人体细胞的工具，可以黏附在人体细胞膜的表面，进而发起攻击。根据衣壳蛋白不同，脊髓灰质炎病毒可分为三种，分别是脊髓灰质炎病毒 1 型、2 型和 3 型，它们具有同样的致病力，但以 1 型最为多见，最易引起肢体麻痹。无论是哪一型，感染后均可获得持久性免疫力，起到防止病毒再次感染的作用。三型之间没有交叉免疫力，亦即感染 1 型病毒后所产生的免疫力并不能防止 2 型和 3 型病毒感染，所以接种脊髓灰质炎疫苗时，必须同时口服含有三种病毒减毒疫苗的混合糖丸。脊髓灰质炎病毒主要是通过粪便排出，污染食物和饮水，然后被易感者接触后经粪 – 口途径摄入胃肠道而传播，它不会从呼吸道排出造成空气传播，由此可见饭前便后洗手在预防感染性疾病方面的重要性。相较于健康人，有免疫缺陷、营养不良、骨骼肌损伤和妊娠者更易于发生感染，虽然这类病毒也可透过胎盘屏障污染羊水，但据目前观察似乎对胚胎和胎儿没有影响。

为什么脊髓灰质炎病毒在感染人体后会引起一侧肢体麻痹？因为它会破坏人体脊髓中负责肢体运动的神经元，从而使那一侧肢体的肌肉失去神经对它的支配作用，表现为肢体活动无力和失灵，最后由于长期不用而发生萎缩，形成所谓的肢体麻痹。病毒在少数情况下也可以侵犯大脑神经元，引起颈部肌肉或呼吸肌等的麻痹，从而导致病人死亡。因其多发于 6 个月至 4 岁之间的儿童，且发病后多以一侧肢体麻痹为主，故将其称作“小儿麻痹”。

脊髓灰质炎病毒在地球上已存在了数千年，在史前文明的古埃及岩画中就有类似小儿麻痹的人像，孩子在很小的年纪就拄着拐杖，大人则一侧肢体萎缩变细。不仅如此，自有文字记载以来，中外不同国家不同地区的不同人种均有此类发病记录。到了 1789 年，英国医生米歇尔·昂德伍德（Michael Underwood）从临床医学的角度明确记录了脊髓灰质炎这种病症，他把小儿麻痹描述为下肢有明确功能丧失的疾病。20 世纪之前，由于卫生条件差，很多小孩儿出生后都会暴露于脊髓灰质炎病毒所在的环境中，因此获得了一定的免疫力。20 世纪早期，随着人居环境的改善，污水处理系统的建立和自来水的供应，人们的群体免疫力反倒下降了，患病风险随之也增加了。1900 年前后，该病成了欧洲和美国的地方性流行病，危害显著，引起了人们的极度担忧。20 世纪 50 年代，脊髓灰质炎发病达到了高峰，演变成了世界性流行病，疫情波及欧洲、美洲、大洋洲、亚洲和非洲。在美国，仅 1952 年就出现了 58 000 多例病人，死亡 3000 多例，致残 21 000 多例，且发病年龄不等，30% 以上的病人超过了 15 岁。到了 1977 年，世界卫生组织统计估算全球有 1000 万 ~2000 万小儿麻痹者。随着该病引起的残疾人员数量的日趋增多，因残疾遭受歧视的事例时有发生，人们一直在尝试寻找一种有效的办法来应对脊髓灰质炎疫情，因无特效药物，研制疫苗就成了当务之急。

恰在此时，就出现了几位科学大家，他们热情高昂、勇于担当，冒着极大的风险，积极投身到脊髓灰质炎疫苗的研发当中，这其中“首吃螃蟹”的是由约翰·科尔莫（John Kollmer）和毛里斯·布鲁迪（Maurice Brodie）分别领衔的美国两个研究团队。1935 年，他们分别在美国公共卫生协会年会上报告了自己的研究成果。不幸的是，尽管科尔莫宣称自己开发了一种减毒的脊髓灰质炎病毒疫苗，并且在美国和加拿大约 1 万名儿童身上做了试验，除了 5 名儿童死亡，10 余名儿童出现接种疫苗的那一侧胳膊瘫痪外，并无大的风险，但其他与会的学者听完报告后并未得出相同的结论，他们认为科尔莫的研究缺乏对照组，且儿童死亡率高、毒副反应大，与其结论明显不符。在这种情况下，科尔莫为自己的研究作了辩解，这更加激起了与会专家的愤怒和质疑，甚至其中有一些同行把科尔莫称为杀人犯。由于科尔莫的报告已经给与会人员留下了极其恶劣的印象，所以当紧随其后的布鲁迪来报告自己团队的脊髓灰质炎疫苗研究成果时，已经没有多少听众愿意听了。事实上，当时供职于纽约大学的布鲁迪及其团队设计了一种用福尔马林灭活脊髓灰质炎病毒后生产的疫苗，经他首先在自己身上试验，证实是安全的。随后又曾与其他合作人员一起在7500名儿童和成人身上做了接种试验，同时另有4500名自愿受试者作为对照组。结果发现，对照组的脊髓灰质炎发生率为1/900，而接种疫苗的那组仅有1/7500，并且该疫苗接种后第一年的有效率就可达到88%以上。虽然布鲁迪研究的疫苗在20年后被其他科学家证明是有效和安全的，但在当时人们认为那1/7500也是由疫苗引起的，因此年仅32岁的布鲁迪在会后便遭到了解雇，再也找不到合适的工作。三年半后，他就郁郁寡欢、染疾而终，其遭遇令人唏嘘。而时年49岁的科尔莫，其主持研发的疫苗既不安全又无效果，他却不仅保住了工作，之后还获得了多次奖励。实在是阴差阳错，命运不同啊。这真是：

科学研究如登峰，
道路波折各不同。
时运不济命途差，
难为英雄赤胆心。

由于科尔莫和布鲁迪两个研究团队的中途折戟，脊髓灰质炎疫苗的研发不得不因风险太大而停下了脚步，此后在近20年的时间里再无人敢涉足这一领域。

转折出现在1948年，当时第二次世界大战的硝烟刚刚散去，好消息就从美国波士顿儿童医院传来。该院的教授约翰·富兰克林·恩德斯（John Franklin Enders）及其领导的研究团队在细胞培养基上培养出了流行性腮腺炎病毒，这一成功使他们的信心空前高涨，也使科学界同行们大为振奋。此后为解决水痘的病因问题，他们又开始在胚胎肺组织中培养水痘病毒。令人失望的是，在恩德斯准备的几个培养管中，均未发现这一病毒的生长。沮丧至极，恩德斯将其中几只未使用的含有小鼠脑组织培养液的培养管拿出来，加入了脊髓灰质炎病毒，以求碰碰运气，心想没准儿还真能行呢。数天后，他惊喜地发现脊髓灰质炎病毒真的生长了，培养获得了成功。这一重要进展极大地促进了疫苗的研究，使脊髓灰质炎疫苗的开发重现曙光。由于这一重要贡献，恩德斯和他的同事托马斯·哈克尔·韦勒（Thomas Huckle Weller）、弗雷德里克·查普曼·罗宾斯（Frederick Chapman

Robbins）同获 1954 年的诺贝尔生理学或医学奖。与此同时，科技进步的步伐明显加快，人类在其他方面的研究也取得了重要进展。人们已经知道脊髓灰质炎病毒有三种类型，输注含有抗体的 γ 球蛋白可预防脊髓灰质炎，在引起肢体麻痹之前，该病毒能出现在血液中。这些研究成果为疫苗的开发奠定了坚实的基础，但另一方面，脊髓灰质炎的流行却愈加严重，人们对疫苗的使用需求也更加迫切。

就在此时，出现了一位名叫希拉里·科普罗夫斯基（Hilary Koprowski）的波兰病毒学与免疫学家。他 1882 年生于华沙，多才多艺，12 岁开始学习钢琴，终生挚爱音乐，获得过华沙音乐学院的声乐学学位，还创作了一些乐曲。57 岁那年，他凭借自己对研究工作的热爱，坚持学医并获得了华沙大学的医学学位。第二次世界大战结束后，他辗转来到了纽约的珍珠河，在此开始了脊髓灰质炎疫苗的研究，并最终研制出了世界上第一种口服脊髓灰质炎疫苗。1950 年 2 月 27 日，一个令人难忘的日子，科普罗夫斯基将他的疫苗给一个年仅 8 岁的男孩口服，获得了成功。此后他的疫苗在非洲等地进行了大量应用，但由于这种疫苗只能针对性预防 1 型和 3 型脊髓灰质炎病毒感染，不能预防 2 型病毒，商业化生产也存在诸多困难，故最终未能向全球推广。

1952 年，美国科学家乔纳斯·索尔克（Jonas Salk）及其在匹兹堡大学的团队宣布成功研发出一种可商业化生产的灭活脊髓灰质炎病毒疫苗。这一疫苗在 185 万美国儿童身上进行了大规模试验，并于 1955 年 4 月得出了试验结果：对脊髓灰质炎 1 型病毒预防有效率为 60%~70%，2 型和 3 型的为 90%。很快这一疫苗就获得了美国食品药品监督管理局的批准，开始大规模在全美使用，这使得美国的脊髓灰质炎病例由 1953 年的 35 000 例降到了 1957 年的 5600 例，到 1961 年时更是降到了 200 例以内。

在索尔克开发试验脊髓灰质炎疫苗的时候，其他科学家关于疫苗的研究也并未停止，其中最重要的一个人就是阿尔伯特·沙宾（Albert Sabin）。沙宾生于 1906 年的俄罗斯比亚韦斯托克市，该市于 1918 年划归波兰管理。1921 年，沙宾随父母移民至美国，在那里他进入当地学校求学，并以优异的成绩考入纽约大学，获得了医学学位。1934 年他来到英国，进

入伦敦李斯特预防医学研究所从事研究工作，这一时期的经历使他逐渐对传染病研究产生了浓厚兴趣。1939 年，沙宾回到美国俄亥俄州辛辛那提市儿童医院工作。第二次世界大战爆发后，他报名参军成了一名美国军医，在战场上负责开发了预防日本脑炎的疫苗。战争结束后，由于脊髓灰质炎疫情不断恶化，沙宾又加入了这一疫苗的研究行列。与索尔克的策略不同，沙宾采取了减毒活疫苗的方式，这种疫苗中所含的毒性减弱的病毒是经过连续多代培养后形成的，对人体没有致病性，却可以刺激人体产生相应抗体，防止真正的感染。索尔克的疫苗是通过“种牛痘”的方式在手臂上划一道口子来完成，其缺点是不能很好地预防病毒在肠道的感染，而沙宾研发的疫苗是口服的，恰好弥补了索尔克疫苗的缺陷，使用也很方便，乐于为广大儿童所接受。更重要的是，它能同时对三种脊髓灰质炎病毒的感染产生理想的预防作用。自从这一疫苗在辛辛那提市试验性使用后，该市再也没有出现新的脊髓灰质炎病人。遗憾的是，由于美国出生缺陷基金会的反对（该机构支持的是索尔克研发的灭活疫苗），沙宾的口服疫苗并未在美国大面积推广，反而是被当时的苏联介绍到了全世界。

1988 年，索尔克领导发起了“消灭脊髓灰质炎”的倡议，此举获得了全世界大多数国家的广泛响应与支持。现在，随着疫苗的广泛使用，脊髓灰质炎已不再成为全人类的一个主要威胁，人们再也不用为此而担心了。

列位看官，自盘古开天辟地以来，人类经历了饥荒、自然灾害、疫病、部族争斗和自相残杀，从蒙昧无知到一点点积累经验与知识，好不容易来到了 20 世纪，随着工业革命的到来、机器化大生产的出现，生产力得到空前提高、物质生活获得极大丰裕，科学技术也随之飞跃发展。在两次世界大战的硝烟中，人类进入了加速发展的过程。此时在世界各地，“大肚子”的疾病却悄然增多，部分人还因此出现了肝癌、失去了生命。人类在盲目乐观与痛苦迷惘中继续前行，在各种荒诞不经的疗法满天飞的情况下，又一个疾病的密码被破译了，恐惧和忧思终于消失，希望和欢乐重新来临。欲知这究竟是怎样一回事，且看下回分解。

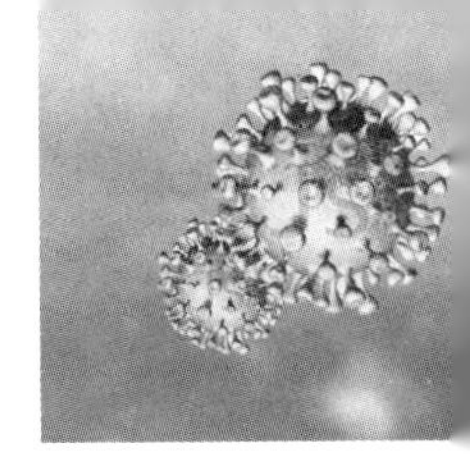

第十四章

中央之国黄肤病众　齐心合控道阻且艰

——乙型肝炎病毒

上回书写道，随着人类进入 20 世纪，科学技术飞跃提升，工业革命加速到来，物质生活极大丰裕，电子显微技术投入应用，微生物学持续发展，人类对各种疾病病因的探求不断取得进步，抗生素的发现又使细菌感染性疾病得以大量控制。在此情况下，人们对医学发展的进程充满了期待，潜意识中总渴望借助科学之手，化腐朽为神奇，化悲痛为力量，将各种疾病的治愈变成人间奇迹，使人类不仅获得长寿，而且远离疾病困扰。

然而，有一种疾病却始终是人们心头挥之不去的阴影，它十分古老，又非常现代，它与人类结缘始自青铜器时代，在至少 4500 多年前的人体遗骸中就能找到这种病毒。从 16 世纪圣多米尼克皇宫的木乃伊干尸儿童身体中也曾分离出该病病毒，其基因序列与这一病毒的现代变种极其相似。1883 年，德国不来梅市暴发了一次天花流行，在治疗中有 1289 名羊场工作人员静脉输注了从其他天花康复者中采集的血浆，以期获得免疫力。让人感到奇怪的是，这些工作人员接受输血后最终免于感染天花，却在数周至 8 个月的时间后，有 191 名出现了黄疸（即皮肤、眼睛和尿液发黄），从而被诊断为血源性肝炎，其余输注不同献血者血液的人员则保持了健康。这一现象引起了一位名叫卢尔门的德国医生的注意，他在做了堪称经典的流行病学调查之后，发表论文指出那 191 人所输的血液受到了污染，但因当时尚未发现该病的病原体，所以人们一时间疑窦重重，不知污染源为何物。及至1909年，梅毒（一种性病）盛行，为了治疗这些病人，护士们开始采用一种新发明的、可反复使用的皮下注射针头来为病人注射梅毒治疗药物——砷凡纳明。那时微生物学仍不发达，对梅毒和血源性肝炎的病因与传播途径均不清楚，因此世界各地数量庞大的梅毒病人使用此种皮下注射针后，因消毒不严格，在不同病人间引起了大量交叉感染，致使以黄疸为主的这种所谓“血源性肝炎”也随之增多，先后发生过数不清的暴发流行，连绵不绝。再后来，这种病在世界各地开始大量传染和发生，全球总患病人数多达3.7亿，尤其是在号称中央之国的中国，黄肤之疾不断增多，感染人数超过1亿。有部分病人还因此出现了腹水（俗称“大肚病”或“胀肚病”）、肝硬化（肝脏变硬变小）和肝癌，以致失去了生命。慌恐之中，人们争相使用偏方、肚兜等民间医技进行治疗，各种虚假伪劣之医骗竞相登场，街头巷尾之混乱“治肝神医”“灵丹妙药”广告漫天飞舞，名称奇怪高大神秘的“肝病研究所”随处可见，略通医术的所谓医者摇身一变成为“祖传圣手”“肝病世家”，其病其重、其慌其恐，可见一斑。到末了，落的是人财两空，仰天悲鸣。正所谓：

瘟君迷离鬼唱歌，
害我生民害我国。
唯盼科学疗肝疾，
还归健康一山河。

列位看官，这种病就是被誉为“沉默的杀手”的乙型病毒性肝炎（简称“乙型肝炎”）。之所以说“沉默”，是因为患病早期多无明显感觉，与正常人无异；之所以称“杀手”，是因为一旦有了明显症状，很多病人往往已发展到了晚期，出现肝硬化或肝癌，发生腹水、黄疸、呕血（医学上称为消化道出血）或昏迷（医学上称为肝性脑病）等严重并发症，在当时的医疗条件下致死率极高。

尽管现在人们已知乙型肝炎的病因是乙型肝炎病毒，但搞清楚这一点却费了九牛二虎之力。直到20世纪60年代之前，这一问题还是扑朔迷离的，以致各种虚假治肝神医比比皆是。1963年，美国医生、遗传学家巴鲁克·塞缪尔·布隆伯格（Baruch Samuel Blumberg）在美国国立卫生研究院工作时，从一名患有血源性肝炎的澳大利亚原住民的血液中发现了一种蛋白质抗原，当时称之为“澳大利亚抗原”（简称“澳抗”）。在此基础上，另一位病毒学家阿尔弗雷德·普林斯（Alfred Prince）于1968年证明了“澳抗”是血源性肝炎病毒的一部分，使人类对该病毒的认识得到了进一步加深。至此，澳大利亚抗原被正式命名为“乙型肝炎表面抗原”。两年后，勤奋的英国病理学与临床病毒学家戴维·丹恩（David Dane）借助电子显微镜找到了乙型肝炎病毒颗粒，正式确认了这一病毒的存在，为纪念他的这一贡献，后人把由他发现的完整的乙肝病毒颗粒称为“Dane氏颗粒”。

乙型肝炎病毒结构复杂，包含了一个包膜、一个核衣壳和一条不完整的双链DNA，这种核酸可以狡猾地隐藏在人体细胞的细胞核内，躲避各种药物的捕杀，这也增加了治疗的难度，时至今日依然鲜有特效药物。乙肝病毒主要通过以下几个途径传播：经输血或血制品传播（包括使用不干净的注射针头注射）、母婴垂直传播或经性接触传播。一般而言，感染了乙肝病毒之后，早期可以没有任何不适，也可有乏力、食欲减退、恶心、呕吐或右上腹痛等表现，部分病人可出现黄疸，发生所谓的急性乙肝。一旦没有症状或出现症状未及时就诊拖延超过6个月，就会转变成慢性。慢性乙型肝炎存在时间可长达一二十年甚至更久，病情可时轻时重，多数早期表现并不严重，易被人们忽视。等到病情严重时，往往已发展为肝硬化腹水甚至肝癌了，正所谓乙肝“三步”曲——肝炎、肝硬化、肝癌，此时再开始治疗已为时过晚。因此，早期发现、早期治疗对于慢性乙型肝炎病人极为重要。在20世纪60年代之前，尽管人们已经发现血源性肝炎的存在，也推测到可能有病毒在作祟，却一直找不到病因。那时人们常常谈肝色变、风声鹤唳、避之不及，但凡患上肝炎者，莫不痛哭流涕、悲愤万分，如临世界末日、生命尽头，用“绝症”二字来描述也不为过。幸得布隆伯格等一众科学家的努力，谜团才得以逐渐解开，生的希望才得以逐渐明朗。

列位看官，这世间事说怪不怪、不怪也怪，有的人爱权力，有的人爱金钱；有的人贪得无厌，有的人知足常乐；有的人小富即安，有的人大富不显；有的人参透世事、乐享平安，有的人不知深浅、泰极否来……凡此种种，在科学界也不鲜见。

话说这布隆伯格，就是一个有趣的人。在他的一生中充满了不喜欢的事，但却因此而成就了他卓有成就的一生。布隆伯格 1925 年 7 月 28 日出生于纽约布鲁克林，在那里上完了小学和中学，然后因不喜欢学习，就参军当了一名海军士兵，跑去了第二次世界大战的战场。经受战争洗礼后，他终于知道了学习一门知识的重要性，遂进入纽约联合学院学习，不久因为不喜欢，就又考入了哥伦比亚大学数学系。没过多久，又因为不喜欢数学，转学到了哥伦比亚内科医生和外科医生学院，成了一名名副其实的医学生。1951 年，天资聪颖的他获得了医学博士学位，接下来他做了 1 年实习生和 3 年住院医生。这样的职业生涯，应该说是非常漂亮的，只要坚持下去就能完全衣食无忧、受人尊重，然而率性的他又因不喜欢，转而前往英国牛津大学学习生物化学，仅用 2 年便取得理学博士学位。列位看官，我们说杰出的人物往往会有其独特的一面，甚至有时候会显得有些任性，但他们却总能抓住机遇抢占先机，这一点从布隆伯格身上可见一斑。他丰富的阅历、广博的知识是他游刃有余于众多不喜欢的事情中又每每获得进步的关键，此非一般人所能及。布隆伯格感兴趣于人类基因突变的研究，特别是致力于解决在同样的环境中为什么有些人得病有些人不得病这一问题。他的足迹遍及全世界，在当时尽己之能广泛收集各个国家的人类血液标本，为深入研究做铺垫，这种专业与专注的精神值得称赞，然而也应警惕一些人假借科学之名对别国血液标本进行盗用，因为人类遗传基因组资源已成为有些国家研制生化武器的重要工具。1963 年，布隆伯格在专心致志地研究血浆脂蛋白时，在一位患有肝炎的澳大利亚原住民的血液中意外发现了一种陌生蛋白，这种蛋白是他最不想看到、也最不希望出现在血液中的，因为会干扰他的主要观察目标。然而，他和助手经过多次尝试却怎么也无法将其剔除。失望之余他把这种蛋白命名为“澳大利亚抗原”，即本章开头提及的“澳抗”，将其保留下来并在研究报告中进行了披露。这一披露不要紧，却是一石激起千层浪，一花引得众蝶来，马上就有很多研究次第证实了澳抗的存在。到了1967年，越来越多的证据显示澳抗与病毒性肝炎有关。当时，布隆伯格实验室的一名同事不幸患上了肝炎，经检测其血清澳抗呈阳性反应。翌年，其他实验室的几项独立实验也验证了这一现象，澳抗即乙型肝炎病毒表面抗原的事实被证明了。言谈至此，聪明的人一下子就明白了通过检测“澳抗”，便可知道一个人是否患有乙型肝炎。利用这种方法，对那些献血人员进行广泛筛查，就能从中发现乙肝病人，由此可以有效避免携带乙型肝炎病毒的人通过献血向那些需要输血的人传播乙肝病毒。这项发现也为弄清楚血源性肝炎（乙肝）的病因奠定了基础，歪打正着的布隆伯格索性一不做二不休，立即转向做起了乙肝研究。他带领自己的团队开发了一系列肝炎检测方法，申请了很多这方面的专利，却又把专利无偿贡献给了制药公司，以使它们能更好更快地被推广应用，造福更多的人。布隆伯格的研究还揭示了乙型肝炎病毒可以导致肝癌的发生，这为阐明乙型肝炎的发展规律指明了方向。1976年，鉴于布隆伯格在乙型肝炎领域的杰出贡献，他与另一位发现朊蛋白病的科学家丹尼尔·卡尔顿·盖杜谢克（Daniel Carleton Gajdusek）一起获得了诺贝尔生理学或医学奖。

前文说过，在世界范围内出现乙肝大流行的时候，我国民众也未能幸免。由于人口基数众多，医疗条件和检测手段有限，我国乙肝患病比例一度达到世界之最，患病人数居于全球首位。幸而因为乙肝疫苗的使用，才使这种疾病在我国的发展势头得以遏制。到2014年时，我国1~4岁儿童的乙型肝炎表面抗原流行率已下降到0.32%，乙型肝炎的防治初见曙光。说起乙肝疫苗，又不能不提到另一个人。这个人被誉为20世纪最成功的疫苗学家、挽救了最多人生命的医学家和“现代疫苗之父”，他就是美国微生物与疫苗学家莫里斯·希勒曼（Maurice Hilleman）。希勒曼1919年8月30日生于美国蒙大拿州米尔斯市的一个农场里，出生后不久母亲就去世了，他在父亲和叔父的抚养下长大。中学毕业后，由于经济条件差，他差点儿失去了上大学的机会，好在有哥哥的帮助和奖学金的资助，他才得以从蒙

大拿大学顺利毕业。随后，希勒曼获得了芝加哥大学的奖学金，于 1944 年顺利拿到微生物学博士学位。1957 年，希勒曼来到新泽西州凯尼尔沃斯市，加盟默克制药公司，开始了他在疫苗研制道路上的开挂人生。他发明了使用胃蛋白酶、尿素和福尔马林三种方法处理乙肝病人血清、外加过滤手段生产安全乙肝疫苗的新技术。他设想通过给人体注射乙肝病毒的表面蛋白来制作乙肝疫苗，这样的疫苗理论上是安全的，因为它不含乙肝病毒的核酸，所以没有致病性。这种疫苗进入健康人体后，作为外来的异物蛋白，人的免疫系统会对它产生相应的抗体，带有这种抗体的人一旦未来真正感染了乙肝病毒，该抗体就会迅速与乙肝病毒的表面蛋白发生特异结合，在病毒对人体造成伤害之前破坏病毒，从而对人体起到保护作用。各位读者，在当时的条件下，不得不说这个设想是极其科学的，它为后面的很多疫苗研发奠定了理论基础。按照这一理念，希勒曼开始收集同性恋及静脉注射吸毒人群的血液，因为这些群体是已知病毒性肝炎的高危人群。遗憾的是，虽然当时已是 20 世纪 70 年代，但艾滋病尚未被发现，人们对血液中是否

◎莫里斯·希勒曼研制乙肝疫苗

含有艾滋病病毒也一无所知。等到这种疫苗即将试验时，艾滋病出现了，人们开始质疑希勒曼的疫苗不仅含有乙肝病毒的表面蛋白，而且可能含有艾滋病病毒。为此希勒曼设计了多种步骤和方法来杀灭任何可能存在的病毒，以确保该血液中只含乙肝病毒的表面蛋白。他确信这种疫苗是安全的，并率先在自己和公司内部自愿受试的员工身上做了试验，获得了成功。1981 年，该疫苗被美国食品药品监督管理局批准上市。1986 年，随着一种新型的重组酵母菌乙肝疫苗的研发成功，作为最后一种血源性疫苗，希勒曼的乙肝疫苗退出了市场。然而在短短 5 年的时间内，世界各国采用希勒曼的乙肝疫苗成功预防了乙型肝炎的进一步流行，使成百上千万人免于乙肝之苦，他发明的疫苗病毒灭活工艺也被广泛用于多种疫苗的研究开发。贡献奇大的希勒曼从未获得过诺贝尔奖，但这并不妨碍他成为一个杰出而卓有成就的人。

纵观人类历史长河，进步和突破总是出现在最困难时的坚持、最绝望时的不弃和最迷茫时的睿智中，正所谓“沉舟侧畔千帆过，病树前头万木春”。试想希勒曼如果在受到众人质疑和责难时就打退堂鼓，也就不会有他后面的成功和成就，当然乙肝之祸也不知要为害多久，这真是：

人生如苦不若苦，
持之以恒苦若无。
待到花红及第日，
苦尽甘来福自敷。

又曰：

百折不得回，万挫弥志坚。
无为在歧路，踏棘有新天。
登攀何所惧，比翼入云尖。
淡泊名利远，成就在人间。

现在，随着乙肝检测技术的不断优化，输血安全得到保障，经血液或血制品传播乙肝病毒的风险已几乎不存在了。疫苗制备和接种技术的进步，又使新发乙肝病毒感染的概率大幅降低、新生人口中乙肝病毒感染者的数量迅速减少。然而，对于全球已有的数亿乙肝病人，如何才能治疗其疾病、控制其发展，又成为历久弥新的问题。由于根治乙肝的药物尚未出现，征服乙肝的路途依然艰难而漫长。幸运的是，在全世界各国科学家竞相研究乙肝治疗药物的时候，加拿大分子药理学家伯纳德·贝洛（Bernard Belleau）率先取得突破，于20世纪80年代末发明了一种抗艾滋病的新药——拉米夫定，该药于1995年获批用于治疗艾滋病，取得了较好疗效，挽救了数百万人的生命。与此同时，它在合并乙型肝炎的艾滋病人群中，也显示出了良好的抗乙肝病毒活性，于是又于1998年被批准用于治疗乙型肝炎。受此启发，人们一发不可收，相继开发出了另外5种同类抗乙肝病毒药物：阿德福韦、替比夫定、恩替卡韦、替诺福韦二吡呋酯、替诺福韦艾拉酚胺，其中替诺福韦已被世界卫生组织推荐用于乙肝母婴传播的阻断治疗，从而使切断乙肝病毒的母婴垂直传播途径成为可能。治疗乙肝的另外一类药物是干扰素，其长效制剂在促进乙肝临床治愈方面也充满了希望。

乙肝的故事不胜枚举，有家为之破、有爱为之离，也有母婴阻断成功后的喜悦为之享，更有乙肝病毒控制后的病情稳定为之幸，无论怎样，人类战胜疾病的信心坚不可摧，人类前进的步伐势不可挡，这是历史发展的大势。然而，在局部，在各地，在不为人知的沙漠尽头，总有一些病魔蠢蠢欲动、跃跃欲试，因此人类依然不能松劲、不能有丝毫懈怠，在通往健康的道路上，容不得半点马虎。这不，一波未平一波又起，隐隐地人们又听到了病毒的喊杀声。这一回又是何方神圣？请看下文详解。

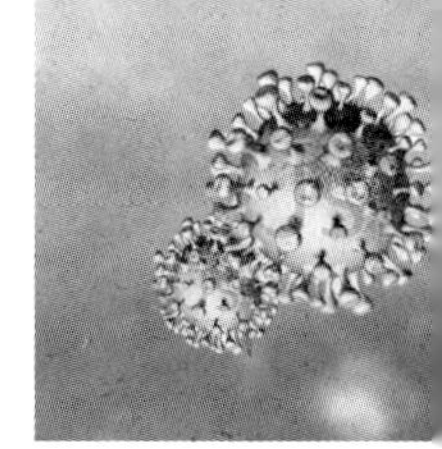

第十五章

祸起小河危害深重　见血封喉有命难逃

——埃博拉病毒

上回说到，尽管人类战胜疾病的信心坚不可摧，前进的步伐势不可挡，但是在局部仍有一些病魔蠢蠢欲动、跃跃欲试，想要致人类于死地。

时间回到1976年6月27日，在非洲大陆中东部南苏丹地区的恩扎拉，一个棉花加工厂的杂货店里，年龄不大的店主突然出现了发热、头痛、腰痛和七窍流血症状，他眼前发黑、行走困难、腹泻不止，很快又出现了吐血和便血，连尿的颜色也是红的。周围人都被他的状况吓了一跳，急忙将他送至附近的医院。不幸的是为时已晚，店主到医院后不久就死去了。紧接着在这家棉花加工厂及其附近的村庄，村民们又接二连三地出现了类似的情况，这些人都先后曾与那位死去的店主有过接触，由于方圆数里只有这一家杂货店，所以它附近的村民都会来此买东西，实际上与这位店主接触过的人着实不少。截至11月，这些人中共有284位发病、151位死亡，死亡率高达53.16%。一时间风声鹤唳，人心惶惶，再也没有人敢靠近这家商店半步。见此情形，好事的巫师、巫婆们也开始四处活动，他们摇动手中法器，双目似开半闭，口中念念有词，言说是地狱之中的恶灵释放、缠身恩扎拉所致，若不听从巫师安排符咒驱魔，将有更多平民葬身极恶世界。话说这南苏丹本来就文化、教育各方面较落后，再加上这一神秘疾病病因不明、众多乡亲接连死亡，经巫师一蛊惑，大多数居民早已吓得半死，纷纷烧香拜天、跪求上帝庇护。时任南苏丹自治政府首领接到这一报告后，亦不明就里、一头雾水，只觉得事态严重、情形恐怖，他一边祈求上帝保佑，一边匆匆忙忙将此情况上报给了世界卫生组织，请求派人协助调查。世界卫生组织接报后，连夜召集世界各地最优秀最权威的医疗卫生专家开会，商讨对策。他们研究了半天，却说不出原因，就连最知名最有声望的专家在了解了这一情况后，也大惊失色、紧张万分，纷纷摇头表示不知此为何病。

就在世界卫生组织无法定论、准备组建医疗队前往南苏丹进行调查的时候，与南苏丹相邻的扎伊尔共和国（1997 年改国名为刚果民主共和国）又发来急电，声称从同年 8 月 26 日起，位于该国北部偏远乡村地区的一个名叫亚姆布库的村庄出现了一种骇人听闻的疾病。患这种病的第一个人是该村小学的校长罗科拉。当时正值暑期，天气炎热，罗科拉急于寻求一个避暑胜地消解暑热，他打听来打听去，听说位于扎伊尔北部毗邻中非共和国的边境地区有一条美丽的小河——埃博拉河，河谷风光旖旎、气候清爽、满目青翠、水波荡漾，更重要的是人烟稀少、安静平和，是个旅游避暑的好去处。于是他从 8 月 12 日至 22 日，花了 10 天的时间，美美地在埃博拉河畔享受了一把。当他从那个地方返回后，心情大好，还忍不住给当地的村民大谈特谈此行的感受，建议他们有时间的话前往游玩。不料仅仅 4 天之后，罗科拉就出现了身体不适，他时而发冷、时而发热、头痛、腰痛、四肢无力，连牙齿都打哆嗦。家人和村民们以为他得了非洲常见的一种疾病——疟疾，并未特别在意，只是让他用了些治疗疟疾的药物奎宁。然而出人意料的是，罗科拉的病情非但没有缓解，反而越来越重。不得已人们把他送到了附近的亚姆布库天主教教会医院，3 天后罗科拉就因七窍流血和肝肾功能衰竭死亡了，这时距离他发病之日正好过了 14 天。不久，与罗科拉接触过的村民也相继因同样的疾病而死亡。见此情景，整个亚姆布库地区，甚至扎伊尔全国立即陷入了慌乱之中。该国的总统和卫生部部长当即宣布扎伊尔首都和亚姆布库地区进入紧急状态，所有人员全部隔离，禁止随意进出。公路、铁路、水路、航空运输全部实行军事管制，学校停课、商业网点停业、社交活动一律禁止，俨然一场大战即将爆发。与此同时，他们也知道了邻国南苏丹的情况，这才意识到了问题的严重性，急电世界卫生组织寻求帮助。于是世界卫生组织立即指派专家前往这两个国家。由于医疗卫生条件太差，虽然南苏丹是第一个暴发此病流行的地区，但在病因调查中首先做出反应的却是以让－杰奎斯·穆耶贝·塔穆弗（Jean-Jacques Muyembe Tamfum）为首的扎伊尔医生。穆耶贝是第一个接触了这种疾病，并且活下来的科学家。他从亚姆布库医院患病的比利时修女护士身上取了一滴血，把它交给了比利时安特卫普热带医学研究所的专家彼得·皮奥特（Peter Piot），当时皮奥特正和其他被扎伊尔政府邀请来的国际专家及研究人员一起来扎伊尔评估这次疾病暴发所带来的影响。

皮奥特查看了亚姆布库医院医生记录的病历，发现这种病的特点主要是高热（体温可达 39℃以上）、吐血、出血性腹泻（血便）、胸骨后及上腹部剧烈疼痛和严重虚脱，平均 3 天左右就发展至死亡。他意识到了尽快查明病因的重要性，不禁加快了工作进度。经过初步研究，皮奥特得出结论：是教会医院的比利时修女们使用未经消毒的注射器和针头向孕妇们注射不必要的维生素时导致了这种疾病的流行。但是显而易见，皮奥特的结论是不完全正确的，其他研究人员并不认同。他们认为，疫情只持续了 26 天就结束了，这与严格的隔离、当地居民提高警惕和停止不洁注射都有关系。从病因上讲，研究人员更倾向于这是一种马尔堡病毒。然而在穆耶贝和皮奥特等人的共同努力下，人们很快就从患病修女和其他病人的血液中分离出了引起扎伊尔这次疾病暴发的真正病毒，那是一种与世界上最凶恶病毒马尔堡病毒接近、但又不完全相同的新的病毒种类，科学家们把它命名为“埃博拉病毒（Ebola virus）”，“埃博拉”也正是不幸死去的小学校长罗科拉曾经去过的那条小河的名字。这次暴发，共计导致亚姆布库地区 318 名居民患病、280 人死亡，致死率高达 88%。后来科学家们又从南苏丹恩扎拉地区的病人身上分离出了病毒，尽管人们最初以为这两个国家两个地区的疾病是同一种病毒所致，但进一步的研究发现这实际上是同一属病毒的两个不同的亚种，后来将其分别命名为：埃博拉病毒扎伊尔型和埃博拉病毒苏丹型。

现已知道埃博拉病毒属于丝状病毒科埃博拉病毒属，其家族是5口之家，包含不同的病毒亚型，主要为埃博拉病毒扎伊尔型、埃博拉病毒苏丹型、埃博拉病毒本迪布焦型、埃博拉病毒塔伊森林型和埃博拉病毒莱斯顿型等，其中以扎伊尔型毒力最强、致死率最高，苏丹型次之，本迪布焦型和塔伊森林型最弱，而莱斯顿型主要对黑猩猩等其他灵长类动物致病，一般不对人类造成威胁。它们都属于RNA病毒，外表长得像用丝线绣成的花儿一样，煞是好看。然而，各位读者，这世界上好看的东西不一定真的就好。罂粟是世界上最美丽的花朵之一，却可制毒；眼镜蛇有最漂亮的花纹，却是杀人魔王……所以说，“人不可貌相”，世上的人和事只有了解透了、分清楚了、时间长了才见得分晓、搞得明了。万万不可只看表面、不及其里，一叶障目、不见泰山。这真是：

恶棍多有伪善貌，
玫瑰实是带刺朵。
欲知良善人谁做，
日久路遥方定夺。

话说这埃博拉病毒，虽然貌似中国的玉如意，却被世界卫生组织列为世界上最危险的病毒之一，生物危险等级达到第4级（最高级别），堪称夺命杀手。它主要通过接触病人或动物的血液、体液而传染，这些动物包括了黑猩猩、蝙蝠和羚羊等，其中以病人或患病动物的血液中病毒含量最多，其次在病人的呕吐物、粪便、尿液、汗液、唾液、乳汁和精液等中都可以检测到病毒。病毒可通过眼部、鼻腔、口腔及体表伤口等部位进入人体，也可通过共用未经消毒的注射器而传播，尚不排除咳嗽飞沫经呼吸道传播的可能。有鉴于此，戴口罩、勤洗手、保持社交距离、不吃半生不熟的肉、禁止捕杀野生动物等同样是预防埃博拉病毒传播的基本手段。在疾病暴发流行地区，应及早诊断和隔离病人，隔离与病人有密切接触的人员，妥善处理病人的血液与排泄物，在与病患及其密切接触者接触时做好个人防护等都是防止人与人之间传染的主要措施。

要说这埃博拉病毒的可怕之处，倒不仅在于其致死性强，主要在于其流行规律的不确定性。它就像一个神秘的幽灵游荡在人间，忽而出现，忽而隐匿。在埃博拉病（一说为埃博拉出血热）1976 年第一次暴发后，有近 20 年的时间它都销声匿迹、不见踪影，科学家们绞尽了脑汁，找遍了角角落落，也未发现蛛丝马迹。这增加了它的神秘性、恐怖性和威胁性，同时也让部分人感到乐观，放松了警惕，以为 20 年前那只是一过性的偶然事件。正当这些人暗自高兴地思量着埃博拉病毒是不是自然消失了的时候，1995 年，在扎伊尔又出现了埃博拉病的第二次暴发，直接给心存侥幸的人们一顿棒喝。其后于 2000 年在乌干达、2003 年在刚果民主共和国、2007 年再次在乌干达和刚果民主共和国出现暴发流行。前两次的病毒不是扎伊尔型就是苏丹型，唯独 2007 年在乌干达本迪布焦地区发生的疫情，被世界卫生组织和美国疾病预防控制中心共同确认为一种新的埃博拉病毒亚型引起，也就是本迪布焦亚型。2012 年，该型病毒在刚果民主共和国又一次引发了大流行。从 1995 年至 2012 年，埃博拉病在这 3 个国家的流行共造成约 1500 人感染、900 余人死亡。更为可怕的是，自 2013 年 12 月起，在非洲的几内亚、利比亚和塞拉利昂，埃博拉疫情持续蔓延，直到 2016 年 1 月才结束。这次疫情持续时间之长、波及范围之广、致死率之高世所罕见，据不完全统计，约有 28 000 人感染、近 15 000 人死亡。当地有限的医疗资源被挤爆，很多病人来不及住院就已去世，部分家庭和村庄整体消失，死去人的遗体也无人收拾，真是哀鸿遍野、如临末日。疫情很快扩散到了美国、西班牙和英国等地，造成了当地居民的极大恐慌。世界卫生组织不得不宣布进入全球公共卫生紧急状态，请求世界各国驰援非洲，这其中就有中国的多支医疗队参与。

埃博拉病自出现以来，因其很高的致死性、迄今没有特效治疗药物和暴发流行的不确定性等，陡增了强烈的神秘感和恐怖感，再加上神秘主义者为博眼球的夸大宣传、迷信人士的暗中渲染，它每每出现流行，都会给世人造成世界末日即将来临、地球即将毁灭的假象，令许多不明就里的人充满了绝望与无助。事实上，人类已将埃博拉病毒的很多“闺中秘事”搞清楚了，这其中前文提到的扎伊尔医生兼微生物学家穆耶贝功不可没。穆

耶贝生于一个农民家庭，自幼学习刻苦，1962 年高中毕业后进入当地一家天主教会大学学习医学，1969 年毕业后开始从事传染病防控工作。穆耶贝是个倔强的人，别人不让做的事他偏要做、别人不敢干的活他偏敢干，只要他认准了，就必须亲力亲为。列位看官，我们说对于一个普通人而言，倔强的性格不见得是个好事，可能会导致他处处碰壁；但对于科学家而言，大都不是坏事，因为没有这种精神、一味人云亦云，恐将一事无成。1976 年，当可怜的小学校长罗科拉病故后，穆耶贝第一个挺身而出，冒死前往亚姆布库接触了当时尚不知所患病名的病人，包括亚姆布库医院中因从事护士工作而被感染的比利时修女。他自制了长的空心管作为采样针，从因病去世的修女身上摘取肝脏组织进行病理学检查，还从活着的患病护士身上采集血液标本，为寻找、分离、鉴定这一怪病的病因——埃博拉病毒——奠定了基础。幸运的是，尽管穆耶贝接触了较多的病人，这些病人和其他接触者大都病故了，但他却活了下来。穆耶贝采集的血液标本，除一份送至本国的实验室研究外，另一份很快就交到了皮奥特手中。这皮奥特也是

◎埃博拉河流域存在着致命的埃博拉病毒（右上角）

一个怪人，他 1949 年 2 月 17 日生于比利时勒芬市，1974 年在根特大学获得医学博士学位，随后一边在安特卫普热带医学研究所工作，一边在安特卫普大学攻读微生物学博士学位。1980 年，31 岁的他顺利拿到了学位。大家有所不知，扎伊尔在 20 世纪 60 年代以前，曾是比利时的殖民地，虽然在 1960 年获得了独立，但两国之间文化、教育方面的联系一直比较紧密，所以当 1976 年扎伊尔出现不明原因疫情的时候，穆耶贝采集的那一份血样自然而然地就被送到了在比利时热带医学研究所工作、但又受邀参加国际观察团指导扎伊尔疫情防控的皮奥特博士手中。皮奥特回国后带领其他人员一起经过严密的实验，终于将埃博拉病毒分离出来，确定了扎伊尔疫情暴发的真正原因。各位读者，事情怪就怪在埃博拉病毒的发现，本来这是件大好事，经过一众科学家的努力，一种原本神秘的疾病病因被搞清楚了，后续的疫苗和药物研发也有了基础，人们应该高兴才对。然而，偏偏有一个人极不开心，这个人就是皮奥特。原来自从埃博拉病毒被找到后，国际上公认的发现者是穆耶贝和皮奥特，大家一致认为没有他们的合作就没有埃博拉病毒的发现，但皮奥特不这么想，他在 2012 年出版的自传《机不可失》（*No Time to Lose: A Life in Pursuit of Deadly Viruses*）中写道：“我的书不是在尝试描述埃博拉的历史，而是在更多地记叙我的个人经历……”他认为自己才是埃博拉病毒的真正发现者，而穆耶贝则被一笔带过。这真是：

科学难免起纷争，
说与谁人搏勋功。
只要人类常康健，
管他东西南北风。

只说这病毒发现才是万里长征走完了第一步，世界各国的科学家们开始争相研制疫苗和治疗药物。可喜的是，一种以疱疹性口炎病毒为载体的埃博拉病毒疫苗（仅对扎伊尔型病毒有效）——Ervebo，已于 2019 年 12 月由欧盟、世界卫生组织和美国食品药品监督管理局先后批准有条件上市销售，应用于非洲和美国等地的埃博拉病预防，但其效果和安全性尚有争议，需进一步人体试验数据的验证。在治疗药物研发方面，则依然遥遥无期，需要更多人力、物力的投入。无论怎样，作为一种烈性病毒性传染病，在距离首次暴发过去已40多年之后，仍此起彼伏地发生着，可见其防治难度之大，亦可谓任重而道远。

各位读者，在本书第四章我们已经知道病毒的化学本质是核酸，然而，1982年生命科学界的一个惊人发现几乎颠覆了人们的传统认识，而这个发现又与一种当时在欧美国家盛行的疾病有关。欲知此为何病，请看下回分解。

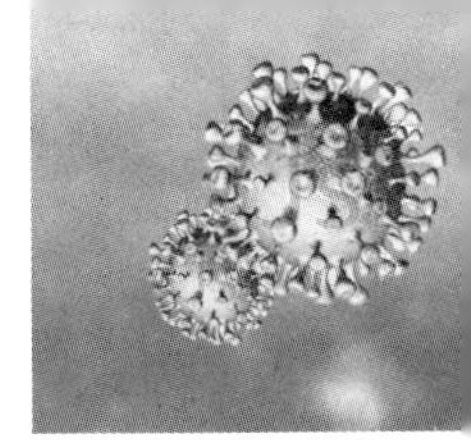

第十六章

因陋习库鲁毙命　寻朊粒普辛获奖

——朊蛋白

前回说到，病毒的化学本质是核酸，这是因为病毒的整个结构中，对其生物学特性起决定性作用的是核酸部分，这一点自人类发现病毒的奥秘之后，就已得到世界科学家的公认。然而，俗话说“凡是规则，必有例外”，偏偏在自然界，就有一些物种不循常规，其化学本质不能用核酸来解释，就像那螃蟹，大多数动物前后走，它却偏偏要左右走。这种观念上的裂缝，到了 1982 年就已开始凸显出来。

原来，在大洋洲第二大国巴布亚新几内亚热带雨林深处的奥卡帕地区，有一个由法尔族人组成的部落，100 多年前，由于长期与世隔绝，它还一直保持着原始社会的风貌。他们实行部族内通婚、酋长制和集体捕猎耕作制度，社会发展缓慢，文化教育落后，各种疾病频发，人口死亡率很高。1950 年，一支由澳大利亚人组成的巡逻队造访了这一地区（当时属澳大利亚领地），队员们调研后发现当地有一种怪病，这种病发作后病人会出现头痛、关节痛、身体抖动和肌肉收缩无力等症状，连说话都会舌根打战、吐字不清，更有甚者会形神呆滞、反应迟钝，走起路来像鸭子一样摇摆跛行。当地人把这种病叫作“kuria”，意即“抖动”，巡逻队员们根据这一发音把它戏称为“kuru”，也是“抖动”的意思，库鲁病由此得名。

库鲁病发现初期，人们以为它仅仅是由当地巫师和祭祀活动引发的一种心理恐惧症，加之病情仅局限于巴布亚新几内亚境内，所以当时并未引起人们的重视。1952 年，澳大利亚人类学家罗纳德·伯恩特（Ronald Berndt）和凯瑟琳·伯恩特（Catherine Berndt）夫妇首次注意到了法尔人，但也未十分在意他们的习俗和疾病。到了 1957 年，库鲁病开始在巴布亚新几内亚流行，很多人不幸染病死亡。随着疾病的不断扩散蔓延，越来越多的部族开始受到影响。当地人不得不向澳大利亚政府求助，希望能派人来进行处理。于是澳大利亚卫生部门的官员邀请美国病毒学家丹尼尔·卡尔顿·盖杜谢克（Daniel Carleton Gajdusek）一起开始了针对此病的研究。盖杜谢克生于 1923 年 9 月 9 日，是一位美国医生兼医学研究人员。他 1943 年从罗切斯特大学普通本科毕业，随后考入哈佛大学医学院，1946 年取得医学博士学位后又先后在哥伦比亚大学、加州理工大学和哈佛大学做了 5 年博士后。1951 年，因国家需要被征召入伍，成了军事医学研究所的一名病毒学家。3 年后，他从军队退伍前往澳大利亚墨尔本，进入沃尔特和伊莉莎·霍尔医学研究所做访问学者，跟着别人干一些辅助工作。接到澳大利亚卫生官员的邀请之前，他正身处澳洲寓所，顾影自怜、暗自伤怀，感叹自己一身的本领，却到了三十好几的年龄依然一事无成，不由得唏嘘不已，整天念念有词，心情正就了此诗：

人生创造有巅峰，
三十四十正适逢。
一旦蹉跎知天命，
也无风雨也无晴。

却说盖杜谢克接到邀请后，仿佛干旱季节突然下起了大雨，心情大好，庆幸自己终于有了施展才华的机会。他二话不说、欣然前往，发誓要将这一问题搞个水落石出。这一答应可不得了，19 年后又一位诺贝尔生理学或医学奖获得者就此诞生了，这是后话，暂且不表。却说盖杜谢克来到斯卡帕地区，一头扎进了法尔族人的部落里，与当地土著人同吃同住，学习他们的语言，观察他们的生活习惯，并帮助他们进行尸体解剖。不久，盖杜谢克就发现了法尔族人的一种不可思议的传统习俗，那就是在自己的族人去世后，为表达对死者的敬意，男人要吃死者的肉，女人和儿童要吃死者的脑子。库鲁病恰恰都发生在吃过人肉或人脑的那些人身上，尤其是妇女和儿童。根据这一情况，盖杜谢克灵机一动，猜想是不是这种病跟吃死人肉有关呢？于是他立即打道回府，试图以生物学上最接近人类的黑猩猩为对象，在美国国立卫生研究院自己的实验室内（当时他已在美国国立卫生研究院谋得了一份研究职位）建立一个库鲁病的疾病模型（即用黑猩猩模拟库鲁病“病人”）。具体方法是通过在健康的黑猩猩颅骨上钻孔，将法尔族死亡者的脑浆过滤液注入黑猩猩脑内来观察其是否会得库鲁病，如果得病则表明黑猩猩库鲁病“病人”模拟成功，这样就能进一步观察这个“病人”有什么样的异常行为特征和病理变化，直到这个黑猩猩“病人”死亡。盖杜谢克有两个合作者，一个是澳大利亚医生米歇尔·阿尔珀斯（Michael Alpers），专门负责提供一名死于库鲁病的11岁法尔族女孩的脑组织样品。另一个是乔·吉布斯（Joseph Gibbs），主要担负监督和记录黑猩猩“病人”行为的任务及对其死后的尸体进行解剖。就这样，他们经过严格的实验设计和分工，不分白天黑夜地干了起来。一个月，两个月，三个月，半年，一年……他们好奇而又煎熬地坚持着，想知道随着时间的延长究竟会发生什么。两年后，奇迹出现了，一只名叫戴茜的黑猩猩发生了库鲁病，实验成功了。这预示着死去的法尔族女孩的脑组织中含有一种前所未知的致病因子，这种神秘的致病因子通过她的脑组织从人传染给了黑猩猩“病人”。

不仅如此，盖杜谢克还比较了库鲁病、羊瘙痒病，以及新发现不久的克雅病。当时澳大利亚等地的牧区流行着一种羊瘙痒病，能使患病的羊皮肤奇痒无比，痒到病羊要不断地在树皮上反复磨蹭来止痒，以至于最后将皮毛全部蹭掉，出血感染而死。另有一种在欧美流行的人畜共患疾病——克雅病，得上之后可使人在半年至两年内出现大脑及脊髓萎缩退化，发生痴呆、精神错乱、四肢僵硬或无法行走等而死亡，死亡率几乎为100%。盖杜谢克仔细分析比较后认为这几种病是由同一个病因（一种异常感染因子）所致，尽管当时他尚不知道这种异常感染因子是什么。

有了盖杜谢克的发现，阿尔珀斯如获至宝。他在人类学家雪莉·林登

鲍姆（Shirley Lindenbaum）的协助下，于1961年前往斯卡帕地区法尔族人聚居地做了大量实地调查。这项历史性调查得出了惊人的结论，即库鲁病可能始于1900年前后，是克雅病自然演变而来的另一种形式。它之所以在斯卡帕地区流行，主要是因为当地有吃人肉的习俗，尤其是吃死者的大脑，这进一步印证了盖杜谢克的推断。因此，他们立即请求澳大利亚政府在当地实行了一条殖民地强制法令，禁止食用死去族人的尸体（包括肌肉和大脑）。自那以后，库鲁病在巴布亚新几内亚几乎绝迹。盖杜谢克也因其在库鲁病研究方面的杰出贡献，获得了1976年的诺贝尔生理学或医学奖。这真是：

三十嗟吁顾影怜，
一朝得道始晴天。
只要才人慧而苦，
五十过后舞翩跹。

◎法尔族人有食用死去族人肉的陋习

话说这异常感染因子发现后，就像在暗夜里出现一盏指路明灯，各国科学家在它的指引下，纷纷厉兵秣马、挑灯夜战、竞相厮杀，大有不搞清楚决不罢休、不破楼兰永不回还的架势。这其中有两位英国学者，放射生物学家提克瓦赫·阿尔珀（Tikvah Alper）和生物物理学家约翰·格里菲斯（John Griffith），他们共同提出了克雅病的病因是一种不含核酸的蛋白质的假说，这一假说设想一种细胞内蛋白质的异常形式可通过使同一类正常蛋白质转变成这种蛋白质的异常形式而完成复制、引起传染，换句话说，该假说认为克雅病的病因是一种有传染性的蛋白质，且这种蛋白可以自我复制。这一假说不仅对克里克的中心法则提出了挑战，也成为现代朊粒理论的重要基础。但在整个20世纪60年代，由于中心法则理论的巨大成功，包括克里克在内的众多科学家对这一假说提出了严重质疑，声称这是不可能的。因此，人们急需搞清楚引起库鲁病的“异常感染因子”的化学本质是什么。面对这一情况，美国神经病学和生物化学家斯坦利·普鲁辛纳（Stanley Prusiner）挺身而出。普鲁辛纳出生于爱荷华州的首府得梅因，高中时期就是一位颇有名气的小天才。本科阶段在宾夕法尼亚大学度过，随后考入该校医学院，取得了博士学位。虽然中间有过几次工作变动，但他最终还是选择了加州大学旧金山分校作为长期就职地，在这里开始了他的神经病学研究。为解决“异常感染因子”的化学本质这一难题，他带领自己的团队凝心聚力、不畏艰难，在经过近10年的研究之后，终于在1982年迎来了突破，纯化了这种假说中的传染性蛋白质。尽管他们当时还不能分离出这种蛋白质，但却发现了它在患病动物和人体内的存在。这一蛋白质被他们命名为“prion”——朊粒，意即“蛋白质样的传染性颗粒”或“传染性蛋白质颗粒”，由英语单词“protein”（蛋白质）中的“pr”和“infection”（传染）中的“ion”合成而来。两年后，这种蛋白质终于被分离出来，并被很多科学家称为朊蛋白（prion protein）。

原来这朊蛋白从结构上说，是一类错误折叠的蛋白质，这类蛋白质的正常折叠形式在人体组织中广泛存在。当朊蛋白进入人体后，可以把自己错误折叠的这种功能传染给正常蛋白质，诱使其发生错误折叠，形成淀粉样蛋白质。打个比方，这就像一个人照镜子，人还是这个人，但镜子中照出来的却与你的真人是左右相反的，这个镜中人就类似于朊蛋白。朊蛋白抵抗力超强，煮沸100℃也不能将之杀死，常规能分解蛋白质的酶拿它没有办法，一般消毒剂都对它不起作用。在患病动物的血液、脑组织和肌肉当中含量很高，人类如果接触和食用后，很容易受到感染。这样随着体内朊蛋白的不断增多，人的大脑和神经系统就会发生退行性改变或者退化，形成克雅病、致死性家族性失眠症和库鲁病等，因它们有相似的病理改变，故现在把它们统称为传染性海绵状脑病或朊蛋白病（也有翻译为朊粒病）。其共同特点是，病人会逐渐发生痴呆、肢体抖动、间断抽搐、站立和行走困难、言语不清乃至死亡。不仅如此，帕金森病和阿尔茨海默病也与朊蛋白难脱干系。

朊蛋白被发现后，由于其化学本质是蛋白质，不含有核酸，与传统的传染性疾病的病原体如病毒、细菌等有本质区别，所以其自我复制及引起传染的机制至今尚未完全搞清楚。正因如此，人们期待着更多的研究对其进行解释，但都困难重重、进展缓慢。在这一过程中，接连发生了几件大事儿，让人们不得不对其高度重视。其中最著名的一件事儿发生在1986年，当时在英国的一个小镇，一头奶牛突然病倒，它口吐白沫、四蹄发软、全身抽搐、牙关紧闭，最后浑身战栗、呼吸急促而死亡。人们开始以为它得了破伤风，后来发现它得的是“疯牛病”，一种由朊蛋白引起的牛海绵状脑病。由于事关英国畜牧业和养牛业，特别是关乎英国牛肉产品的出口，所以英国政府一直不愿承认。直到20世纪90年代，英国接连发生了数百人因疯牛病（克雅病）而死亡的情况，这才引起当时的英国政府高度重视，承认了此前疯牛病的存在。原来这些得了疯牛病的人有一个共同特点，那就是都曾吃过“疯牛肉”。相关人士调查后发现，英国自1980年左右开始允许该国的农场主在牛饲料中添加牛肉粉和牛骨粉以改善牛肉产品的品质，而这些牛肉粉及牛骨粉大多来源于屠宰厂，其中不乏一些病死的牛羊。正是用这些病死的牛羊的肉和骨头制成的饲料，其中含有朊蛋白这种传染性致病因子，导致了疯牛病的发生。而这些朊蛋白又通过“疯牛肉”，传染给了人类。疯牛病发生后，很快蔓延到了欧洲、美洲和亚洲的国家，引起了人们很大的恐慌。一时间，人们避牛若秽，牛肉产品尤其是英国牛肉遭到了世界上大多数国家的禁止。受此影响，英国约有数百万头病牛遭到宰杀或处理，经济蒙受了巨大损失。在此情况下，科学家们不得不再次重视起朊蛋白的研究，终于逐步搞清楚了它与动物和人的传染性海绵状脑病等的关系。现在已知，由朊蛋白引起的人类传染性海绵状脑病主要有 5 种：库鲁病、克雅病、变异型克雅病、格斯特曼综合征和致死性家族性失眠症；动物传染性海绵状脑病有 2 种：牛海绵状脑病（疯牛病）和羊瘙痒病。1997 年，为感谢普鲁辛纳在朊蛋白研究中的突破性贡献，诺贝尔奖委员会将当年的诺贝尔生理学或医学奖颁给了他。

由于朊蛋白具有超强的抵抗力，并且它所引起的疾病无药可治，所以一旦染病，某种程度上就宣告了一个人或一只动物健康的恶化和生命的终结。因此，对朊蛋白所致疾病的主要防治措施在于做好预防，具体包括：不吃病牛羊肉和病牛羊骨粉，对疯牛羊进行宰杀和无害化处理。接触疯牛病动物的人员和接触朊蛋白相关疾病的医务人员要做好个人防护。对所使用器械和工具进行严格的消毒。禁止采用牛、羊等反刍动物的内脏及骨头作为饲料喂养牛、羊等动物。俗话说，“魔高一尺，道高一丈”。虽然朊蛋白抵抗力很强，但人类仍然找到了对付它的一些办法。蛋白质变性剂如尿酸、苯酚，化学试剂如氢氧化钠、次氯酸钠，以及高压蒸汽灭菌法等均可使之被杀灭。人类在征服朊蛋白病的道路上，终于看到了一丝希望。

然而，正当一众科学家对着朊蛋白病猛烈炮轰的时候，1982 年从美国那边又传来了坏消息。这不啻是一声晴天霹雳，炸响了人类的又一场灾难，炸得人谈之色变，虚汗连连。欲知此为何事，请听下回分解。

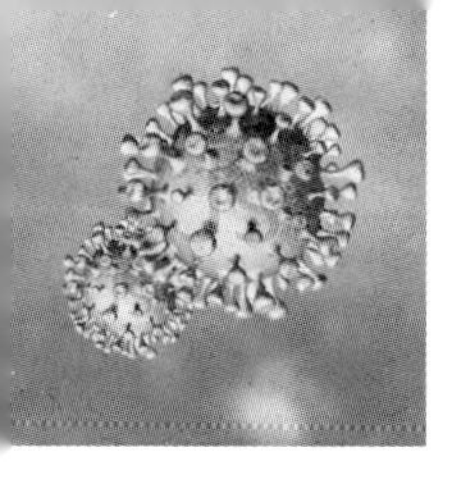

第十七章

自作孽祸起非洲　难隐匿播至全球

——人类免疫缺陷病毒

上回书写道，这朊蛋白病研究刚刚告一段落，就从美国那边又传来了坏消息。这消息犹如晴天霹雳，炸响了人类的又一场疾病灾难。要说人类从传说中的单细胞海洋生物，到历经亿万年进化变成多细胞的高等动物；从不会说话的类人猿，到通过劳动变成直立行走的灵长类；从学会语言、发明文字，到开动大脑机器适应自然、改造自然；从蒙昧无知到文明开化，走过了漫长的历程，遭受了水淹、火烧、干旱、饥荒、狼虫虎豹的围猎，以及族群的相互残杀，一路跌跌撞撞、坎坎坷坷，克服了重重困难、漫漫迷障，好不容易才走到了今天，却始终被各种疾病所困扰。这一方面有物种丰富、物竞天择和自然生态链深邃复杂的因素，另一方面，在某种程度上也是人类自作孽的结果。有道是万事万物都要讲究一个平衡、自然、和谐，如果过度开发、破坏，往往得不偿失，甚至会大难临头。正所谓：

万物恒有道，虽竞但天择；
如无虎与豹，地草成沙漠；
燕雀若不在，虫孽排成河；
进退宁有度，人间谐和多。

这一次我们要说的疾病，要追溯到20世纪以前。话说那时的非洲大地，炎热、干旱、蛮荒和瘟疫相互交织，狮子、豺狼、嗜血蚊与人类生息共存。在恶劣的自然环境面前，人类显得顽强而脆弱、伟大而渺小。各种频发的灾害和猝不及防的疾病，一个个健壮的个体和转瞬即逝的生命，无边无际的广袤空域和狭小简陋的生活空间，这一切时不时会让人陷入痛苦绝望的境地与神秘莫测的幻象当中，迫使人干出一些荒诞不经的事情、做出一些匪夷所思的行为。时间回到1900年前后，在非洲的原始森林中就发生了这样的事情，其影响绵延至今从未断绝。那里有个久居森林的土著部落，常年以狩猎和摘果子为生，族人们整天长矛蓑衣、玩闹嬉戏，好生自在。这个部落中有一位男子，身形高大、健壮威猛，是族人中少有的美男子，也是当地少女心目中的英雄。这族人普遍寿命不长、易于早夭，所以从古至今，为续香火，他们乐于繁衍，生活随便。特别是族人中出现身体健壮的男子后，人们都希望他能够留下优良的后代，为部族续下生命的火花，因此这样的男子可以拥有好几位妻子、生很多孩子，众人共同帮忙抚养，习以为常。却说这位男子，体内雄激素分泌非常旺盛，他有六个妻子，个个娇艳欲滴、温顺乖巧，把他伺候得异常舒服、非常惬意。他却还不满足，常常四处游荡，遍地撒网。有时甚至与丛林中的黑猩猩有染，甚为怪异。当然这样的事情不是他一个人所能完成的，族人中同类者为数不少，尤其是在他们处于开化意识的醒而未醒、对自身能力的高度自信和对周围环境的神秘恐惧相互混融交织的复杂情绪演化过程中，发生这样的事情或许不足为怪。然而，这位男子并不满足于丛林生活，他很想知道外面的世界。所以有一天，他竟然历经曲折，冒险走出了那片原始森林，干出了一件对他的族人而言破天荒的事情。

那时的非洲大地开始被来自欧洲的殖民者所占据，这些自大的白人，视非洲土著人为玩物。他们花天酒地，醉生梦死，私生活极其混乱，梅毒和生殖器疱疹等性病随处可见。在他们所居住的非洲城市里，患有生殖器溃疡的妇女比例高达45%，大量男子都有梅毒、淋病等难言之隐。在这种鼓励性滥交的环境中，很多人一不小心就会成为受害者。再说那位从丛林中走出的男子，虽然衣不蔽体、言语不通，但在周围好奇的白人和其他当地居民的围观调教下，没过多久就适应了那种环境。他超强的男性魅力不仅深受当地女子欢迎，而且颇为白人男子喜爱。就这样他很快与殖民者和其他当地人融在一起，尽情玩乐。然而人常说“乐极生悲”，也许是他们放浪的生活触怒了上帝，也许是历史的车轮碾压至此，一种神秘而可怕的疾病开始在他们当中悄然蔓延。而这种病的始作俑者，据说就是那个走出原始森林的人，病毒则来自森林中的黑猩猩。

却说这种病的主要特点是从感染到发病时间长短不一，短则数月，长则15年。感染后1个月内往往会先出现发热、全身不适、头痛、肌肉关节痛、恶心、呕吐、腹痛、腹泻、咽痛及淋巴结肿大等类似感冒的症状，部分人可有夜间睡眠后出汗（俗称“盗汗”），此为急性期。以后6~8年可无任何不适，或有免疫力持续下降，易于感冒发热，医学上称作无症状期。最后进入终末阶段，出现一种血液中的免疫细胞——$CD4^{+}T$淋巴细胞数量减少，

◎传说艾滋病源自人猿亲密接触

这时病人往往会反复发生急性期的症状及神经精神症状，如记忆力减退、性格变化、癫痫和痴呆等。还易于合并肺炎、肺结核、脑炎脑膜炎、恶性肿瘤和视网膜炎等，最终因无药可救、不治而亡。在当时那种落后情况下，由于该病起病缓慢、持续时间长、并发症多，人们根本无法分清它是什么，也不知道该如何处理，只能祈求上苍寻求保佑。这种蒙昧的日子一过就是几十年。

随着交通运输的发展，非洲人活动范围不断扩大，1959 年在刚果也发现了这种疾病的病例。1960 年，伴随刚果独立运动的发展，一大批来自海地的专家在联合国邀请下到达刚果，协助管理该国事务。这些人在刚果和海地之间来回穿梭，顺理成章地就把这种病带到了海地。1969 年，前往美国的海地移民又把这种病带到了美国。但是，直到 1981 年 6 月之前，全世界的人都不知道有这种病的存在，人们知道的就是病人出现的感冒样症状或其他具体并发症如肺炎等，但对这个病作为一个整体却缺乏认识。1981 年 7 月 3 日，美国疾病预防控制中心在《发病率与死亡率周报》上发文报告了 5 例同在一起发病的卡氏肺孢子菌肺炎（pneumocystis carinii pneumonia）病例，他们都是静脉注射吸毒的男同性恋者。卡氏肺孢子菌肺炎是一种罕见的、仅发生于严重免疫缺陷人群的病，换句话讲，只有那些丧失了免疫力的人才容易患这种病，因此人们推测这 5 个人的免疫力肯定出了问题，而且由于是同时发病，共用了相同的注射器，故由同一种病原体引起免疫力丧失的可能性大。与此同时，在一些医院又相继发现了很多患卡波西肉瘤（Kaposi’s sarcoma）的男同性恋者，卡波西肉瘤是一种之前极其罕见的皮肤癌，与卡氏肺孢子菌肺炎的发病基础相似，同样多见于各种原因所导致的免疫缺陷者。随着卡氏肺孢子菌肺炎和卡波西肉瘤病人越来越多，美国疾病预防控制中心产生了高度警觉，他们迅速成立了监控小组，监控这一情况的进展。这种病，早前人们并不知道其存在，也没有一个正式的名字，所以当时刚刚发现的时候，医生给了它很多名字，有叫淋巴结肿大病的，有叫卡波西肉瘤病的，有叫机会性感染的，也有叫“4H 病”的。所谓“4H”是指由美国疾病预防控制中心提出的一种貌似易于发生在海洛因吸食者(heroin users)、同性恋者(homosexuals)、血友病病人(hemophiliacs)和海地人（Haitians）身上的综合征，这4类人的英文单词拼写的第一个字母都是“H”，故称“4H”。另有一些出版物则把该病称作“同性恋相关免疫缺陷病”(gay-related immune deficiency, GRID),但后来很快就纠正了，原因是这种病不是仅发生在同性恋者身上，某些非同性恋者亦有，因此这个名字容易让人产生误解。再后来，在一次学术会议上，有人使用了“获得性免疫缺陷综合征”（acquired immunodeficiency syndrome， AIDS）这一术语，因其英文缩写“AIDS”发音为“艾滋”，所以人们又把它称为“艾滋病”。1982年9月，美国疾病预防控制中心采纳了这个名称，艾滋病正式诞生了。

艾滋病虽然被发现了，但它的病因却无从知晓。这无疑给社会大众增加了神秘感和恐怖感，但也为勇于探索的科学家们提供了施展才华的机会。1983年，有两个独立的研究小组在同一期《科学》杂志上发表论文，宣称他们各自从不同的艾滋病人体内发现了一种病毒。第一个研究小组是由罗伯特·戛劳（Robert Gallo）领导的。戛劳1937年3月生于美国康涅狄格州沃特伯里市的一个工薪家庭，父母是意大利裔美国人。他在普罗维登斯学院获得了生物学学士学位，本来一心想遨游生物学世界，但因其姐姐突患白血病不幸离世，这给他带来很大影响。他转而发誓学医，要把血液肿瘤搞清楚。1963年，26岁的戛劳在费城的杰弗逊医学院获得了医学博士学位。经过几年的住院医生培训后，随即加入了美国国立癌症研究所，一干就是30多年。1976年，戛劳领导的实验室首次成功培养了T淋巴细胞，并由此分离出一种能够促进该细胞生长的化学物质——白介素2，他因此于1982年获得了素有诺贝尔奖风向标之称的拉斯克奖。而戛劳把他们研究小组从艾滋病病人体内发现的病毒则命名为“人类T细胞白血病病毒Ⅲ”，认为这可能就是导致艾滋病的病因。与戛劳同时发表论文的第二个研究小组是吕克·蒙塔尼耶（Luc Montagnier）领导的法国巴斯德研究所团队。蒙塔尼耶1932年8月18日生于法国，比戛劳整整大了5岁，他长期就职于巴斯德研究所，擅长病毒分析与研究。1982年，巴黎一家医院的医生请求他帮忙查找一种神秘的感染性疾病“同性恋免疫缺陷病”（即后来的艾滋病）的病因，这位医生曾经推断该病的病因应该是一种逆转录病毒，但却苦于没有证据。有鉴于此，在接到该医生请求后，蒙塔尼耶欣然应允，他和他的团队成员、擅长逆转录病毒分析研究的弗朗索瓦丝·巴尔·西诺西和吉恩·克劳德·舍曼一起分析了那位医生提供的淋巴结活检标本，发现了一种全新的病毒，他把它命名为“淋巴结肿大病相关病毒”。事实上，戛劳和蒙塔尼耶发现的是同一种病毒，因此都对艾滋病的研究做出了开创性贡献。

这种病毒，作为引起艾滋病的真正病因，旋即被命名为“人类免疫缺陷病毒”（human immunodeficiency virus，HIV）。该病毒是一个直径约120纳米的球形颗粒，核心含有两条正链RNA，外面包裹有一层蛋白质衣壳和类脂包膜。它在体外抵抗力弱，对热敏感，乙醇、次氯酸等常用消毒剂可使之灭活。它作为人类遇到的最凶恶的病毒之一，进入人体后可攻击体内的$CD4^{+}$T淋巴细胞，该细胞是人体免疫系统的重要助手，担负着通信兵、参谋长和火箭助推器的作用，一旦它的数量过少、功能低下，人体整个免疫系统就会出现指挥失灵、反应迟钝、进攻错乱，对病毒、细菌等外来敌人的防御杀伤作用都将丧失，形同一个国家的电力系统瘫痪，任敌侵害，却毫无还手之力，这足见$CD4^{+}$T淋巴细胞的重要。HIV通过对这一细胞的破坏，使其数量大大减少，从而使人体的免疫机能逐步下降乃至丧失，最后引起各种严重感染和肿瘤性疾病，导致死亡。艾滋病的治疗主要依靠多种能抑制病毒核酸逆转录和衣壳蛋白合成的药物，将病毒量控制在最低水平，减少其对人体$CD4^{+}$T淋巴细胞的破坏、维持人的正常或接近正常的免疫力，但尚难将它彻底杀灭。因此坚持长期服药尤为关键。从预防的角度而言，提倡健康的性生活，有艾滋病或潜在风险的人群应采用避孕套，积极治疗性病，对血液及血制品进行严格筛查和采集，使用一次性注射器、避免混用，发生职业暴露时应及时采取措施干预，可重复使用的医疗器械要严格消毒，注意个人卫生，不与他人共用牙具、剃须刀等。当然，艾滋病的主要传播途经是性传播、血液和体液传播以及母婴垂直传播，日常的握手、拥抱、共同进餐等是不会被传染的（皮肤、黏膜无破口时）。至于艾滋病预防中至关重要的疫苗问题，在艾滋病和 HIV 发现近半个世纪的时间内，仍无确定答案。这也足见艾滋病防治任务的艰巨性和复杂性。

艾滋病病因的发现为后续治疗药物的开发和疫苗研究指明了方向，但这却意外地引发了一场轩然大波。原来，随着艾滋病病毒在艾滋病研究领域重要性的凸显，关于谁是第一个艾滋病病毒发现者的问题却闹起了争执。美国的戛劳团队声称是他们率先找到了这一病毒，而法国巴斯德研究所的蒙塔尼耶团队则认为自己比戛劳他们更早发现。这场旷日持久的争执长达 6 年之久，之后由另外一个第三方科学家团队对争执双方的原始标本样品中所含的病毒进行了重新测序鉴定，结果发现戛劳团队的病毒来自蒙塔尼耶团队。后来，戛劳也承认了这一点，从而为这一争执画上了句号。原来戛劳他们所使用的艾滋病病毒标本是蒙塔尼耶团队送的。2008 年，吕克·蒙塔尼耶和他的团队成员弗朗索瓦丝·巴尔·西诺西与另一位科学家分享了诺贝尔生理学或医学奖。令人遗憾的是，戛劳虽然在艾滋病研究领域也做出了很多卓有成就的贡献，但却最终与诺奖失之交臂。这真是：

戛劳辛苦目共睹，
却因诚信失半途。
是非明辨有时定，
不为功名折后福。

各位读者，一部人类社会的发展史，其实就是人类与病毒的斗争史。在远古时期，由于技术手段落后，无论病毒怎么猖獗，人类都蒙昧不知、毫无办法。到了近现代，尤其是电子显微技术和分子生物学技术迅猛发展之后，病毒的面纱才得以逐步揭开。人们不仅知道了 EB 病毒与淋巴瘤、朊蛋白和疯牛病，还知道了人类免疫缺陷病毒与艾滋病，病毒学发展进入了快车道。在此情况下，病毒学家们如八仙过海各显神通，你研究这个，他探索那个，真正可以说是百花齐放、百家争鸣。这其中有一种紧随人类免疫缺陷病毒之后被发现的病毒，与人类的多种肿瘤性疾病息息相关。欲知是什么病毒，请看下回分解。

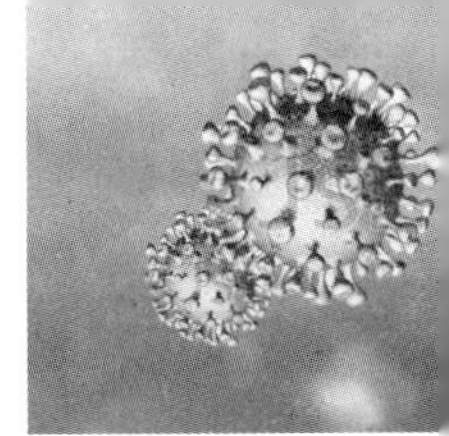

第十八章

古往今来一小瘤　原是病毒“疣目候”

——人乳头瘤病毒

本书第十章写道，1879 年 10 月 5 日，在美国马里兰州巴尔的摩市出生了一位病毒学研究领域的重要人物——弗朗西斯·佩顿·鲁斯，他以一己之力打开了肿瘤病毒研究的天窗，开创了肿瘤病毒学研究的新天地。受他的启发，1933 年，另一位美国病毒学家理查德·爱德文·肖普又发现了第一种可引起哺乳动物肿瘤的病毒——棉尾兔乳头瘤病毒，这一发现进一步开阔了人们的视野，人们由此联想到病毒不仅可能导致动物肿瘤的发生，亦有可能引发人类肿瘤。然而，由于第二次世界大战爆发，自文艺复兴以来形成的欧洲科学中心遭到了重创，许多科学家被卷入战争，失去了科学研究的机会，关于病毒是否会导致人类肿瘤的问题也因此迟迟没有答案。直到 1964 年，著名科学家迈克尔·安东尼·爱普斯坦（Michael Anthony Epstein）和他的学生伊冯·巴尔（Yvonne Barr）找到了第一种可引起人类恶性肿瘤的病毒——EB 病毒（epstein-barr virus, EBV），这个谜团才得以解开。自此，人类相继发现了多种能引起人恶性肿瘤的病毒，其中德国病毒学家哈拉尔德·楚尔·豪森（Harald zur Hausen）的作用不容小觑，他不平凡的生活注定要与一件惊天动地的事情联系在一起。豪森在 1936 年 3 月 11 日出生于德国西部城市盖尔森基辛，童年时期经历了战争的动荡，学习生活一度受到很大影响，青少年时期又目睹了德国战后的萧条和重建的不易。他保持了日耳曼人一贯的严谨和认真，专注于学业，先后就读于德国波恩大学、汉堡大学和杜塞尔多夫大学。1960 年，饱受颠沛和转学之苦的他从杜塞尔多夫大学获得了医学博士学位，两年后进入杜塞尔多夫大学微生物学研究所，成了一名实验员。在那里，豪森花了三年半的时间，不仅做最苦最累的实验工作，而且连刷洗试管、整理实验室等基本的体力活儿也干个不停。这种工种经历使他对实验室的流程和实验细节了如指掌，掌握了很多微生物学研究的基本方法和技巧，为后续从事病毒学研究奠定了扎实的基础。事实上，纵观人类发展历史，很多卓有成就的大家莫不是从点滴做起、从最基础的工作做起，日积月累，厚积薄发，最后才有所成就的。正所谓：

非凡事情非凡人，
大家成就点滴成。
一朝一夕恒坚韧，
千辛万难梦始真。

话说豪森在杜塞尔多夫大学微生物研究所工作的时间并不长，但却通过最基础的实践为自己打下了扎实的功底，同时他的刻苦、勤学、严谨和专注也赢得了老师们的一致赞誉，这种良好的作风使他具备了成为一名优秀科学家的潜在特质。1965 年，豪森慕名来到美国费城儿童医院的病毒实验室，投在了他的德国老乡、从纳粹分子的魔掌下死里逃生的著名夫妻病毒学家沃奈尔夫妇门下，开始了肿瘤病毒的研究。由于实验室条件很好，如鱼得水的他很快就取得了一项重大突破，首次阐明了 EB 病毒使人的健康细胞转变为肿瘤细胞的机制，他也由此一跃成了宾夕法尼亚大学的助理教授。1969 年，思乡心切的豪森返回德国，担任维尔茨堡大学病毒研究所的一名全职教学研究教授，继续其前期的工作。在此后 10 余年的时间里，他先后辗转供职于埃尔朗根 – 纽伦堡大学和弗莱堡大学，致力于人乳头瘤病毒（human papillomavirus，HPV）和子宫颈癌关系的研究。1976 年，他提出了 HPV 是子宫颈癌的重要致病因子的假说。1977 年，作为弗莱堡大学病毒与卫生学系的主任，他与同事一起首次通过简单离心法从尖锐湿疣中分离出了 HPV 的亚型 HPV6，找到了一种从人类肿瘤组织中发现病毒的新方法，明确了 HPV6 是引起尖锐湿疣这种性病的病原体。1983 年，经过 6 年的探索，豪森和他的妻子在子宫颈癌组织中找到了 HPV16，1 年后又在同样的癌组织中找到了 HPV18。他们发现，约 75% 的子宫颈癌都是由这两种乳头瘤病毒亚型感染导致的，因此预防 HPV16 和 HPV18 感染对预防人类子宫颈癌具有十分重要的意义。在他们得出这个结论之前，医学界专家们一直认为单纯疱疹病毒才是引起子宫颈癌的元凶，因此，当豪森提出 HPV16 和 HPV18 是大多数子宫颈癌发生的病因时引发了学术界的激烈争论和普遍的不认同。面对这种情况，豪森夫妇顶住压力、不为所动，坚持了自己的观点。随后，在不同国家不同机构进行的相关研究相继证实了他们的这一重大发现，在此基础上开发的人乳头瘤病毒疫苗（宫颈癌疫苗）也已投放于临床使用，为千千万万的妇女带去了福音，人类从此翻开了通过研制肿瘤病毒疫苗来预防恶性肿瘤的新篇章。豪森也因为此发现，与吕克·蒙塔尼耶、弗朗索瓦丝·西诺西一起分享了 2008 年的诺贝尔生理学或医学奖。

各位读者，自第一种哺乳动物乳头瘤病毒棉尾兔乳头瘤病毒发现以来，人类已找到了 170 多种乳头瘤病毒，这些被发现的病毒已形成了一个乳头瘤病毒大家族，其中人乳头瘤病毒约有 120 种。这 120 多种人乳头瘤病毒中有 51 种可以通过外生殖器以性接触方式传播，15 种属于可引起肿瘤的高危类型，3 种属于可能致瘤的高危类型，12 种属于低危类型。HPV 的性传播就连避孕套也不能完全预防，因为病毒在大腿内侧皮肤上也有分布。长期持续性的外生殖器乳头瘤病毒感染，会使感染部位患癌的风险急剧增加。一般而言，以下几类人易于出现上述情况：第一次性生活年龄过早者，有多个性伴侣者，吸烟者和使用免疫抑制剂者。病毒可以通过阴道、肛门或口腔性交过程，由直接接触而感染。少数情况下，也可能通过妊娠由孕妇传给胎儿。HPV 通过血液传播的风险较小，感染后主要会损害上皮或黏膜组织，可引起子宫颈、外阴、阴道、阴茎、肛门、口腔和咽喉出现乳头瘤样病变，且癌变概率很高。HPV 尚与食管癌、支气管上皮乳头瘤等有关。

HPV 是一种含有小型双链环状 DNA 的球形病毒，感染人体后主要进入

人体的上皮或黏膜细胞，引起其变性增殖。因感染部位不同，所引起的疾病表现也有所不同。HPV 的皮肤感染可引起寻常疣、扁平疣、跖疣等，生殖器感染可致尖锐湿疣、外阴癌、宫颈癌、阴茎癌，口腔感染可致口咽癌、咽喉癌、食管癌和支气管上皮乳头瘤等。

HPV 在世界上有记录的存在史已有 1500 多年，据说在古希腊医书中就有皮肤软疣的记载，而在中国，最早的关于皮肤疣病的记录可以追溯到隋朝，当时著名医家巢元方所著的《诸病源候论》就将其列为“疣目候”疾病中的一种。HPV 的流行是全球性的，据估计，几乎所有人在其一生中的某个时间点都会感染 HPV，世界上有 12% 的女性 HPV 的 DNA 检测呈阳性，而 HPV 与子宫颈癌的关系也是明确的。仅 2018 年，全世界就有约 57 万妇女患有子宫颈癌，31 万人因此而死亡。有鉴于此，积极的预防和治疗至关重要。不幸的是，人类至今也没有找到有效的 HPV 感染治疗药物，所以寻找开发 HPV 疫苗就成了预防的关键。

遗憾的是，世界上的病毒成百上千，所致疾病千奇百怪。有的病毒可以开发成疫苗，有的病毒用于疫苗研制则困难重重。可开发成疫苗的，其所引起的疾病便不再对人类构成严重威胁；开发不成功的，其病毒引起的疾病仍然在地球上肆虐。就 HPV 而言，由于机缘巧合，得益于两个人的偶遇，其疫苗研制竟然迎来了突破。

1957 年 2 月 24 日，在中国浙江杭州的一个医学世家，呱呱坠地诞生了一个小男孩儿，名叫周健。他从小深受家庭熏陶热爱医学，长大后顺利考入温州医学院临床医学专业，毕业后又先后考入浙江医科大学、河南医科大学和北京医科大学分别攻读硕士、博士学位和博士后。1987 年，周健因在食管癌组织中分离出人乳头瘤病毒而获得了国家科学技术进步奖二等奖。1988 年，周健有幸获得了赴英国剑桥大学留学的机会，继续从事 HPV 研究工作。在那里他遇到了同样在进行病毒与癌症关系研究的、对 HPV 疫苗研发有浓厚兴趣的苏格兰裔澳大利亚免疫学家伊恩·弗雷泽（Ian Frazer）。弗雷泽是地地道道的苏格兰格拉斯哥人，生于 1953 年 1 月 6 日，在爱丁堡大学获得医学学士学位，随后于 1980 年举家移民至澳大利亚墨尔本，就职于沃尔特和伊莉莎·霍尔医学研究所，从事病毒免疫学研究。在那里，弗雷泽惊奇地发现，HPV 感染可能诱发细胞的癌前病变，这一发现与豪森夫妇的研究结果不谋而合。1985 年，弗雷泽加入昆士兰大学，并组建了自己的实验室。当 1989 年遇到中国病毒学家周健的时候，弗雷泽恰好也在剑桥大学短暂留学。他们一见如故、惺惺相惜，在谈到 HPV 疫苗研发的困难时，大有相见恨晚之感。当时这种疫苗研发的主要问题是 HPV 只能在活组织的细胞中生长，而且会将自己的 DNA 整合到宿主基因组中，使人既无法在离开活的人体组织情况下对其进行培养，也不能提取其基因。但是他们都相信，既然是病毒，就一定能研发出相应的疫苗来加以对抗。1990 年，弗雷泽在学习期满返回澳大利亚前，尽力说服周健夫妇加入昆士兰大学他的团队里来，周健欣然应允。之后，他们开始采用分子生物学方法在体外合成类 HPV 病毒颗粒，他们的设想是既然提取不了病毒的核酸 DNA，但是只要能合成类似病毒衣壳蛋白的颗粒，就一样可以刺激机体产生相应的抗体，使人获得对 HPV 的免疫力。1991 年 3 月，在周健的指导下，他的妻子孙小依成功地将两种早前合成好的 HPV 病毒蛋白质混合在一起，组装成了一种病毒样颗粒，外形与 HPV 极其相似。这一成果一经公布就引起了巨大的轰动，当时全球有 2000 多位科学家在进行 HPV 疫苗研发工作，当他们听到这一消息后，纷纷表示“这怎么可能？怎么会那样简单？”，只有 HPV 权威、著名科学家豪森肯定地说：“这是一项重大突破，一定会有光明的未来。”在豪森的鼓励下，这项技术被弗雷泽和周健共同申请了发明专利，而这一病毒样颗粒后来则被默克公司和葛兰素史克公司先后开发成了商业化的可大规模接种的 HPV 疫苗，百分之百有效。现在，这一疫苗也由最初于 2006 年上市的 4 价发展到了目前的 15 价，可预防的 HPV 病毒亚型由原来的 4 种扩大到了现在的 15 种。适于接种的年龄是女性 9~26 岁，男性 9~15 岁。该疫苗对宫颈癌、肛门癌、外阴癌和阴道癌的预防效果分别可达 70%、80%、60% 和 40%，对 HPV 相关的口腔癌及尖锐湿疣等也有一定的预防作用。

HPV 疫苗研制成功了，它如果能够得到快速推广和普及，可使全球每

年至少25万以上的妇女免于宫颈癌所致的死亡。然而“天下疫苗一箩筐，有需没钱你别忙”，由于商业利益的掣肘，这种疫苗的普及推广依然任重而道远。最为可惜的是，我国杰出的病毒学家周健因长期积劳成疾，于1999年不幸离世，没能看到这种疫苗上市的那一天，他的离世也是HPV病毒学研究领域的一大损失。

HPV疫苗的问题最终获得了圆满解决，与此同时，肝病研究领域也迎来了重要进展，人类历史上第一种可治愈的RNA病毒性疾病因为一类新型药物的出现也即将画上句号。要问这是什么病，请看下回分解。

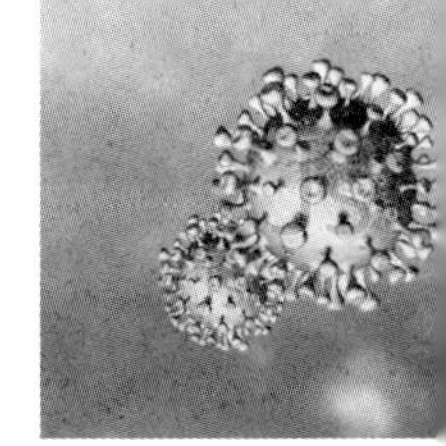

第十九章

甲乙丙都伤肝　这个老三不一般

——丙型肝炎病毒

各位读者，上回书写到，并非所有病毒感染性疾病均可采用疫苗来加以预防。迄今为止，威胁人类健康的几种主要病毒性疾病，如艾滋病、埃博拉出血热和EB病毒感染等，虽历经数十年研究，但疫苗的大规模应用仍尚需时日，或是直接缺失。这说明疫苗的研制有时也会困难重重，不是轻而易举就能获得成功的。正所谓：

疫苗功效堪称奇，
研发投用实不易。
人人皆盼侬祛病，
不知此剂该珍惜。

话说在20世纪70年代，有一种疾病十分流行。每当输血之后，就会有一部分人出现发热、恶心、厌食油腻、腹痛、尿黄和皮肤发黄等现象，人们称之为黄疸型肝炎。那时医学界已经知道了甲型肝炎（简称甲肝）和乙型肝炎（简称乙肝），但却怎么也找不出这种病的病因。迷茫之下，人们极其渴望有人能解开这个谜团。这时出现了一位病毒学家——哈维·阿尔特（Harvey Alter），他于1935年9月12日出生于美国纽约市，是一位妥妥的学霸。阿尔特勤奋刻苦、头脑灵活，起先在美国罗切斯特大学学习，深受文学艺术熏陶，取得了文学学士学位。随后又以优异的成绩考入该校医学院，在25岁那年获得了博士学位。之后，他协助著名病毒学家、“澳抗”

和乙型肝炎病毒的发现者巴鲁克·塞缪尔·布隆伯格做了很多工作，为乙型肝炎病毒的分离鉴定做出了不少贡献。阿尔特专注于血源性肝炎病人血液标本的收集，以备日后研究之需。他主张在给病人输血前进行一定的预先检查，以减少因输血而造成肝炎传播的风险。在他的努力下，美国医疗卫生机构开始了对血液和献血者的筛查工作，使因输血所致的血源性肝炎发生率在1970年时就已由之前的30%下降到几乎为零。20世纪70年代中期，阿尔特和他的团队研究发现大多数输血后感染的肝炎既不是由甲型肝炎病毒引起的，也不是由乙型肝炎病毒引起的，他们把它称为“非甲非乙型肝炎”。不久，其他研究团队的研究结果也先后证实了阿尔特团队的观点，这使阿尔特本人的信心大增。1989年，英国科学家迈克尔·霍顿（Michael Houghton）领导的研究团队利用当时的一种新技术分子克隆法找到了丙型肝炎病毒，为阿尔特的非甲非乙型肝炎研究提供了确切的病原学支持。由于该病毒不同于以往所发现的甲型和乙型肝炎病毒，是当时世界上第四种被发现的专门损害肝细胞的病毒，故国际病毒学会于1991年将其正式命名为“丙型肝炎病毒”，它所引起的疾病也被称为“丙型肝炎”（简称丙肝）。需要说明的是，所有进入人体后专门隐藏在肝细胞内、损害肝细胞的病毒，医学上均统一称为“嗜肝病毒”，甲型、乙型和丙型肝炎病毒均属此类。丙型肝炎病毒被发现后，人类对原来所称的非甲非乙型肝炎有了清晰和全新的认识，丙型肝炎从诊断到治疗获得了突破性进展，以至于在不到30年的时间里，人们就找到了克敌制胜的法宝。2020年10月5日，阿尔特·霍顿和另一位在丙型肝炎病毒培养和动物模型构建方面卓有建树的病毒学家查尔斯·莱斯（Charles Rice）共同获得了诺贝尔生理学或医学奖，分别给自己精彩的人生交上了一份满意的答卷。

丙型肝炎病毒发现之后，包括阿尔特在内的众多科学家又借助电子显微镜及分子生物学技术对其进行了深入探索。原来这个病毒是一种带有包膜和衣壳蛋白的单链RNA病毒，大小为55~65纳米。与其他很多病毒相似，它也有一个大家族，族内包括6兄弟，分别是基因1、2、3、4、5、6型。以排行老三的基因3型最难说话，治疗难度最大。老大基因1型最简单，引起患病的人数也较多（约占所有丙肝病人的56%），但治疗也最为容易。丙肝病毒主要侵害和影响肝细胞，对其他脏器和组织影响较小。感染后一般可引起急性丙型肝炎，病人会有食欲减退、黄疸等表现；亦可直接转为慢性，长期损害人体健康。据不完全统计，慢性丙型肝炎的比例在丙肝病毒感染者中高达55%~85%，是丙肝防治的重中之重。慢性丙肝起始时的特点与慢性乙肝相似，多无严重表现，因而也容易被忽略，等到出现明显症状时，多数为时已晚，往往出现肝硬化、腹水或肝癌等，留给病人的良好生存期已不多，因此称其为“沉默的杀手”一点儿也不为过。慢性丙肝从初次感染到发展为肝硬化，一般要经过20年左右的演变，主要原因是病毒在病人肝细胞内大量复制而使肝细胞不断被破坏，破坏后的肝组织又不断修复，就像皮肤出现外伤后会长出瘢痕一样。肝脏组织细胞的长期持续破坏和反复修复会使局部瘢痕组织增多、变硬，最终出现功能障碍。在此过程中，部分病人还会出现肝细胞的基因突变，引起细胞癌变，形成肝癌。无论是肝硬化还是肝癌，到了晚期阶段都易出现腹水、意识不清或食管胃底静脉曲张，后者一旦破裂就会发生上消化道大出血，突然呕吐暗红色或鲜红色血液，解黑色柏油样大便或鲜血便，危及生命。

丙型肝炎病毒主要经血液途径传播，比如通过静脉注射吸毒的方式、输血及血制品、使用未经消毒的注射器针头，以及医疗职业暴露（即在对丙肝病人进行注射或手术等有创伤操作时，医护人员不慎被给病人使用过的未来得及消毒的医疗器械所刺伤或割伤）传播等；亦可经破损的皮肤黏膜传播，如使用未严格消毒的牙科器械、针刺、共用剃须刀或牙刷、修脚、穿耳孔及文身等；部分人尚可通过性接触、血液透析及母婴垂直方式传播。一般的拥抱、打喷嚏、咳嗽、饮水、共用餐具和水杯等则不易引起传染。丙型肝炎病毒对热、常用的化学消毒剂敏感，在100℃的沸水中煮沸5分钟即可将其杀灭。故从预防的角度而言，需注意吃熟食、做好碗筷餐具的消毒，避免吸毒和共用未经消毒的注射器针头，做好血液及血制品的病原检测，牙科器械及文身修脚器械须按要求消毒，不与人共用牙刷和剃须刀，倡导使用安全套的安全性行为，防止医源性交叉感染等。

至于采用疫苗来进行预防的策略，对于丙型肝炎病毒而言，实属难事。从 1989 年发现至今，人类关于丙肝病毒疫苗的研发已尝试过很多次，无一不是以失败而告终。主要原因在于丙型肝炎病毒是一个有 6 兄弟的大家族，每个兄弟也就是不同基因型的病毒之间，其外层的包膜和衣壳蛋白差异较大，而现有技术开发的疫苗往往只能针对其中 1~2 个基因型，无法做到完全预防，所以疫苗实用价值不大、预防效果不佳，无法投入实际使用。

列位看官，综上所述，关于丙型肝炎病毒的特点及其传播途径已经很清楚了，人们也知道了预防丙肝的方法，然而对于那些已经感染丙型肝炎病毒的人群而言，如何治疗才是重中之重。

说起丙型肝炎的治疗，人类也经历了一段曲折的历史。最开始是无药可用，后来人们尝试用普通干扰素（一种兼具抗病毒、抗肿瘤和调节免疫活性的生物制剂）联合利巴韦林（一种抗病毒药）进行治疗，由于注射次数多、疗效差、不良反应多，在聚乙二醇干扰素（即长效干扰素）上市后，普通干扰素随之逐渐淡出人们的视野。2007 年，就在人们因为使用长效干

◎输血可能传播丙型肝炎

扰素治疗而痛苦不堪（疗程长、需注射、效果欠佳、易于复发）、渴望出现一种革命性药物的时候，美国化学家迈克尔·索菲亚（Michael Sofia）发现的一种治疗丙肝的特效药物——索磷布韦——为全世界带来了惊喜。索菲亚自幼家境一般，父亲只有初中文化程度，母亲是一位收入不高的出纳，但其家教良好，父母总是激励他积极上进、探索未知，培养了他为生活创造价值的美好愿望。索菲亚拥有光鲜的求学经历，本科所学是化学专业，毕业于康奈尔大学，博士期间专攻有机化学，就读于伊利诺伊大学香槟分校，获得博士学位后又进入哥伦比亚大学进行了博士后研究，这使他拥有了丰富的研究经验、敏锐的洞察力和专注的创造热情。索磷布韦是一种丙型肝炎病毒复制（繁殖）过程中所必需的酶——依赖RNA的RNA聚合酶——的抑制剂，也是一种核苷酸前体药物，它进入人体后可在肝细胞内转化为具有药理活性的尿苷酸类似物，进而与上述聚合酶结合，抑制其活性，阻止其他核苷酸被该酶催化连接到丙肝病毒的RNA中，使其RNA复制终止。索磷布韦既不是人类DNA和RNA聚合酶的抑制剂，也不是线粒体RNA聚合酶的抑制剂，所以对人体核酸的合成几乎没有影响。这种药物对丙型肝炎病毒家族内6兄弟的RNA合成均有抑制作用，可广泛用于全部6种基因型丙肝病毒感染的治疗，达到治愈的目的。2011年，索磷布韦连同它所属的医药公司被美国吉利德公司收购。经过2年的临床试验，于2013年10月获得了美国食品药品监督管理局的突破疗法认证，同年12月即获准上市销售，开始用于丙型肝炎的治疗，这是美国历史上审批速度最快的药物之一。由于疗效显著、作用独特，该药被医药学界誉为丙肝病毒治疗方面的奇迹，被视为当代世界公共卫生领域最重要的成就之一。索菲亚博士也因此而获得了2016年的拉斯克临床医学研究奖。

列位不禁要问，疫苗研究如此困难的情况下，索磷布韦为何会取得这样神奇的效果呢？原来丙型肝炎病毒虽然是一个大家族，但它们的核酸基本组成都是相同的。其核酸合成中需要各种酶进行调节，其中最重要的一个酶就是依赖RNA的RNA聚合酶，该酶可使丙型肝炎病毒核酸合成过程中的单个核苷酸互相连接在一起，形成核苷酸链，最终形成完整的病毒核酸。

当索磷布韦与该酶结合并抑制其催化活性后，上述病毒核酸的合成过程就无法进行，丙型肝炎病毒的复制就被抑制，病人体内的病毒就被最终清除了。在索磷布韦研究成功之后，特别值得一提的是，又有来迪帕韦、维帕他韦和达拉他韦等药物相继被研制出来，它们的作用机制虽然与索磷布韦有所不同，但以后者为核心两两组合，在抗丙肝病毒方面会有更为显著的疗效。这些药物现在被统一称为直接抗病毒药物（direct-acting antivirals，DAAs）。得益于直接抗病毒药物的使用，丙型肝炎终于迎来了治愈的时代，这可能是世界上第一种慢性病毒性肝炎在尚无有效疫苗预防的前提下，能够使用药物进行治愈的疾病了。

各位读者，在直接抗病毒药物出来之前，但凡患有丙型肝炎的人都不敢和别人谈起自己的疾病，也忌讳其他人说起此病。因为大家一来缺乏丙型肝炎病毒传播途径的相关知识、怕被传染，二来知道它无药可治、心存恐惧，所以避之不及。一旦被他人知道患有此疾，病人的人际交往、日常生活和本职工作等都会受到很大的影响、甚至遭人歧视，所以病毒性肝炎病人普遍不愿意让他人知道自己的病情。但在直接抗病毒药物上市之后，人们再也不用遮遮掩掩了。由于被治愈，原来的丙型肝炎病人现在脸上都笑开了花，其心情变化之大再怎么描述也不为过：

瘟君一附心如芒，昨也病毒，今也病毒。何日去病得安康。

神药一出霾散尽，昼也阳光，夜也阳光。此心不用再愁伤。

丙型肝炎治疗药物的突破是病毒性疾病研究领域中为数不多的奇迹，而在科学界，人们面临的难题和挑战仍然很多。这不，随着艾滋病患病人数的增多，作为该病常见并发症之一的卡波西肉瘤发病率居高不下，这引起了病毒学家们的广泛关注。究竟这种肉瘤跟病毒感染有无关系，如何防治，就成了一个新的话题。欲知这一话题结果如何，请看下回分解。

第二十章

卡瘤一百二十年　张氏攻毒有发现

——人类疱疹病毒-8

话说20世纪八九十年代，随着艾滋病发病人数的增加，作为其常见并发症之一的卡波西肉瘤也不断增多。这一现象引起了临床医生的关注，也使科学家们疑窦丛生：卡波西肉瘤是否为病毒感染所致？其真正的病因究竟是什么？该如何防治？这些问题是一道道医学难题，但对众多科学家而言却像一朵朵释放浓郁芳香的花朵，引得他们如蜜蜂般竞相采撷、欲罢不能。这其中有多少人前赴后继、折戟沉沙，又有多少人踏浪前行、无功而返，已无从知晓。直至20世纪90年代，由于分子生物学技术的进步和一对夫妻科学家的独辟蹊径，才使其真相大白。此为后话，暂且不提。

花开两朵，各表一枝。先说这卡波西肉瘤，要问它是何方神圣，还得从180多年前说起。1837年10月23日，在欧洲中部内陆之国匈牙利的卡波什瓦尔市，出生了一个小男孩儿。这个孩子的父母是犹太人，信奉犹太教，他们给孩子起名叫莫里茨·科恩（Moritz Kohn），希望他能继承家业、传递香火，比家族中的长辈们更加优秀。莫里茨·科恩聪明伶俐，18岁那年就考入了奥地利维也纳大学学习医学，展现出了良好的医学天赋。6年后，顺利取得博士学位，成了一名皮肤科医生。俗话说“男大当婚，女大当嫁”，莫里茨·科恩一晃就过了30岁，却仍然专注于事业，没有找到中意的心上人，好在他的父母并不急于抱孙子，这事才没有闹出大的不愉快。1871年，他出乎意料地改信了天主教，把自己的姓也改成了与他家乡小镇的名字相似的“卡波西”。从那以后，他的名字就变成了莫里茨·卡波西（Moritz Kaposi）。列位看官，19世纪70年代的维也纳并不是一个很大的城市，而作为一方健康的守护者，医生的一举一动在这个城市里有着较大的影响。莫里茨·卡波西虽然在他所在的医院有着良好的口碑，但却也有看不惯他的人，这些人随时随地跟莫里茨·卡波西对着干，无时无刻不想着让他完蛋。所以当莫里茨刚改名字后，就招来了不少流言蜚语。有说他背叛了犹太教的，有说他看上了老师女儿的，有说他为了巴结拥有学术权力的老师的，也有说他为了谋得一个更好的前程和发展的。不管怎么说，他确实赢得了自己信奉天主教的老师的信任，也娶了老师的女儿，只不过这些事情都是在他改名前几年就发生了的，而且当时他已在维也纳大学建立起了良好的学术声誉。他改名的唯一动机，用莫里茨自己的话说就是为了避免与其他几位同事的名字相混淆。谣言的流传则纯粹起于反对他的人对他在学术上的嫉妒和不遗余力地到处渲染。书到此处，不得不感慨这人世间做个好人可真难！你勤奋努力，就有人说你要图些什么；你懒惰无为，就有人说你没有出息；你坚强自信，就有人说你傲气十足；你谦恭俭让，就有人说你唯唯诺诺；你成功了，就有人说你名不副实；你失败了，就有人嘲讽你癞蛤蟆想吃天鹅肉；你朝左走，他说你行路不端；你朝右行，他说你偏离方向；你走中间，他又说你左右逢源。如此等等，不一而足。

事实上，莫里茨在攻读博士学位过程中就写出了皮肤病学与梅毒方面的论文，产生了较大反响。面对改名风波，他并未受此影响，而是坚定地做自己的事情，正如意大利诗人但丁所说“走自己的路，让别人说去吧”。奇迹就是在这种情况下发生的，1872年的一天，当他接诊5名老年男性病人后，发现了一种奇怪的皮肤病，该病的主要特点是病人皮肤上出现一簇簇紫色、红蓝色、深棕色、黑色或枣红色的斑丘疹、结节或斑块，以颜面部、外生殖器和双下肢多见，也可出现在口腔，引起牙龈或口腔黏膜硬结溃烂。还可波及全身淋巴结，导致淋巴结肿大。亦可造成胃肠道病变，如腹痛、腹泻、恶心、呕吐、胃肠出血、吸收不良或肠梗阻，以及肺部病变，如气短、咳嗽、咯血、胸痛或胸片异常等。莫里茨把这种病命名为“特发性多发色素肉瘤”，这个名字一用就是100多年。到了20世纪80年代，在美国的纽约、旧金山等城市，相继出现了一种新的疾病——艾滋病，其中高达50%的病人都并发了这种肉瘤。这些病人大多是同性恋或双性恋，因此尽管人们当时尚不知道这种肉瘤的病因是什么，但几乎可以肯定的是，它跟一种通过性接触而传播的病毒感染有关，而且主要发生在有免疫抑制或免疫缺陷的病人身上。后来，为了纪念莫里茨在该病诊治上的贡献，人们就以他的名字为基础把这种病更名为“卡波西肉瘤”。时间又回到19世纪70年代，莫里茨·卡波西在发现这一疾病后不久，就被聘为维

◎莫里茨·卡波西给皮肤肉瘤病人诊病

也纳大学教授，并与他的老师一起花费 3 年时间编写了一本皮肤病手册。在此基础上，他还独立编写了奠定他在皮肤病学领域有影响力的《实用临床医生与医学生皮肤病病理学与治疗学讲义》（*Pathology and Therapy of the Skin Diseases in Lectures for Practical Physicians and Students*）一书，这是世界皮肤病学发展史上最重要的著作之一，先后被翻译成多种文字。同时，他亦以倡导皮肤病理检查进行疾病诊断而出名。莫里茨孜孜不倦、不断进取，最终成就了辉煌的一生。他的故事被后人概括道：

皮肤肉瘤卡波西，
艾滋病人不足奇。
若论居功谁至伟，
匈牙利人莫里茨。

卡波西肉瘤发现以后，历经 120 多年的时间里无人知道其病因是什么。病人病的病了，死的死了，医务人员一头雾水、不知何故。有人认为是免疫力差，有人认为是上帝惩罚，也有人认为是一种单纯的皮肤病。直到艾滋病被发现后，一些学者又认为是艾滋病病毒感染所致。唯有一对夫妻科学家——来自中国台湾的女病毒学家张远和来自美国的男病毒学家帕特里克·莫尔（Patrick Moore）对上述各种说法持怀疑态度。张远生于中国台湾，幼年时随家人迁往美国犹他州盐湖城。她自幼学习刻苦，善于独立思考，在犹他州大学医学院读博士时结识了莫尔。1994 年，已经在哥伦比亚大学做副教授的张远和她的丈夫莫尔一起，采用代表性差异分析法，发现了一种新的人类肿瘤病毒——卡波西肉瘤相关疱疹病毒，又名“人类疱疹病毒 -8”（human gammaherpes virus 8，HHV-8）。他们首先从一个艾滋病病人的卡波西肉瘤组织中分离出了一种疱疹病毒的 DNA 片段，然后将其与该病人未发生肉瘤的组织相比较。这一实验所依据的理论假设是，如果这种病毒能够导致卡波西肉瘤，那么除了病毒的基因片段外，其余部分的 DNA 在两种组织中应该保持完全一致。基于这一原理，在初步实验中他们发现了有不到1%的DNA基因组属于这种病毒，这些基因与已知的疱疹病毒基因相似，但又不完全相同，这预示着这是一种新的人类疱疹病毒。在此基础上，用了不到两年的时间，他们的团队又把这一病毒的全基因序列完全克隆出来，这种新的疱疹病毒的发现引起了学术界的巨大争议。人们纷纷表示，这一病毒不大可能是卡波西肉瘤的病因，因为这一古老疾病至少已存在了120多年。直到有一天，来自不同学者的多角度研究提供了足够多的依据，证实了它就是引起这种肉瘤的病因，这一争议才宣告结束。而张远夫妇在发现人类疱疹病毒-8之后，并未枕在科研成果上睡大觉，也未因其他科学家们的争议而消沉。相反，他们再接再厉，继续在科学探索的道路上高歌猛进。2008年，已受聘就职于匹兹堡大学的张远夫妇利用他们所研发的数字转录体消减法，又发现了目前已知为第七种人类肿瘤病毒的默克尔细胞多瘤病毒，为人类肿瘤病毒学的发展做出了重要贡献。

现在人们已经知道，人类疱疹病毒-8在全球不同地区的流行情况是不完全一样的。在北欧、南亚和加勒比海地区国家中的流行率是2%~4%，地中海国家约10%，而在非洲撒哈拉沙漠周边国家则高达40%。人类疱疹病毒-8往往与艾滋病和生殖器疣共同存在、共同传播。

人类疱疹病毒-8是一种含有大双链DNA的疱疹病毒，DNA居于最核心的位置，外面是一层衣壳蛋白，衣壳外包被着内膜，内膜外是脂质包膜。它主要通过性接触途径进行传播，在多个性伴侣、吸毒、同性恋、双性恋及合并生殖器疣（如尖锐湿疣）的人群中尤其容易传播，也可以通过唾液及母婴传播，各种原因所致的免疫力低下特别是艾滋病病人最易发病。由于人类疱疹病毒-8的结构复杂，人类尚未开发出针对它的疫苗。因此，倡导安全性行为、保持良好的生活习惯、健康的体魄和正常的免疫力是防止本病发生的关键。从治疗上来讲，在艾滋病基础上合并的卡波西肉瘤，针对艾滋病的抗病毒治疗非常重要，有效的治疗可使90%的卡波西肉瘤不再发生。抗疱疹病毒药更昔洛韦对本病有一定的预防作用，但一旦发病则此类药物就不再有明显效果了，此时放射治疗、化疗及手术治疗则成为可供选择的措施。

卡波西肉瘤虽然是伴随艾滋病发生的，但其总的发病人数和传播速度、短期内流行的烈度和广度尚十分有限，一般以艾滋病病人等特定人群居多。而2003年始发在中国广东的一种急性呼吸道传染病，则让世界为之震惊、国人为之胆寒，其造成的心理阴影至今还未完全散去。欲知此病如何厉害，请看下回分解。

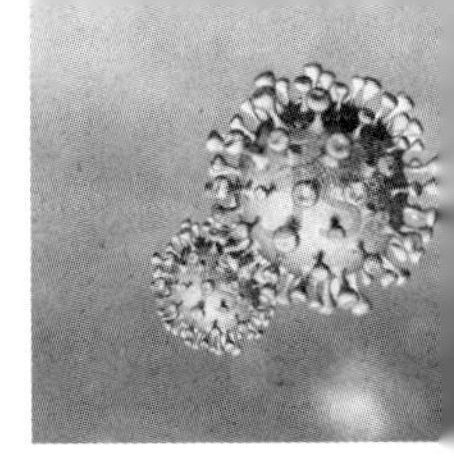

第二十一章

状如王冠威力大　呼吸重症它引发

——SARS冠状病毒

2002年12月初的广州，冬意未尽、寒气袭人。人们和平常一样，在忙碌中工作，在工作中生活。白天街市一片热闹非凡，夜晚各种宵夜灯光璀璨。一切都显得平素而和谐，恬淡而繁华，井然有序，丝毫看不出有什么异样。然而，在这种祥和的气氛下，一种震惊世界的疾病正在悄悄逼近……

当时，一名在深圳打工的河源市人首先出现症状，他自觉像感冒，发热、怕冷、乏困无力、头痛、关节肌肉酸痛，但却没有打喷嚏、流鼻涕等普通感冒的表现。为了抓紧治疗，他先后到了几家诊所就诊，医生均告诉他是感冒，开了些速效伤风胶囊之类的药物，但病情仍不见好转。渐渐的他又出现了干咳、胸痛和拉肚子，在当地医院打吊瓶也无济于事。病后第十天左右，他不仅仍然反复高热，而且出现了频繁的咳嗽、胸闷及呼吸困难，经胸部CT等检查提示为一种不典型性肺炎，前所未见。因病情危重、发展迅速，当地医生不得不建议将其转往当时条件更好、经验丰富的广州军区总医院进行抢救治疗。不久，在河源市医院及广东其他地区陆续发现了多例类似病例，并且发生了多名医生、护士感染的情况。因对这种疾病缺乏相应认识，加之缺乏特效药物，一时间传言四起、谶语如飞，民间的恐慌情绪如暗流涌动，弥漫整个社会。在不知不觉中，疫情已开始向越南、新加坡等地蔓延。

2003年2月，正在越南河内工作的世界卫生组织专员、时年46岁的意大利医生卡洛·乌尔班尼（Carlo Urbani）接到越南法国医院的电话，报告称有一位美籍华裔男子出现了肺炎症状，这名男子曾经前往中国广东。当时广东的疫情已经十分严重，中国国内的医生将这种具有传染性的不明原因肺炎称作“传染性非典型性肺炎”。乌尔班尼结合各方面的信息，在亲自查看了这位病人后，认为是出现了一种前所未有的新型传染病，这种疾病以呼吸道症状为主，严重时可出现肺炎和急性呼吸衰竭，导致病人死亡。他把这种疾病命名为“严重急性呼吸综合征”（severe acute respiratory syndrome，SARS），向世界卫生组织作了紧急汇报。之后，由于越南的医疗条件有限，那名美籍华裔病人又从河内回到中国香港接受治疗，但终因病情严重而身亡了。与此同时，河内的几家医院也先后出现了医生、护士感染的情况，乌尔班尼也不例外。2003年3月15日，世界卫生组织接受了乌尔班尼医生的建议，将此病命名为“SARS”。不幸的是，乌尔班尼医生感染后很快就病情恶化，尚未来得及充分治疗就于2003年3月29日去世了。这一消息传到世界卫生组织后，立即震惊了全世界，随后在印度尼西亚、新加坡、越南、菲律宾、加拿大、美国以及中国台湾等地都相继发现了SARS病例。到2003年8月疫情结束的时候，中国大陆已累计报告病例达5300多例，死亡349例；中国大陆以外地区（包括中国香港与中国台湾，加拿大，新加坡和越南等约32个国家和地区）累计报告病例2900多例，死亡559例。疫情的迅速蔓延迫使中国全境都采取了封路、隔离等非常举措，世界各国也都采取了相应的应急措施，一场寻找病因的战斗即时打响了。同年3月25日，美国疾病预防控制中心和香港大学微生物学系同时宣布一种新的冠状病毒变种可能为SARS的病原体，随后中国大陆的科研机构等也相继从病人体内分离出了这一病毒。2003年4月16日，世界卫生组织正式宣布将这一疾病的病原体命名为“SARS冠状病毒”（SARS coronavirus，SARS-CoV）。

为了应对这一疫情，中国政府在北京小汤山等地迅速建立了传染病医院，全国数百位军地医护人员竞相报名、奔赴疫情前线，加入了与疫魔斗争的队伍中。在此过程中，全国先后有多位医护人员献出了宝贵的生命。列位看官，写到此处，驻笔感慨，我们不禁要说，人类发展的历史，其实就是一部人类与病毒的斗争史。每当有重大疫情出现的时候，医护人员总会在护佑人类生命健康的道路上英勇无畏、踏棘前行，谱写出一曲曲壮丽的英雄赞歌。这些无私奉献的医护人员不分种族肤色，日夜并肩战斗，不顾个人生死，不计名利得失，是真正值得尊重的生命守护神。正如有人所赞：

你是暗夜中的一缕亮光，
指引病中人前进的方向，
给我们绝望中生的希望。
世界有你，
人类有你，
啊，生命不死的光芒！

你是海啸中的一个良港，
提供遇险者避风的方塘，
给我们失望中活的希望。
白衣是你，
天使是你，
啊，人类生息的力量！

SARS 的典型临床表现如前所述，而引起它的病因 SARS-CoV 则显得神秘莫测。的确，作为一种新型冠状病毒，它的来源至今尚未完全搞清楚。事实上，冠状病毒在自然界也并非第一次出现。早在 20 世纪 30 年代初，在美国的北达科他州，一家养鸡场的小鸡出现了急性呼吸道感染，患病的小鸡们个个气喘不止、张嘴呼吸、困倦乏力、东倒西歪，得病不久就一命呜呼，死亡率高达 90%，这给养鸡场的老板带来了不小的损失。情急之下，老板找到了当时全美最有名的兽医和病毒学家，企图找到应对良策，然而，这些兽医和病毒学家们看过后却都纷纷摇头，表示对此鸡瘟的防治无能为力。根据小鸡崽儿们生病后的表现，兽医和病毒学家们都认为那是一种由传染性支气管炎病毒引起的疾病。但囿于当时的技术，一直没找到这种病毒。直到6年以后，科学家才将这种病毒分离出来，并成功地进行了培养鉴定，这种病毒实际上就是人类发现的第一种冠状病毒。

20世纪40年代，由于第二次世界大战的影响，病毒学研究进展缓慢，但随着电子显微技术的日臻成熟，放大倍数和清晰度越来越高，还是有两种动物冠状病毒——鼠肝炎病毒和传染性胃肠炎病毒——被发现了，只因那时发现的冠状病毒种类不多，人们尚未将它们从形状上将彼此联系在一起，也没有人提出“冠状病毒”这一概念。到了20世纪60年代，冠状病毒的研究进入高潮，科学家们先后在不同的动物身上找到了多种这类病毒。在此基础上，可引起人类疾病的人冠状病毒也被英美病毒学家们相继发现。先是在1960年，英国医学研究委员会所属的普通感冒病房的几位科研人员，从一位患有感冒的小男孩儿身上分离出了一种新的普通感冒病毒，他们将其命名为“B814”。这种病毒脾性有点儿古怪，它在当时成功培养了其他病毒如腺病毒的培养基上无法被培养出来，因而人们也就无法对它进行深入研究。无奈之下，几位病毒学家经过不断摸索，终于在1965年发明了一种新的培养法——器官培养法（即将病毒置于某个动物器官上进行培养的方法），他们把B814病毒接种到人类胚胎气管上，方才培养成功。这种器官病毒培养法后来被广泛用于多种病毒的培养鉴定。B814病毒培养出来后，为证实其致病性，研究人员把它接种于人（志愿受试者）的鼻黏膜上，结果引起了普通感冒。这种病毒还有一个显著特点就是可被乙醚灭活。与此同时，美国芝加哥大学的一个研究小组也从一位患上感冒的医学生体内分离出了一种感冒病毒——229E，它可在肾组织中培养。就像B814那样，把229E接种到志愿者的鼻黏膜上，一样可以引起感冒。巧合的是，它也能被乙醚灭活，它们简直就如孪生兄弟。

1967年，这两种病毒的样本都被送到了在英国伦敦圣托马斯医院医学院工作的苏格兰病毒学家琼·奥梅达（June Almeida）手中。说起这位奥梅达，她可不是一般的人物，绝对是巾帼不让须眉。1963年，她创造性地提出了免疫电镜技术，通过使用抗体来聚合病毒颗粒，从而获得了更高的病毒观测清晰度和更出色的观测效率。同时她还使用“背景染色法”，使免疫电镜技术得到进一步改良，从而能够快速、简单地观察病毒的细微结构。这一方法很快被用于乙型肝炎病毒、人类免疫缺陷病毒、鼻病毒和其他多种病毒感染的临床诊断，奥梅达也获得了科学家们的高度评价，大家一致认为她对临床病毒诊断学的发展做出了至关重要的贡献。有了世界声誉的奥梅达当时已成为病毒显微鉴定领域的学术权威，这才吸引英美两国的科学家都心甘情愿地把新发现的病毒送给她做电镜下观察。俗话说“没有金刚钻儿，不揽瓷器活儿”，奥梅达掌握当时世界上最先进的病毒观测技术，自然信心满满。她收到英美两国送来的病毒样品后，用电子显微镜一扫，就发现这两种病毒形态相似，外表都是梅花瓣样，表面有钉子一样的凸起，状如王冠、又似花环，煞是好看。遗憾的是，这么重要的病毒却依然无名无姓，只能用代号表示，不仅难记，而且缺乏规律，极其不利于学习研究。想到这种情况，奥梅达忽然灵机一动，她喊来自己的合作者戴维·泰瑞尔（David

◎冠状病毒 229E 鼻腔接种试验

Tyrrell），打起了给病毒命名的主意。他们苦思冥想，百般合计，就像父母给孩子起名一样认真谨慎，最后决定还是以病毒的形状为依据，借鉴拉丁语“corona”（意为“皇冠”或“花环”）的寓意，将英语单词“virus”（病毒）与之结合，创造一个新词“coronavirus”（冠状病毒）来描述这类病毒。这一提法很快就得到了学术界的认可，1968 年，一群病毒学家们在《自然》杂志撰文，把包括感染性支气管炎病毒和鼠肝炎病毒在内的表面有棘突、外形似王冠的这些病毒统一归类，称为“冠状病毒属病毒”，冠状病毒的说法由此正式确立。现在已知，自然界存在的多数冠状病毒对人类不致病，它们主要携带于蝙蝠、狸猫、果子狸、穿山甲和其他野生啮齿类动物身上。少数可引起感冒等疾病，多不严重。仅有极少数经过突变、进化后，可突袭人类，造成大规模流行和严重公共卫生危机。

闲言少叙，话说这 SARS-CoV 被找到后，虽然从形状上讲也属于冠状病毒一族，但却是其中的新成员，不同于以往任何一种冠状病毒。科学家们公认菊头蝠可能是它的祖先株的自然存储宿主，经由生态环境的变化、人与动物的接触而传染给了人。SARS-CoV 是一种单股正链 RNA 病毒，核酸外面有包膜，直径 80~140 纳米。它抵抗力较强，在塑料表面和病人粪便中可存活 4 天，对热、紫外线、乙醚、氯仿和甲醛等敏感，75℃条件下加热 30 分钟即可将其杀灭。病人是其主要传染源，病毒可经呼吸道分泌物及粪便排出，经呼吸道、消化道或直接接触而传播。从病毒进入人体到出现不适症状（又叫潜伏期），历时 2~14 天。

自 2003 年 SARS 暴发以来，世界各国的科学家们已经进行了大量的研究，这其中就包括了疫苗的研发，然而遗憾的是，迄今为止 SARS-CoV 的疫苗仍然是人类未能实现的一个梦想。因此，就 SARS 的预防而言，严格的医学隔离和检疫筛查依然是首要措施。而传染病病人隔离期限的长短主要根据其潜伏期来决定，SARS 的潜伏期是 2~14 天，所以它的医学隔离观察期就是 14 天。预防的第二项措施是所有人均应注意手卫生，应使用流水和肥皂洗手，或用含酒精的手消毒剂消毒双手。其他措施还包括：物体表面的消毒，避免接触病人的体液，用热肥皂水对病人使用过的物品进行洗涤，对有症状学龄期儿童进行居家隔离，注意家庭卫生和通风，外出及在公共场所时应佩戴口罩，做好科普宣传，注意空气、水源、下水道系统的消毒，避免到人流密集和通风不良的场所去，注意保持1米以上的社交距离等。由于尚无特效治疗药物，因而平时应注意营养与饮食，保持良好的休息，加强运动锻炼，不断提高自身免疫力，这些对于预防和治疗本病至关重要。

俗话说，一物降一物，物物无尽时。虽然人类针对冠状病毒暂时还未找到克敌制胜的灵丹妙药，但通过综合防控依然可以避免大规模的传染和危害。倒说这病毒小小的身躯却是着实厉害，搅得世界的主宰者、最高级的灵长类常常不得安宁，但却不曾想也有一种东西，是可以置病毒于死地的，偏偏又被人类发现了，寄托着未来病毒性疾病防治的希望。欲知此为何物，请看下回分解。

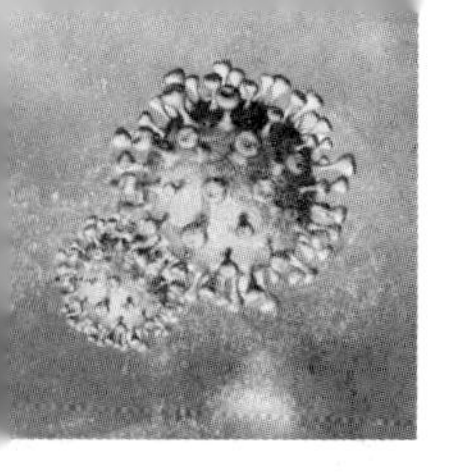

第二十二章

微生物着实奇妙　小病毒以毒攻毒

——噬病毒体

有道是世上事一物降一物，物物无尽时，恰如中国古老的五行哲理一样，相生相克，相克相生，无穷尽也。单说在浩瀚的自然界，人类拥有聪明的大脑、强健的体魄、优秀的繁衍生息能力和最灵魂的东西——文化。从生物诞生之日起，一路从最原始的单细胞生物经过亿万年进化，到具备多细胞复杂系统的高级灵长类，可谓是形成了地球上终极的物种，进化为能够创造语言文字，上可探天追星、下能入海刨地的世界主宰者，享受着何等自由，创造着无限可能。然而，迄今为止，人类始终无法完全摆脱一个个梦魇——致病微生物。

所谓微生物，是指人类用肉眼无法看见的微小生物，包括细菌、病毒、真菌、衣原体、支原体、放线菌、螺旋体和立克次体，等等。尤其是那小小的病毒，不仅数量众多，而且种类繁多，几乎无处不在、无时不在。每一分每一秒都在觊觎着人体的薄弱环节，每一时每一刻都在等待着人体免疫力下降的“最佳”时机，无论昼夜不在盼望着乘虚而入，不分场合地点地准备着要痛下杀手，以至危害健康、吞噬生命、彰显存在。可以这么说，纵观人类社会的发展历史，在 20 世纪 40 年代以前，上述 8 大微生物个个都是隐形杀手、夺命煞星。多少人因为它们的感染而失去生命，多少人因为它们的存在而身心残疾。但是自 40 年代以后，随着电子显微技术的飞速发展，昔日的隐形者无处遁形，过去的潜行侠统统浮出水面，人类开始有了寻找对策的抓手。更为重要的是，自从亚历山大·弗莱明博士发现青霉素后，细菌、真菌、放线菌、支原体、衣原体、螺旋体和立克次体等已不再是人类生命的主要威胁，人类进入了上述微生物所致疾病可防可治的时代。尽管细菌还在不断进化，以耐药菌的形式继续威胁着人类的健康，然而魔高一尺、道高一丈，人类聪明的大脑始终胜过简单的细菌、真菌。可是唯有这病毒，作为世界上个头最小、结构也最为简单的微生物之一，却总是以一种理所当然的存在、无药可治的状态、千军万马的姿态和狡猾多变的魅态，与人类寻求对抗、一较高低。从至今仍在间断肆虐的流感，到频繁兴风作浪的冠状病毒性肺炎，可恶的病毒一次次挑战着人类的底线、践踏着科学技术的尊严，面对它们的上蹿下跳，人类仍缺少极其有效的办法来加以防治。说也奇妙，虽然人类对病毒暂时尚无妙法，但在微生物的世界，还真存在着一物降一物的现象。假如有人说细菌厉害，噬菌体就会说“我来了”；而如果有人说病毒厉害，就有另一种“狠角”——噬病毒体说“我来了”。这又是一种什么情况呢?

原来早在 1992 年，英国布拉德福德市暴发了一次肺炎疫情，它不同于以往任何一种肺炎，医生们采用了各种方法也无法确定它的病因。在人们苦苦探寻的过程中，一些研究人员偶然从一些病人身上发现了一种被误以为是细菌的微小生物。起初，因为它在显微镜下呈革兰氏染色阳性反应，而且通过细菌过滤器过滤时，它会随体积较大的细菌一起被阻挡下来（一般病毒体积远小于细菌，都会通过过滤器的微孔被细菌过滤器过滤掉），所以人们理所当然地认为它就是一种革兰氏阳性细菌，又因其源自英格兰北部城市布拉德福德，故将其命名为“布拉德福德球菌”，并保存到了巴黎市的一座冷却塔中。10 年后，位于马赛地中海大学的科研人员试图破坏布拉德福德球菌的细胞壁时，怎么也不能成功。于是他们决定将其放在电子显微镜下看一看，想搞清楚这种细菌到底与其他球菌有什么不同。结果他们惊奇地发现，这其实是一种长相酷似虹彩病毒（一种专门感染寄生虫、鱼类和蛙类的病毒）的巨大病毒，因其在革兰氏染色时形似细菌，所以他们又将其命名为“拟菌病毒”（mimivirus），意为这种病毒在革兰氏染色时可以模仿细菌的染色特性或与细菌相似。2008 年，发现拟菌病毒的科研人员又从巴黎市的一座冷却塔中找到了一种名为卡氏棘阿米巴的原虫。这种原虫的体内感染了一种个头很大的病毒，因其染色特性和镜下特点都与拟菌病毒相似，但体积却远远大于拟菌病毒，因此科研人员把它称为“妈妈病毒”（mamavirus）。列位看官，现在已知，拟菌病毒和妈妈病毒都属于拟菌病毒属，它们是一类核 – 胞浆型大 DNA 病毒。所谓核 – 胞浆型，是指其 DNA 既可在宿主细胞核中，也可在宿主细胞浆中进行复制。所谓大 DNA，意指其 DNA 为环状双链结构、体积巨大，含有约 126 万个核苷酸，明显大于一些细菌。这些病毒与虹彩病毒一样，可以在宿主细胞胞浆中进行大量复制，最后使宿主细胞营养物质耗竭、细胞膜胀裂而死亡。借此方式，可以使作为拟菌病毒天然宿主的海洋中的寄生虫及鱼类、蛙类等数量不会过多，从而维持了生态平衡。

然而更为奇妙的是，这些拟菌病毒属的病毒，在杀死过多的海洋生物、保持海洋生态平衡的同时，其自身也面临着比它们个头小很多的自己的同类——“噬病毒体”的威胁。这又是神奇的自然界一物降一物、物物相生相克的典型事例。

所谓噬病毒体，是一类个头很小的双链 DNA 病毒，它们只有与妈妈病毒等这样的巨大病毒一起感染宿主细胞才能生存。它们与妈妈病毒是一种寄生关系，就像这些巨大病毒的“寄生虫”一样“吸它们的血”、“食它们的肉”，使巨大病毒们不得安生。

噬病毒体同样发现于 2008 年。当时，科研人员从巴黎的那个冷却塔中找到卡氏棘阿米巴原虫后，在其体内不仅发现了妈妈病毒，还发现这种妈妈病毒周围有一些个头很小的卫星病毒，它们像卫星环绕在地球周围那样分布在妈妈病毒的周围，如影随形、十分有趣，把妈妈病毒比作这些卫星病毒的“奶妈”一点儿也不为过。当研究人员了解到这一现象后，幽默地给它们取名为“斯普特尼克”（sputnik），也即苏联制造的一颗人造卫星的名字。这些斯普特尼克噬病毒体离开妈妈病毒后并不能存活，也无法单独感染卡氏棘阿米巴原虫，只能跟随妈妈病毒一起进入卡氏棘阿米巴原虫的体内。妈妈病毒通过复制增殖损害卡氏棘阿米巴原虫，而这些噬病毒体则损害妈妈病毒。换句话说，它与妈妈病毒共生共存，但却是后者的“克星”。

妈妈病毒单独侵入卡氏棘阿米巴原虫体内后，在后者的细胞浆内可建立起自己的病毒复制工厂，利用该原虫细胞浆中的各种原料和酶，大量复制合成新的妈妈病毒。随着妈妈病毒数量的增多，卡氏棘阿米巴原虫虫体细胞就会被胀裂，大量的原虫细胞浆和营养物质会随病毒一起外漏而导致原虫死亡。妈妈病毒通过这一方式，控制卡氏棘阿米巴原虫的数量，维持这一物种微生态的平衡。然而，斯普特尼克噬病毒体伴随妈妈病毒入侵后，情况就会反转。由于在阿米巴原虫细胞浆内斯普特尼克噬病毒体无法自行复制（因为它过于简单、缺乏自身复制所需要的原料和酶），所以斯普特尼克噬病毒体练就了一个神奇的本领，就是利用妈妈病毒在卡氏棘阿米巴原虫细胞浆内所建立的病毒复制工厂及妈妈病毒复制所需要的原料和酶来完成自我复制。这样一来，妈妈病毒可就被害惨了，会因为缺乏这些原料、酶和相应的复制场所而被抑制，不能完成复制、无法合成新的妈妈病毒。因此，在斯普特尼克噬病毒体存在的情况下，妈妈病毒就会被破坏，而卡氏棘阿米巴原虫就会被拯救，防止其因妈妈病毒的过度破坏而数量过少。这在一定程度上维持了卡氏棘阿米巴原虫在数量上的动态平衡，但却出现了小小的噬病毒体损害巨大病毒的奇特现象，好似巨大病毒被小病毒吃掉了一样。这种有趣的现象，不禁让人感慨：

神奇数自然，物种千百面。
你有盾和牌，我持戟与锏。
相生也相克，共存不共担。
一物降一物，轮回在人间。

美中不足的是，噬病毒体被发现后，虽然人们也知道了它的一些作用和生物学特点，但是，作为一种自然现象的存在，人类尚未发现它们与对人致病的病毒之间的相生相克关系。并且，可否将它们引入人类病毒性疾病的诊断和治疗中也尚未可知。然而，它至少让我们知道了自然界的神奇和伟大，也为我们发现、认识、治疗和预防病毒性疾病提供了一个全新的思路。

噬病毒体虽然暂时未与人类发生直接交集，但有一种病毒却十分厉害，它已反复引发人类疾病长达1800多年之久，即使是在现代社会中也不曾断绝，它时不时要跳出来刷刷存在感，让人类如鲠在喉、如芒在背，十分难受。欲知这是一种什么病毒，又可引发什么疾病，请看下回分解。

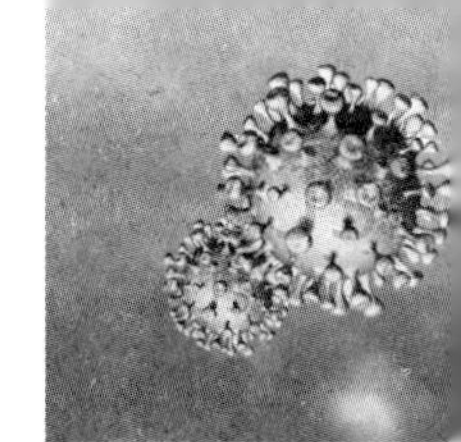

第二十三章

皮疹口腔黏膜斑　危害人类上千年

——麻疹病毒

上回书写道，有一种病毒十分厉害，传说在1800多年前就开始在地球上肆虐，直到今天仍时不时跳出来，刷一刷存在感。好在自从20世纪60年代开始，由于疫苗的研制成功和大量接种，它对人类的威胁才逐渐减少。而要追溯它的历史、细说它的危害，还需回到1800多年前。

话说在公元161年，为了彰显罗马帝国的存在、加强对中东地区的控制和解决罗马帝国与安息帝国之间的领土纠纷，时任罗马帝国皇帝的卢修斯·维鲁斯，在他的共同统治者马尔库斯·奥列里乌斯的支持下，派出了一支阵容庞大的罗马军团，前往波斯地区的安息帝国，攻打该国当时十分繁荣的重要都市塞留西亚（今伊拉克首都巴格达）。由于安息帝国誓死抵抗，战争打得难解难分、十分艰苦，连续几年都处在胶着状态。打到第四年的时候，塞留西亚开始流行一种可怕的瘟疫，它像一阵狂风吹过大地，所到之处迷雾漫漫、瘟病不断。骁勇善战的罗马军队很快就被感染，他们死的死、病的病，战斗力大为减弱。为了补充兵员，一部分招募的新兵被急速派往前线，将那些生病伤残的士兵替换下来。到了公元165年，罗马军队终于打败了安息军队，占领了塞留西亚，焚毁了这座城市，取得了所谓的胜利。然而，当他们身带伤病从中东凯旋的时候，与他们一起回到罗马的还有他们身上潜伏着的沾染自波斯的神秘病毒。不久，一场史无前例的瘟疫在罗马暴发，疫情来势汹汹、十分猛烈，很快就播散至罗马帝国

全境。该国一众人等，上至皇帝卢修斯·维鲁斯，下至众多的士兵和百姓，无一不被感染。仅罗马一地，单日死亡率就高达25%，死亡人数达2000人之多。生于公元130年的皇帝维鲁斯也未能逃过此劫，年仅39岁就驾鹤西去，而普通百姓和士兵死亡人数更是不计其数。当时定居在罗马的古希腊医生、以解剖猪的尸体来描述人体结构而著称的盖伦，亲笔记录了这场反复发生的、长达十几年的可怕瘟疫。到公元180年，当整个疫情结束的时候，罗马帝国已有约500万人死于该病毒所引起的疾病，部分地区1/3的人口失去了生命。因当时正处于安东尼王朝，史学家们也把那场瘟疫称作“安东尼大瘟疫”。对此，后人哀叹道：

病毒过处人胆寒，
迷离混沌魂魄散。
要问何故君不在，
请向瘟神讨身还。

话说自从那场瘟疫之后，罗马帝国的境况与日俱下，逐渐走向了衰落，

◎古罗马瘟疫暴发时士兵患病死伤无数

昔日的强盛与辉煌再也不复还。所以说，有时候改变历史进程的，往往不是强权和枪炮，而是不期而遇的烈性传染病。然而，关于那场瘟疫的病因至今仍无定论。一说是天花，一说是麻疹，而现代分子生物学的研究表明，那场瘟疫是否由这两种病毒所引起还尚难确定。因为根据病毒进化谱系分析，比较肯定的是天花的流行时间更早，麻疹的流行时间较晚。天花流行大约在 2500 年前，而人类有麻疹流行确切记录的时间则要推后到公元 900 年前后。当时有一位著名的波斯医生拉齐斯（Rhazes）撰写了一本名为《天花与麻疹》（*Smallpox and Measles*）的书，详细描述了天花、鸡痘与麻疹的主要区别，消除了人们将麻疹错误地认为是天花的认识。基于拉齐斯宝贵的历史性记录，现在人们已经能够根据麻疹病毒变异的频率，推算出现代流行的麻疹病毒可能源自公元 1100 至 1200 年间发生于欧洲国家的牛瘟。在中国，有记录的麻疹历史最早可以上溯到公元 307 年的晋朝，这足足比西方早了 600 多年。

麻疹病毒是一种球状或丝状病毒，直径 150~200 纳米。与其他病毒相似，其核心部分是一条单链 RNA，外面是一层脂蛋白包膜。包膜上有三种蛋白质成分，能够帮助病毒黏附于人的呼吸道黏膜细胞表面，并与之融合，使病毒核酸进入并大量复制。麻疹病毒抵抗力较弱，对热、紫外线及多数消毒剂均敏感，56℃条件下加热 30 分钟即可杀灭，但在寒冷及干燥环境中存活时间较长。

麻疹病毒的唯一宿主是人类，它有很强的传染性，一人得病往往其周围 90% 的人都会被传染，传染源就是麻疹病人。麻疹主要通过咳嗽、打喷嚏、与病人近距离接触，或直接接触病人的分泌物和排泄物等而传染。有免疫缺陷者、使用免疫抑制剂或糖皮质激素治疗者，以及未接种疫苗者都是高危人群，易于被传染而发病。麻疹的致病性和致死率很高，相传 1529 年的古巴麻疹暴发曾导致 2/3 以上从天花流行中活下来的当地人死亡。1531 年洪都拉斯的麻疹流行更是杀死了该国一半以上的人口，还波及墨西哥、中美洲及印加文明地区，这也是印加文明销声匿迹的重要推手。据不完全统计，从 1855 年至 2005 年，全球约有 2 亿人死于麻疹。在麻疹疫苗投入使用前，全世界每年有 700 万 ~800 万儿童因麻疹而死亡，其恐怖影响可见一斑。

麻疹病毒进入人体后，不同人的表现不完全一样。一般而言，它的潜伏期为6~21 天。发病后的前一两天主要表现为发热、咳嗽、流鼻涕、流眼泪、眼球充血和怕光等，部分病人可有呕吐和拉肚子。多数病人口腔内侧壁还可出现白色点状凸起，医学上称作“麻疹黏膜斑”，是比较有特征性的表现。病后 3 天左右发热会进一步加重，开始出现淡红色斑丘疹，凸起于皮肤表面，压上去会褪色、松开手后又重新充血发红，疹与疹间的皮肤颜色正常。皮疹出现的部位较有规律性，多数情况下皮疹最先出现于耳后、发际，逐渐向颜面部及颈部蔓延，随后自上而下，波及前胸后背及四肢，最后到达手掌与脚心。重症病人还会出现出血性皮疹，导致皮肤红肿。病情往往会持续加重，出现烦躁、嗜睡、说胡话或抽搐等，易于并发喉炎、肺炎、心肌炎和全脑炎等，最终可能不治而亡。麻疹在治疗上尚无特效抗病毒药物，主要依靠综合性对症支持治疗来控制病情。

就预防而言，早发现、早报告、早诊断、早隔离和早治疗是提高治愈率、降低死亡率和减少传染性的前提和基础。疾病流行期间避免与病人接触，严格佩戴口罩，尽量少到人流密集、通风不良的地方去，人与人之间保持 1 米以上的安全社交距离等十分重要。预防麻疹的最关键措施还应是从婴幼儿开始接种麻疹疫苗。

说起这麻疹疫苗，有人会问：同属 RNA 病毒，为什么有些病毒早已有疫苗研制出来，有些至今没有呢？原来这病毒也跟人一样，从肤色上来说有黄种人、白种人和黑种人，从穿衣打扮上来说有人喜欢穿花衣服、有人喜欢穿纯色衣服，从身体发育上来说有人瘦、有人胖、有人高、有人矮，不一而足，这就是所谓的个体差异。这种差异表现在病毒中，就是很多病毒虽然核酸都是 RNA，但其外面包裹着的衣壳蛋白和包膜却各不相同、各有各的样，同时不同病毒 RNA 的核苷酸构成也不尽相同，这就决定了每一种病毒都有其自身的特点，也造成了不同病毒的疫苗研制中有的简单，有的复杂，有的容易，有的困难。除此之外，病毒的发现和疫苗研制是否遇上对的人、对的时机和对的路径亦十分关键。正如中国古语所说的那样，但凡成功的事情，莫不是天时、地利、人和共同契合的结果。

说来也巧，就在麻疹病毒反复肆虐、隔三岔五光顾人类、折磨得人们痛苦不堪的时候，偏偏在美国就出现了一位了不起的无名英雄式人物——托马斯·皮伯斯（Thomas Peebles）。说他是无名英雄，是因为他全凭兴趣做了很多幕后工作，付出了大量的心血，但却未能得到体面的荣誉和应有的奖励。尤其是在麻疹疫苗研制方面，如果没有他的贡献，人类还不知道要受虐多少年。皮伯斯生于1921年6月5日，家乡位于马萨诸塞州的牛顿市，自幼家境贫寒，小时候学习颇为努力。21岁那年，他顺利从哈佛大学法语系毕业，随后入伍参加了太平洋战争，成了一名优秀的飞行员。从部队退伍后，他立志要学习医学，试图在捍卫人类健康方面做些工作。由于本科阶段某些课程成绩欠佳，一开始并未被哈佛大学医学院录取。后来为能达到要求，他又报名参加了一年医学预科班的学习后才被接收。从他的经历中可以看出，古今中外但凡优秀的人，都是能够在逆境中拼搏上进、在困难面前想尽一切办法者。皮伯斯过了入学关后，又面临着高昂的学费和生活拮据的问题，对此他不为所迫、自食其力，通过在洗衣店打零工和为小学生代课等，为自己筹措了必要的学费和生活费。最后，他幸运地从哈佛大学医学院毕业，进入麻省总医院做了儿科实习医生和住院医生，同时也是波士顿儿童医院的注册医生。在那里他遇到了曾经成功研制出脊髓灰质炎疫苗的约翰·恩德斯，恩德斯指导他开始了麻疹研究。巧的是，就在那个节点，当地的一所初中暴发了麻疹，皮伯斯受命前往，他不辞辛苦、细致工作，先后收集了很多份麻疹学生的血清标本。功夫不负有心人，1954年的一天，在一个名叫戴维·埃德蒙顿的十多岁男孩的血液和咽拭子标本中，皮伯斯成功分离出了世界上第一株麻疹病毒，并且在鸡胚组织上进行了培养，这为后续的疫苗研究打下了坚实的基础。1963年，恩德斯利用皮伯斯发现的麻疹病毒，在前期大量实验的基础上研制出了第一支麻疹病毒减毒活疫苗。所谓减毒活疫苗，就是我们之前说过的，病毒经过数代培养后，其毒力会逐渐减弱乃至消失，对人不再产生致病性，但仍然具有抗原性，可以刺激机体产生相应的抗体。用这样的病毒制成的疫苗，既不引起人体疾病，又能使机体产生足够多的抗体，一旦真正有致病力的同种病毒入侵后，人体内的抗体就能把新入侵的病毒中和掉，激发免疫系统将其杀灭，从而避免人患病。

由于那时麻疹危害严重，所以麻疹疫苗刚研制成功，就迅速被美国政府批准上市，开始了在美洲地区的大量接种，此举拯救了无数儿童的生命，使麻疹流行地区的人们重新看到了生的希望。然而，任何一种新研制出的疫苗往往都存有不足，在此情况下，另一位在疫苗研制领域有着重要影响的人物莫里斯·希勒曼又挺身而出了。可以这样说，希勒曼所处的20世纪是一个传染病的世纪，也是一个疫苗研发的世纪，很多天才式的人物在当时大显身手、成就卓著。由于他们的不懈努力和勇敢尝试，曾经严重威胁人类健康的传染病一个个被消灭了。希勒曼一生共开发了40多种疫苗，拯救了很多人的生命，在当代仍然被推荐常规使用的14种疫苗中，有8种都是由他发明的。那么，希勒曼跟麻疹疫苗有什么关系呢？原来在20世纪60年代中后期，随着大量疫苗的出现，希勒曼发现每个儿童从出生起要连续接种多种不同的疫苗，常常在短时间内因多种疫苗注射而弄得伤痕累累，不仅孩子们不高兴，家长们也是怨气丛生。因此，希勒曼一直在思考能不能研发出一种疫苗，只打一针就可以同时预防好几种疾病。经过反复实验，1971年时他大获成功。希勒曼把麻疹疫苗、腮腺炎疫苗和风疹疫苗研发合到了一起，这种被民间亲切地称为“麻腮风”的疫苗只需要注射一剂，就可同时预防这三种病毒引起的疾病，极大地方便了临床使用，节省了费用，提高了效率，广受人们欢迎。有人因此称赞希勒曼道：

聪明莫过希勒曼，
万难不敌意志坚。
首开先河麻腮风，
童声齐赞凯歌还。

麻疹疫苗面世后，世界上80%的儿童都得到了接种。在部分国家，麻疹已完全消灭，人类离完全控制麻疹也已不远了。但是，俗话说得好，林子大了什么鸟儿都有，在整个人类社会中，总有那么一部分人，动不动就跳出来宣扬疫苗有害论，这使得有些国家的麻疹疫苗普及率和免疫率均比较低，存在着麻疹疫情卷土重来的高度风险。

如果说麻疹是以出现皮疹为主要特点的话，另有一种疾病则常常会使人七窍流血、全身器官衰竭而死亡。这种病不仅在欧洲、非洲和拉丁美洲流行，更重要的是在中国山高林密的地方也存在，它每隔几年就要骚动一番，搅得人间烟火不宁。欲知这又是何病，请看下回分解。

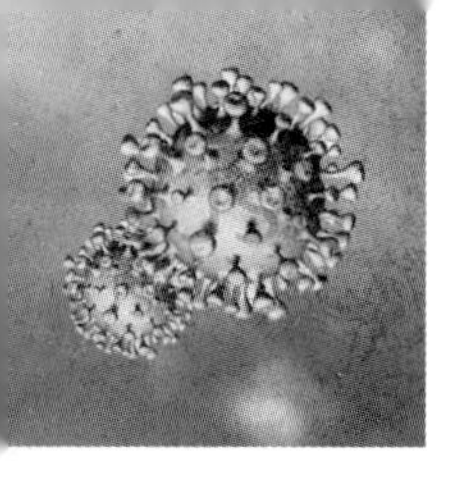

第二十四章

出血病缘起鼠害　染奇疫鬼子喋血

——肾综合征出血热病毒

话说人类社会自古以来就充满了纷争、戕害和仇杀，起先部族与部族之间，之后国家与国家之间，纷扰恩怨绵延不绝。很多时候，团结只是昙花一现，大大小小的战争不知夺去了多少人的性命，这些本应可以避免的牺牲，却是一些人眼中的必然。在貌似文明进化的历程中，总是充斥着丛林法则、弱肉强食，而这种人类自身的杀戮有时会被冠以“优胜劣汰”的堂皇理由。另一方面，尽管丑陋的人性会时不时暴露，邪恶的东西偶尔会暂居上风，但冥冥之中似乎总有一种力量，将正义与希望之火点燃，让人类前进的大船不至于偏离应有的航向。直到现在，这一规律仍然存在。因此，在物质文明和精神文明高度发达的今天，要说这世界上有什么可以使人类灭绝的，除了瘟疫和灾害，恐怕就要数人类自己了。正所谓：

上下五千年，疫灾十百万；
恒无灭绝事，但有奈何天。
一魔如纳粹，犹太逢黑暗；
再有日鬼狂，华夏遭劫难。
三睨美鹰爪，欲穷世界颠；
竞相拥核武，恐毁在眼前。
轮回常有道，冥冥定乾元；
大道诚至简，凶顽实枉然。

这一次我们将目光转向中国，回到辛亥革命后的1913年，回到那国家蒙难、历史蒙尘的混乱时代。当时，在中国的东北，大兴安岭森林密布的地区和与之毗邻的俄罗斯符拉迪沃斯托克地区，有一种疾病十分可怕，它是人类在田间地头和森林中活动接触黑线姬鼠或田鼠后感染所致，在鼠类繁殖高峰的季节（每年5至7月，11月至次年1月）最为多见。发病初期症状像感冒，多会出现发热、头痛、眼眶痛、肌肉关节痛和腰痛，多数人还会出现颜面潮红、颈部及胸部皮肤发红，貌似醉酒，俗称“面红颈红醉酒貌”，常常还可见到腋下皮肤有大小不等的红色出血点。这一过程持续3~10天，医学上称作发热期。此期大多数人会误以为是感冒，往往因未能及时就诊或自行服药而延误病情。等到病后1周左右，情况急转直下，会出现持续高热、烦躁不安、四肢发冷、行动困难及血压下降，进入所谓的低血压休克期。随后病情进一步加重，出现尿量减少或无尿，称为少尿期。这时往往需要血液透析才能度过危险。与此同时，病人可有全身多个部位、多个器官的活动性出血，如颅内出血、咯血、吐血、便血、尿血和皮肤黏膜青紫瘀斑等。如抢救治疗不及时，病人会很快死亡。在缺医少药的年代，死亡率高达30%以上，即使是医药科技较为发达的现代，病死率仍可达到3%~10%。一旦过了少尿期，病人的病情就开始好转，尿量也由先前极少变得多起来，最多可达每日3升以上，进入多尿期。

这种病的临床表现如今看起来十分典型，诊断方法也比较多。但在1913年时，电子显微镜尚未出现，病毒的真正面孔尚不清晰，不仅中国的医生，即使是世界最发达地方的医生也不知道此为何病。到了第一次世界大战爆发后的1915年，英国人派驻至法国的军队，由于长时间蛰伏在老鼠遍地的堑壕中，大批士兵出现了肾衰竭和肾出血。随军的军医们面对此疾也是一脸茫然、手足无措，不知道这是一种什么病。十几年后，在遥远的东方，侵华日军盘踞在中国东北的部队，在常规训练演习过程中也屡屡中招。起初，日军士兵感染人数较少，死亡数人至十几人。后来随着日军占领范围的扩大和在东北森林中活动的增加，感染人数越来越多，死亡士兵多达数千人，这引起了日本军队极大的恐慌。日本人根据日军士兵驻扎和发生感染的地方不同，把这种以肾衰竭和全身出血、发热为主要表现的疾病称为“孙吴热”、“虎林热”、“黑河热”及“二道岗热”等。

当时为了弄清这种凶险疾病的病因，残忍的日本军医强抓了许多中国当地的无辜平民和战俘，以他们为对象来进行惨无人道的人体实验，寻找可能的病原体。在此之前，苏联人已经使用过滤器过滤法证实了这种病的病原体能通过细菌过滤器的微孔，推测可能是一种具有传染性的病毒。日本人则通过在中国人活体上做实验，在人为或经由疾病残害了许多中国人之后，也认为这是一种由病毒感染所致的疾病。他们根据该病的特点，把它命名为“肾综合征出血热”。列位看官，我们知道世界上第一台电子显微镜发明于1931年，第一张电镜下的烟草花叶病病毒照片拍摄于1939年。而在20世纪30年代的中国东北，日本人随意砍杀、枪决、活人解剖，用细菌病毒致病和化学毒气熏杀等方法对待中国的平民和战俘，他们没有条

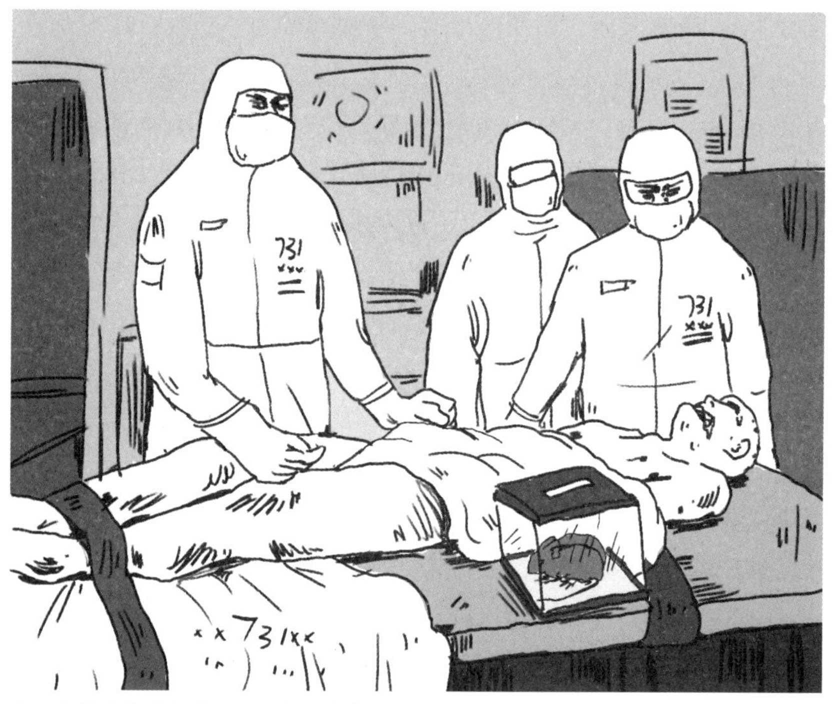

◎日本侵略者用中国活人做出血热实验

件也无法获得电子显微镜，所以大量的试验数据都是以牺牲中国军民的生命为代价的。这些被他们用来做实验的中国人，被日本人称作“马鲁大”，意思是“可切、可削、可运输的剥了皮的木头材料”，每天都与老鼠、跳蚤关在一起，完全不被当人看待，很多人的胸腔被打开、腹壁被切开、心肝肺被拿出来，直至因疼痛失血而慢慢死去。此事伤心，虽远犹近，可以不被提起，但永远都不能被忘记。幸得后来一大批仁人志士和民族英雄们舍生忘死，前赴后继，为中华崛起而读书，为民族复兴而奋起，在几代人艰辛努力，无数人忘我工作之后，才换来了今天和平稳定的生活。诚如诗言：

日寇变态狂，倭耻岂能忘；
泱泱大中华，幽幽悲国殇。
儿女群奋起，国家才盛昌；
纵历万般险，心头是炎黄。

话说出血热这种疾病自出现以后，全世界的病例数不断增多、流行范围不断扩大，已由亚洲播散至欧洲、美洲和大洋洲等五大洲的70多个国家和地区。在亚洲地区内，尤以中国和朝鲜半岛最为多见。中国的肾综合征出血热除新疆地区外，其余省、市、自治区均有发生，特别是黑龙江省和陕西省关中地区。第二次世界大战以后，随着欧洲的衰落和世界科学中心的西迁，美国成了全球科学技术最为发达的国家。出血热虽然在美国也有发生，但总体发病人数不多，所以并未引起其疾病预防控制中心的高度重视。朝鲜战争期间，约有3000名美、韩士兵在丛林作战中感染了出血热，造成了不小的病亡，这才引起了美国和韩国一些学者的注意。然而，经过几十年纷争战乱，饱受战火蹂躏的东亚地区直到20多年后才迎来了真正的和平与发展，寻找出血热病因的工作也终于出现了转机。1976年，韩国学者李镐旺采用免疫荧光技术，利用朝鲜出血热恢复期病人的血清，在当地汉坦河流域的黑线姬鼠的肺组织中分离到了出血热病原体，并以发现地的地名将其命名为“汉坦病毒”。不久，中国和美国的学者也都先后从中国黑线姬鼠体内分离到了肾综合征出血热病毒，国际病毒学会把它们统一归类为汉坦病毒属。当时在中国，由于该病的流行有明显的季节性和规律性，人们也把它称为流行性出血热。到了 1982 年，随着世界各国发现的流行性出血热病例的不断增多和科学家们对该病病毒特性认识的加深，为便于学术交流和疾病防控，世界卫生组织将其统一命名为“肾综合征出血热”，我国学者则在 20 世纪 90 年代末采纳了这一名称。

汉坦病毒属于单链 RNA 病毒，直径 78~210 纳米，由衣壳蛋白和双层包膜包裹的 RNA 组成，其衣壳蛋白是人体对该病毒产生抗体的主要抗原。根据抗原结构的不同，汉坦病毒至少有 20 个以上的兄弟，医学上称作血清型，分别按发现先后的顺序和发现地命名。在中国，引起出血热的主要是Ⅰ型汉滩病毒、Ⅱ型汉城病毒和Ⅲ型普马拉病毒。汉坦病毒属病毒的抵抗力较差，不耐热也不耐酸。100℃高温加热 1 分钟即可杀灭，对乙醚、氯仿、紫外线、乙醇和碘酒等敏感。

肾综合征出血热的传染源是啮齿类动物，目前已发现引起本病的病原体汉坦病毒存在于世界上 170 多种脊椎动物的体内（仅在中国就有 53 种带毒动物），但在大多数国家都是以黑线姬鼠、褐家鼠和大林姬鼠为主要自然宿主和传染源。因此，在户外活动中，如遇有鼠类猖獗和鼠类尿粪排泄物较多的地方，一定要谨防汉坦病毒的感染，如出现发热、头痛等典型症状，必须第一时间到传染病专科就诊，以排除肾综合征出血热。汉坦病毒属病毒的主要传播途径有呼吸道传播、消化道传播、接触传播、母婴垂直传播和虫媒传播。前三种传播途径都主要是接触了携带病毒的鼠类的排泄物，如经呼吸道吸入病鼠的尿、粪、唾液等形成的气体颗粒（气溶胶），经消化道摄入其排泄物污染的食物或水，以及被鼠类咬伤、抓伤（直接接触）。凡未患过出血热或未接种过出血热疫苗的人普遍容易感染此种病毒，均属易感人群，应格外小心。就预防而言，主要应做好以下几点：灭鼠——消灭传染源；注意食品卫生和个人卫生，吃熟食；从事动物实验研究、在野外工作或身处本病高发地区的人员，应预先接种出血热疫苗。需要注意的是，出血热虽有疫苗可以预防，但现有疫苗的抗原性尚不够持久，接种后人体内的抗体水平一般仅能维持 4 年左右。所以即使接种了疫苗，仍需定期监测抗体含量，并视情况必要时再次接种。

肾综合征出血热虽然是一种比较常见的传染病，但却与大多数 RNA 病毒引起的传染病一样，缺乏有效的抗病毒药物，尽管在中国和韩国等地临床医生们在使用利巴韦林进行治疗，但其有效性究竟如何尚不可知。因此，“防胜于治”的理念在本病的防治中尤为关键。幸运的是，我国的科研人员经过长期不懈的努力，已在国际上率先研制出了出血热疫苗，在按期接种的情况下，其保护率可达 90% 以上。

肾综合征出血热的故事讲完了，但病毒与人类的较量远未结束。只说 1988 年在中国的上海，一场大规模的疫情震惊了中外，这场疫情与小小的餐桌有关，也与人类的肝脏结缘，它让上海人的生活习惯从此改变。要问这是何病，请看下回分解。

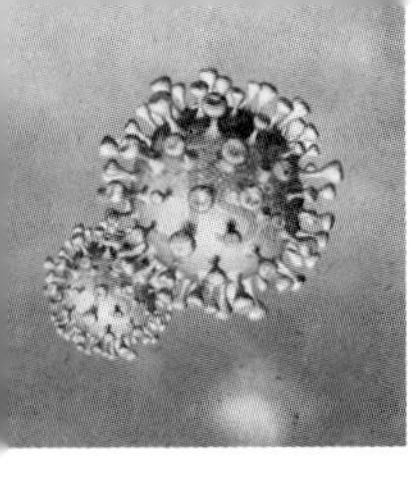

第二十五章

大都会毛蚶惹祸　患肝病不再生食

——甲型肝炎病毒

上回书写道，人类与肾综合征出血热的斗争尚未结束，就在中国的上海，在1988年的春节，出现了一场震惊中外的疫情。当时正值隆冬时节，忙碌的人们匆匆走过大街小巷，他们像往常一样上班、下班，逛集贸市场，买菜做饭，梳洗睡觉，一切似乎都与平时没有两样。然而，他们不知道的是，从1987年年底开始，上海各大、小医院门诊里腹泻拉肚子的病人就已逐渐增多了。问其病史，都说是食用过毛蚶。

毛蚶是一种魁蛤科毛蚶属的贝类，又名毛蛤、麻蛤、血蚌，盛产于日本、朝鲜和中国沿海地区。在中国，从辽宁的大东沟、金州、长兴岛，到天津的塘沽，江苏的连云港、大丰和启东，再到浙江的乐清，福建的平谭，以及广东的潮阳等地，丰沛的水源和适宜的气候都非常适合毛蚶的生长。它们遍布在内湾浅海的水下泥沙中，数量巨大、层层叠叠，可以厚达1米以上。毛蚶肉质鲜美，嚼劲十足，是那时上海人餐桌上最常见的食品，也是上海人曾经的最爱。为了保留它鲜嫩可口的味道，上海人通常只是拿开水烫一下，拌上佐料就端上桌，再配上浙江绍兴一带出产的黄酒，小酌怡情，就肉下酒，品味那尚留一点血色的毛蚶，人间美味，自不待言。殊不知这种烹饪法并未将毛蚶做熟，无法杀死其体内的大量细菌、寄生虫和病毒，这就为传染病的发生造就了可乘之机。尤其是1987年年底，江苏启东发现了绵延数里的巨大的毛蚶带，大量的毛蚶一个摞一个，堆堆结结，就像被洪水冲刷在一起的鹅卵石一样，厚达 1 米多，一眼望不到头。毛蚶的大丰收加之低廉的价格，它迅速抢占了上海的水产市场，挤走了其他竞争者。精打细算的上海主妇们热情高涨，她们把源源不断运来的毛蚶一袋一袋地买回家。正如前面所说，几乎每家都如法炮制，大量的病毒顺利进入人们体内。当病毒在人体潜伏了 2 周左右后，大暴发已不可避免。上海各地就诊的人数不断增多，卫生系统开始警惕，疾控部门收到报告。到了 1988 年 1 月 19 日，持续增长的腹泻、黄疸病人累计多达 633 人，仅 19 日一天就确诊了 134 人，这成了上海这个中国大城市里一场凶猛传染病发生的起始日。再过一个月就是春节了，然而骤然发生的疫情使居民们措手不及，他们不得不拖着病恹恹的身体在上海各大、小医院排起了长队。医院里无论是挂号、检验，还是诊查室的门外、大厅及过道，焦急、羸弱、面色发黄、有气无力的病人比比皆是。有的病人排队排着排着就晕倒了，有的病人时不时发生恶心呕吐，也有一些病人瘫坐在椅子上。这种可怕的景象就像遭遇了一场突如其来的战争，随处可见三三两两的病人。伴随着患病人数呈几何倍数的增加，社会上的恐慌气氛弥漫开来，谣言令人胆寒。人们见面时彼此都带着一种审视的目光，原本热情的握手变成了在一定距离外的寒暄。医院里、药店中，诸如板蓝根之类谣传有效的药物被疯抢一空。一周后的 1 月 27 日，累计确诊病人已达 5467 例，1 月 31 日，仅仅相隔 4 天确诊病人就突破万例、达到 12 399 例。到 3 月份疫情结束的时候，全上海累计确诊病例超过 30 万人。这真是：

毛蚶毛蚶使人狂，
生鲜美味活增香。
不知肚里为何物，
病毒噬肝寸断肠。

行文至此，有人不禁要问：这究竟是一种什么病？为何如此厉害？原来这就是大名鼎鼎的甲型肝炎，是由甲型肝炎病毒引起的一种急性传染病。

说起这甲型肝炎病毒，还有一段有趣的故事。据说早在公元前 400 年左右，西方医学之父、古希腊医生希波克拉底就把以黄疸为主要表现的病毒性肝炎描述为“流行性黄疸”。数百年之后，在公元8世纪的罗马，一位教皇发现这种疾病具有一定的传染性，因此下令将黄疸病人隔离，以防止传染给他人。这种认识一直持续了1000多年，在病因查找和疾病治疗方面均未有大的进展。1865年，鲁道夫·魏尔啸（Rudolf Virchow）将一位低位胆道黏液栓梗阻的流行性黄疸病人所得之病描述为“卡他性黄疸”，即认为是由胆管上皮发炎引起胆汁不断分泌和黏液栓堵塞胆管所致的一种疾病，这导致了在很长一段时间内对黄疸病病因理解上的混乱。1883年，在德国不来梅市的一家造船厂，1000多名工人接种了从一些患过天花的人体内采集的淋巴组织液疫苗，本意用以预防天花，却在随后的几周时间内，他们先后被确诊为黄疸，而另外一些接种非同一来源淋巴组织液疫苗的工人却都保持了健康。这一现象证明了传染性淋巴液是此次黄疸病暴发的主要原因。此外，在整个19世纪，卡他性黄疸曾在欧洲、亚洲和北美洲的多个国家发生过较大范围的流行，其中有多次是发生在人员集中、共同用餐的军营士兵当中，但仍不知病因为何。1912年，美国士兵中再次发生大规模的卡他性黄疸，感染人数超22 000人，死亡达160多人。疫情震惊了美国总统，他紧急调派医生前往处理此事。经调查，医生认为这是一种传染性疾病，能够由一个人传给另一个人，并造成大面积流行，同时部分严重病例可因急性肝衰竭无法逆转而死亡，于是这种疾病就被改名为“传染性黄疸”。

1939年，肝脏穿刺活检技术——一种通过右肋胁部表面肋骨间隙进针，直达病人肝脏内钩取长约1.5厘米、直径不超2毫米的肝组织条用于病理学检查的技术——问世了，这使人们能够直接从黄疸病人的肝脏获取组织进行研究，从而明确了该病是由肝细胞的炎症、变性和坏死造成的，“卡他性黄疸”的观念从此彻底废除。第二次世界大战期间，接种含有人血清的麻疹疫苗和黄热病疫苗的美军士兵中接连发生了黄疸病的暴发，最多一次有超5万人感染。这使人们更加坚定地认识到输注血制品可能会传染该病，而其病因很可能是血液中所携带的病毒，由此人们渐渐有了“病毒性肝炎”

的概念。此后，众多病毒学家对病毒性肝炎进行了广泛而深入的研究，做了多种实验，证实了肝炎不仅可以通过血液传播，还可经消化道传播，前者比后者的潜伏期要长很多。1947 年，历经近十年的艰辛探索后，英国肝脏病学家麦克卡伦（MacCallum）提出把因病毒污染了食物和水后经消化道传播引起的肝炎称为“甲型肝炎”，因病毒污染血液后经输血传播引起的肝炎称为“乙型肝炎”。这一命名随后得到了世界卫生组织的认可，成了全球通用名称。传播途径搞清了，病名确定了，接下来的工作就是寻找病原体。遗憾的是，世界各国科学家们倾尽了全力、绞尽了脑汁，也未觅得肝炎病毒的蛛丝马迹。16 年后，美国人布隆伯格在阿尔特的协助下，意外地从一名澳大利亚土著人的血清中找到了乙型肝炎病毒表面抗原（澳抗），由此宣告了乙型肝炎病毒的发现，这才使得病毒性肝炎的病因研究迎来了真正的突破。各位读者，尽管人类对甲型肝炎的研究要早于乙型肝炎，但发现其病原体的时间却排到了乙型肝炎的后面，且整整晚了 10 年。1973 年，斯蒂芬·费恩斯通（Steven Feinstone）博士和他的同事们用电子显微镜在甲型肝炎病人的粪便中发现了甲型肝炎病毒颗粒，并从感染狨猴的肝组织中分离纯化了这一病毒，悬在人类头上长达 2000 多年之久的甲型肝炎病毒一案至此“告破”。

甲型肝炎病毒被发现后，科学家们很快就搞清楚了它的生物学特点。原来它是一种单链 RNA 病毒，外形为球形 20 面对称体结构，直径仅 27~32 纳米，是一种个头很小的病毒，抵抗力强，耐酸碱，在干燥粪便中可存活 30 天左右，在海水、污水和淡水中能存活数月之久，尤其易于浓集到贝壳类生物的体内。它对温度不很敏感，60℃条件下需要加热 30 分钟，80℃条件下需要加热 5 分钟，100℃条件下需要加热 1 分钟，才能将其灭活。它可耐受低温，但对甲醛、含氯消毒剂和紫外线敏感。

甲型肝炎的传染源为急性期病人和隐性感染者。传播途径主要是粪－口传播，即带有病毒的粪便污染了水源、食物、蔬菜、餐具或玩具等后，易感者饮用了这种被污染而又未煮沸的水、吃了被污染而又半生不熟的食物，或者使用了被污染而又未经消毒的餐具或玩具，甲肝病毒就可经口进入人体的胃肠道，由于此病毒耐酸碱，所以在通过胃部时不能被胃酸所杀灭，而进入肠道后也不能为碱性肠液所破坏。因此，它会很快从肠黏膜血管经血流到达肝脏，引起肝细胞损伤，发生急性肝炎。需要注意的是，所有体内没有甲型肝炎抗体的人都是甲型肝炎病毒的易感人群。在疫苗问世之前，甲型肝炎曾此起彼伏地在世界各大洲流行。1988 年上海甲型肝炎暴发时，从江苏启东运来的大量毛蚶就是受到了所在水域的甲型肝炎病毒的污染，再加上上海人特殊的烹调方法，未能杀死毛蚶体内的甲型肝炎病毒，这才导致了大面积的人群感染和疫情暴发。自那以后，上海人再也不敢生食毛蚶了。

甲型肝炎的临床表现以急性黄疸型肝炎为主，起始症状主要包括发热、怕冷、全身乏力、食欲减退、恶心呕吐、厌食油腻性食物、腹胀、腹泻、肝区隐痛不适和尿色加深等，如未及时诊断和治疗，则会出现黄疸。此时病人往往出现皮肤发黄、眼黄、尿黄和皮肤瘙痒等，部分病人的尿呈浓茶色。在医院检查时可发现严重的肝功能异常，如转氨酶和胆红素升高、肝

◎上海人生食毛蚶（右上角）导致甲型肝炎流行

脾肿大等。甲型肝炎预后较好，病死率约为 0.01%，在治疗上尚无特效药物，以对症支持和休息为主。从预防而言，积极隔离治疗急性期病人和无症状感染者，加强水源管理，注意食品安全和食品卫生，勤洗手，吃熟食，严格餐具消毒等是关键。目前国内外均已研制出了甲型肝炎病毒的灭活疫苗，其接种对象是 1 岁以上的儿童和成年人，接种疫苗后的 2~4 周即可产生免疫力，保护效力可长达 15 年以上。因此，如能在世界上的每个国家都推广使用甲型肝炎病毒疫苗，甲型肝炎这种疾病有望被消灭。遗憾的是，在一些国家，很多人还是反对疫苗接种，这给甲型肝炎和麻疹等传染病的预防带来了很大的困扰，造成了这些传染病在多个国家出现此消彼长的态势。对于一些贫穷国家，经济滞后和疫苗短缺又成了预防控制传染病的一大阻力。因此，显而易见，传染病的防控形势仍不容乐观，人类消灭瘟疫的道路依然任重而道远。

甲型肝炎在积极接种疫苗的国家发生率已经很低了，甚至某些国家行将消灭此病。然而，威胁人类健康的病毒种类很多，一种病毒性传染病尚未根除，另一种往往又不期而遇，真是“按下葫芦浮起瓢”。这不，世界上有一种号称“德国麻疹”的传染病，不是麻疹、胜似麻疹，害得孕妇们感染后常常生下畸形的孩子。这一问题的严重程度到了非解决不可的地步时，又有一众科学家们挺身而出，把这个捣蛋的病毒揪了出来，保护了人类的健康。欲知该病毒是何物，请看下回分解。

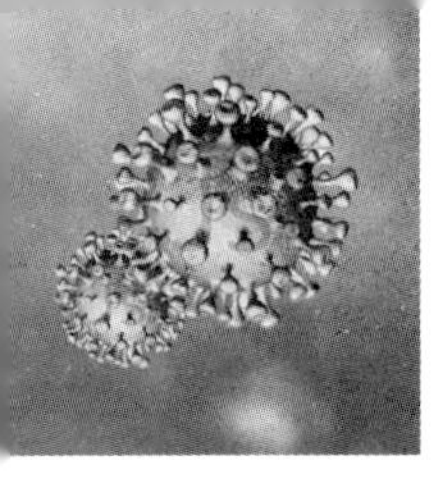

第二十六章

染德麻产下畸子　齐发力病毒现形

——风疹病毒

在巴尔干半岛的南端、爱琴海旁边，有一个小国希腊，它是一个神奇的国度，也是世界文化的重要发源地，西方医学就诞生在这里。传说希腊国王阿格诺尔膝下有一个漂亮的女儿，取名欧罗巴，她从小长在深宫，勤学爱思，聪明伶俐，琴棋书画样样精通，长大后出落得浓眉大眼、亭亭玉立，是一个闭月羞花、沉鱼落雁的主儿，无论谁见了都会心生喜欢。那一年眼见她年方二八，芳心萌动，却不知花落谁家、身归何处。忽一日，宇宙之神宙斯路过，只一眼就看上了她，他瞒过妻子，略施小计，不由分说就将欧罗巴娶回了家，安置在现今的欧洲大陆。欧洲因此得名“欧罗巴”，成了一块风水宝地，欧罗巴的子孙在此繁衍生息。时光荏苒，岁月流转，转眼间欧洲人走过了黑暗的中世纪，迎来了文化与科学的大发展。然而，这片肥沃的土地和勤劳的人们注定会有不平凡的经历。黑死病、大流感、天花、霍乱等烈性传染病隔三岔五就会光顾这里，害得人们痛不欲生、叫苦连天，正如一首诗中描述的那样：

远古欧罗巴，天然一朵花。
处处有传说，遍地是文化。
自从疫疾起，难言幸福家。
朝有初生命，暮无活脱娃。
何时除彼病，明月共天涯。

说来也是，在 18 世纪中叶以前，德国及其他欧罗巴之地有一种怪病，就连孕妇也不曾放过。这种病感染以后，潜伏期为 14~21 天。刚开始主要表现为头痛、咽痛、关节痛、打喷嚏、流鼻涕和疲乏无力。如果是儿童，还可出现厌食、呕吐，甚至腹泻。这种情况持续 1~5 天，医学上称为前驱期。随后就出现发热、出皮疹，进入出疹期。发热时体温多不超过 38℃，以中、低热为主。皮疹为小的红色斑丘疹，按之褪色，不按时又迅速充血发红，这也是本病的主要表现。疹子最先出现于颜面部，一般会在 1 天内迅速扩散至前胸后背、腹壁及四肢皮肤，但手心及脚心多无皮疹。当身体其他部位开始出现皮疹时，面部的疹子往往会逐渐消退。该病皮疹形态多变，出疹第一天皮疹常大小不等，形似麻疹。第二天即相互融合，变为细小的红色皮疹、伴有皮肤充血发红，就像猩红热。到了第三天，皮疹往往会自动褪去，不留色素沉着，多无脱屑。此外，该病发病初期大都伴有淋巴结肿大，以耳后、颈后及颌下淋巴结为主，此时往往会在耳后、颈部等处摸到一个个小疙瘩，多无痛感，活动度好，一般持续 1 周左右自行消退。由于本病最初主要由德国医生发现和报告，故学界又称“德国麻疹”或“三日麻疹”，但实际上它不是真正的麻疹。

该病最大的危害在于一旦年轻妇女怀孕，特别是在妊娠早期或最初的 3 个月内不幸感染这一病毒，就非常容易引起流产、早产或死胎，即使勉强坚持到孩子出生，也易于发生各种畸形，如耳聋、双眼白内障、先天性心脏病、智力障碍、糖尿病或甲状腺功能减退等。在 18 世纪以前的德国，该病经常流行，十分常见，有很多妇女刚怀孕就得了此病，病后没多久就出现流产，部分妇女尽管孕期正常，但生下的孩子却眼球很小、双目失明，还有一些孩子眼睛正常，却患有心脏疾病，未来得及长到成年便夭折。这一现象逐渐引起了德国医生的重视。1740 年，80 岁高龄的德国医生弗里德里希·霍夫曼（Friedrich Hoffmann）总结了其毕生的观察，率先描述了这一疾病的临床特点。1752 年，另一位德国医生德·伯金（de Bergen）提出了与霍夫曼相同的观点。到了 1814 年，关于这一疾病的描述已不断增多，但仍有很多问题悬而未决，人们对它的认识依然十分模糊，这时有一位德国医生乔治·马顿（George Maton）提出该病与麻疹和猩红热不是同一种疾病，应区别对待。1866 年，英国皇家军医亨利·维尔（Henry Veale）在随军驻守印度的时候，遇上了这一疾病的暴发流行，他把该病称为“rubella”（风疹），该词来源于拉丁语，意为“小红点”。1881 年，在英国伦敦举行的国际卫生大会上，风疹作为一个单独的病种被加以确认，这一不算古老的疾病就这样被定名诞生了。

从那以后，人们就开始了征服风疹的工作。这一过程充满了艰辛和挑战，也面临着诸多的未知与无奈，尽管如此，还是有很多人争先恐后地站了出来。第一位就是美国医生阿尔弗雷德·法比安·赫斯（Alfred Fabian Hess），他于 1914 年通过在猴子身上进行的实验提出了一个假设，即风疹是由病毒感染引起的。1938 年，另外两位科学家大胆地实施了人体试验，他们将急性期风疹病人的洗鼻液过滤后滴入一些健康儿童的鼻腔内，随即引起了风疹的感染。他们所使用的过滤器只能允许比细菌更小的微生物从微孔滤过，因此他们的试验进一步印证了赫斯的假设。1940 年，澳大利亚出现了风疹的暴发流行，造成了很大的危害，但这也使人们对它的认识进一步加深了。原来早在 1892 年 3 月 7 日，在澳大利亚悉尼郊区的一个小村庄就出生了一个名叫诺尔曼·格雷戈（Norman Gregg）的小男孩儿。他天资聪颖，勤学好问，酷爱运动。上大学时就是板球、棒球、网球和游泳爱好者，曾多次代表学校参加体育比赛。23 岁那年，他以优异的成绩从悉尼大学医学院毕业，随后加入了英国皇家陆军医疗队，度过了 5 年军旅生涯。1920 年，退役后的格雷戈返回澳大利亚，开始了在悉尼阿尔弗雷德王子医院的工作。根据个人爱好，他选择了眼科学专业，前往英国伦敦进行了为期 3 年的专科培训。第二次世界大战开始后，很多医生竞相报名参军，格雷戈成了少数留在悉尼的儿童眼科专家。1940 年，澳大利亚风疹暴发，从那年年底开始，细心的格雷戈就注意到婴儿先天性白内障病人逐渐增多，数量达到平时的 2~3 倍，而且大多数与遗传有关。正当他百思不得其解的时候，一个偶然的机会，他听到了几位年轻妈妈的窃窃私语和唉声叹气。原来这些生出患有先天性白内障婴儿的母亲，都说她们曾在妊娠早期患过德国麻疹，也就是风疹。

各位读者，面对这样一条重要的线索，如果是一位普通医生，或者是一名没有什么抱负、想法和能力的医生，兴许想想也就罢了。然而不平凡的人，总有其不平凡之处。当格雷戈无意中听到这些议论后，正应了那句“说者无意，听者有心”，他马上联想到妊娠期风疹可能与先天性小儿白内障有关系。带着这个问题和对未知答案的好奇，他开始查阅大量的病历资料。这一查不要紧，短短一年中众多的病例和超高的发病率使格雷戈不由惊出一身汗来。原来从风疹暴发开始到 1941 年 10 月，仅他们医院就发现了 78 例先天性白内障的婴儿，其中有 68 例患儿的母亲在妊娠早期感染过风疹。这充分说明了风疹病毒具有致畸作用，尤其是在妊娠前 3 个月以内，而感染时间越早出现先天性畸形的可能性越大。带着这一发现，格雷戈迅速撰写了一篇题为《母亲患德国麻疹后的先天性白内障》（*Congenital Cataract Following German Measles in the Mother*）的文章，发表在澳大利亚眼科学会会报上。这篇论文一经发表，就在当地引起了巨大轰动。媒体报道铺天盖地，影响范围迅速扩大。在此情况下，又有 2 名在妊娠早期患过风疹的妇女循着新闻报道中的地址找到了格雷戈，向他反映了自己的孩子出现先天性耳聋的情况。这一貌似巧合的事情，让敏锐的格雷戈立即想到先天性耳聋和先天性白内障可能都是妊娠早期感染风疹病毒后的后遗症，他赶紧又写了一篇论文，题目是《孕期风疹与婴儿先天性出生缺陷的进一步观察》（*Further Observations on Congenital Defects in Infants Following Maternal Rubella*）。他满心欢喜、正准备接受来自国际同行的好评与认可时，却未曾想到论文发表后，不仅没能说服国际同行专家，反倒招来了不少人的非议。一时间，格雷戈的自尊心受到很大打击，许久都缓不过劲儿来。多年以后，悉尼大学的研究人员和世界各国的科学家们以更加令人信服的方式证实了这一发现，这才去掉了压在格雷戈心上的这块石头。对于这件事，有人不禁感慨道：

科学诚贵有发现，
新奇艰涩理解难。
不是回报恒向晚，
雨后花开香更甜。

现在，人们已经把因妊娠早期感染风疹病毒导致婴儿出生后发生各种先天性畸形的情况统一命名为“先天性风疹综合征”。格雷戈也因此获得了多项殊荣，其成就被载入了医学发展的史册。

自从先天性风疹综合征这一特殊类型的风疹确定以后，消除风疹危害的行动就悄悄开始了。在没有特效治疗药物时，采用疫苗进行预防就变得十分重要。但是，直到20世纪50年代末，寻找风疹病毒的努力仍未获得成功。众所周知，发现不了病毒，就难以做出疫苗。正当人们为寻找风疹病毒而犯难的时候，转机突然就来了。1962年，在经历了无数次失败之后，两个独立的研究团队——保罗·道格拉斯·帕克曼（Paul Douglas Parkman）团队和托马斯·哈克尔·韦勒（Thomas Huckle Weller）团队分别通过组织培养分离出了风疹病毒。人们终于了解到了该病毒的基本病原学特点，它是一种囊膜病毒，大小约60纳米，表面有包膜，中心是一条单链RNA，抵抗力弱，对热、有机溶剂及紫外线均敏感，56℃条件下加热30分钟即可将其杀灭。

风疹的传染源主要是风疹病人和无症状感染者。病毒存在于这类人的呼吸道分泌物中，可通过打喷嚏、咳嗽及呼吸等方式排出体外，经空气飞沫传染给他人，亦可通过接触被病毒污染的物品而传播。此外，该病毒尚存在母婴传播的风险，可通过胎盘及母乳传染给胎儿及新生儿，造成先天

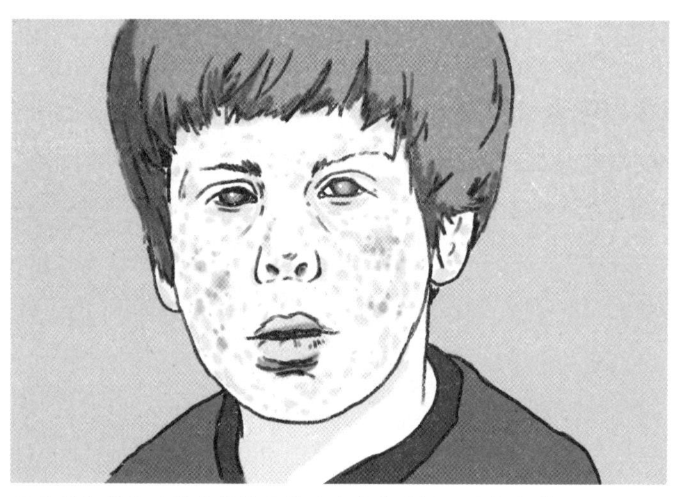

◎母孕期感染风疹病毒易于导致儿童先天性双眼白内障

性风疹综合征等。凡体内没有风疹抗体者，普遍容易被感染。一旦得病后痊愈，则会获得持久免疫力，不再发生二次感染。

风疹的预防首先是要隔离治疗风疹病人及无症状感染者，其次是流行季节需要戴口罩、勤洗手、多通风，育龄期妇女一旦在妊娠前 3 个月感染应及时终止妊娠，以防生出患有先天性风疹综合征的宝宝。然而，风疹最重要的预防措施依然是接种疫苗。

1964 年，美国出现了一次风疹大流行，造成约 1250 万人感染，1.1 万名妊娠妇女流产，2 万名新生儿发生先天性风疹综合征，产生了极大的破坏性和社会公共卫生危机。在此情况下，研制疫苗来彻底预防该病就成了病毒学家们刻不容缓的使命。曾经成功分离出风疹病毒的帕克曼医生和梅尔医生紧急组成了一个研究团队，他们通过借助非洲绿猴的肾脏细胞，经 77 次的传代培养后获得了一株毒性减弱的病毒株（减毒病毒），随即以它为基础制成了第一支风疹病毒减毒活疫苗。研制成功后的第二年，他们把这种疫苗用于志愿儿童的接种试验，大量儿童在家长或监护人签署知情同意书的情况下接受了疫苗接种。这项工作持续了 4 年之久，终获成功。1969 年，默克公司被允许商业化生产这种疫苗，美国人率先使用，人类从此拉开了消灭风疹的序幕。在大规模的疫苗推广应用之下，1990 年的古巴、2004 年的美国及 2018 年的澳大利亚都先后宣布消灭了风疹，人类在征服传染病的道路上又向前迈进了一步。然而，由于社会经济发展的不平衡，许多国家仍然无法做到全民接种，风疹依然在世界大多数国家肆虐流行。这真是：

科学不唯是技术，
国家之间有贫富。
纵使疫苗能防病，
邦情不一也难除。

风疹的故事告一段落，只要全人类都能够接种风疹疫苗，它有望成为第三种通过疫苗来消灭的疾病。而有一种疾病，却并不那么简单，它的传播与蚊子息息相关，其疫苗的研发也十分困难。欲知其为何病毒，请看下回分解。

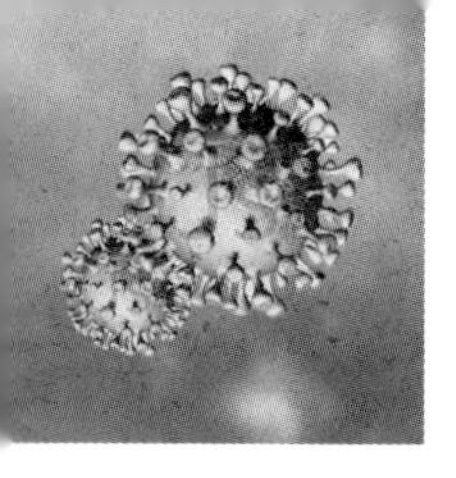

第二十七章

传热疾伊蚊置喙　夺性命百姓遭殃

——登革病毒

大千世界，无奇不有；地老天荒，百态皆存。就说这世界，东有沧海，波光粼粼；西屹高山，白雪皑皑。海之有参，乃营养保健滋补之佳品；山之有莲，实祛风活络止痛之妙药。更别说那海产之鱼虾鳖龟，山生之花草树水，皆为上苍之馈赠、人类之宝藏。仰观宇宙之大，可见日月星辰；俯察天地之深，又有金木水火。在人类之外，造物之初，就有了成千上万的动植物。它们或为人类的朋友，或为人类的敌人，或划地为界，或倚水为牢，或筑巢为安，或掘洞为营，心心念念、小心翼翼地守护着自己的家园，这一点与从低等动物进化而来的人类是何其相似啊！可叹这人类世界，知足与贪念交织、良善与邪恶并存，有人在追求上进，有人在不断堕落；有人良言相劝，有人恶语中伤；有人欲与自然和谐相处，有人砍伐毁烧大肆破坏……这便有了生态失衡、雾霾四起、百病丛生，从这个意义上说，传染病的流行，与其说是病毒的危害，不如说是大自然对人类的惩罚。譬如蝙蝠，生活在幽暗之处、狭小洞中，本与人类绝无交集；再如穿山甲，生息于丛林之中、洞穴之内，实同我族八竿子打不着。奈何总有一些好事者，日食三餐，米面杂粮、鸡鸭鱼肉尚嫌不够，要把那蝙蝠、穿山甲、田鼠、螺蛇之类，捕之、杀之、啖之，不仅要食其肉、吸其髓，还要剐其甲、衣其皮。实乃自大之极、狂妄之至、可恨之奇。殊不知泱泱世界、浩浩环宇，每见生态失衡、物种不平，造化总会用她那神奇的双手，抚平万物受伤之魂灵。

正所谓“不是不报，时候未到”，“出来混总是要还的”。这正是：

天地有正气，万物总轮回。君子坦荡荡，小人长戚戚。
常需登高望，不囿浮云里。造化恒有道，相克亦相吸。
闲来可怡情，饮食勿猎奇。无谓使牺牲，病毒紧相随。
善恶似久远，报怨实及时。世界多所去，祸福两依依。

话说在广袤的自然界，有一种昆虫，它广泛分布在除南极外的其他所有地区，尤以热带和亚热带地区为甚。它滋生于稻田、树林、竹叶、灌缸、水潭、洼地等小型积水当中，亦可在室内犄角旮旯、蛛网灰尘之地孵出。它昼伏夜出，擅长飞行，身手矫健，动作敏捷，是凶猛的叮刺吸血者。一旦被它袭击，皮肤上会瞬间起个大包，奇痒无比。别看它小小的身体、尖尖的细喙，传播起疾病来却十分厉害。它就是大名鼎鼎、恶名远播的伊蚊。伊蚊身体细长或略短，有银白斑纹。最早它只生活在非洲和拉丁美洲等地的原始森林中，随着人类活动范围的扩大，在森林中采伐次数的增多，这种蚊虫才跟随人类来到了其他地域，适应了在森林以外的地方生活。伊蚊的迁移过程也是伴随着人类进化的步伐而进行的，长达数千年。在中国，它的兄弟姐妹有100多种，其中又以埃及伊蚊和白纹伊蚊最为多见，分布在南起海南岛、北至辽宁，东起东海、西至宝鸡的广大区域，是引起黄热病等疾病传播的主要媒介。

1978年5月至11月，在广东佛山出现了一些不明原因的发热病人。这些人大都突然出现了浑身发冷、寒战和高热，体温达40℃以上，伴有剧烈头痛、骨痛、肌肉痛和关节痛，疼痛到最厉害时就像骨头快断了一样，人称“断骨痛”，这种病也因此被称作“断骨热”。除此之外，部分病人还出现了恶心、呕吐、腹痛和腹泻，他们极度乏力和虚弱，在发热过程中还发生了头面部、躯干、四肢或全身皮肤出皮疹的现象。皮疹形态多样，大多为充血性，类似猩红热，以手按之可褪色、留下指印，抬手后指印迅速消失再次充血发红。有的皮疹呈斑丘疹或麻疹样，伴明显瘙痒感。部分病人病情严重，发展迅速，在短时间内就出现了全身多个部位的出血，如鼻出血、牙龈出血、呕血、黑便、尿血、阴道出血和胸腹腔出血等，危及生命。由于事出突然，情况紧急，经快速分析和诊察，流行病学和医学专家们一致认为，这些病人患上了登革热，需要隔离治疗，同时需对佛山及其周围的环境进行大力整治，消灭污水河、臭水沟，倡导防蚊、灭蚊。

列位看官，你可知道这登革热是何方神圣？原来它是由登革病毒（dengue virus）感染引起的急性传染病。登革病毒是与黄热病毒、寨卡病毒、日本脑炎病毒等同属于黄病毒科的单股RNA病毒，外形呈哑铃状、杆状或球状，大小40~50纳米不等，含有衣壳和包膜。根据包膜蛋白的不同，登革病毒家族有4兄弟，即医学上所说的4个血清型，分别在不同地区流行的登革病毒中有所侧重。该病毒抵抗力弱，不耐热，60℃条件下加热30分钟、100℃条件下加热2分钟即可将其杀灭，对酸性消毒液、洗涤剂、乙醚、紫外线和甲醛等敏感。主要通过埃及伊蚊和白纹伊蚊进行传播。这些蚊子通常生活在北纬35°以南至南纬35°范围内，海拔1000米以下的地区。当这些蚊子叮咬了登革热病人和登革病毒隐性感染者后，病毒即可在蚊子体内复制繁殖，8~10天后进入蚊子的唾液腺，之后随唾液分泌出来，当它们再去叮咬健康人时，登革病毒便能通过蚊喙随其唾液进入人的血管内，引起人的感染。据统计，一只感染了登革病毒的蚊子，最长的传播病毒能力可达174天之久，一次飞行距离可达200米，足见其危害之深。人感染登革病毒后，潜伏期一般是3~14天，多数为4~7天。发病后，80%左右的病人为轻型，症状多不典型，仅有轻微发热等。有5%左右的病人常常演变为重型，甚至可发生出血热（医学上称为“登革出血热”）或登革休克综合征，死亡率可达12%~44%。而15%的人多会出现前述典型临床表现，一病很久，值得警惕。

登革热呈现全球流行趋势，在拉丁美洲、南部非洲、东南亚及大洋洲等地区的逾120个国家广泛流行，涵盖约25亿人口，每年约有5000万到1亿人感染。从20世纪60年代至21世纪初，全球登革热的发病率增加了30倍，这与各国城市化步伐加快、人口显著增长、国际旅行人数增多和全球气候变暖等因素密不可分，其流行的地理分布集中在赤道两侧的热带和亚热带地区，是亚太地区仅次于疟疾的第二大发热病因。在中国，该病主要发生于海南、台湾、香港、澳门、广东和广西，以夏、秋季天气炎热潮湿、蚊虫大量滋生时为多。

登革热在地球上有悠久的历史。传说在中国晋朝（公元265至420年）的时候，就有一种水毒病，由飞虫叮咬传播，它的症候与登革热极其相似。1779—1780年，随着全球贸易和奴隶贩卖活动的盛行，原本主要存在于非洲的埃及伊蚊也被带到了世界各地。随之而来的是在北美、亚洲和非洲各国的登革热暴发流行。到了1906—1907年，此起彼伏的登革热疫情催促人类开始借助现代科学工具对其进行研究。在澳大利亚微生物学家约翰·克里兰德（John Cleland）和美国军医约瑟夫·席勒（Joseph Siler）等的共同

◎贩卖非洲黑奴将登革热带进美洲

努力下，登革热的病原体成为继黄热病之后，世界上第二种被发现的可以通过细菌过滤器微孔、由蚊子叮咬进行传播的人类病毒，然而限于当时的技术条件，真正的病毒并未被分离出来。第二次世界大战期间，日本本土于1943—1944年发生了登革热疫情。为了彻底搞清这一疾病的病因，木村等日本科学家们率先从本国病人身上发现了登革病毒，并在瑞士小鼠体内进行了实验培养。同一时期，为了适应南太平洋战争的需要，缓解美军士兵在南太平洋地区丛林作战中的因病减员情况，美国病毒学家阿尔伯特·沙宾（Albert Sabin）领导其研究小组也独立地对夏威夷登革热病人进行了研究，成功从他们体内找到了登革病毒，并且也在小鼠身上进行了培养，观察了其属性。第二次世界大战结束后，1952年，在电子显微技术等的应用下，登革病毒被首次成功分离和镜下观察，同时通过免疫学方法，其血清型也被进行了鉴定，人类对登革病毒的认识由此更进了一步。

说起登革热，其名称的诞生颇费思量。据传，英语中“dengue”（登革）一词可能源于斯瓦希里语“dinga”，意为“恶魔导致的疾病”。而“断骨热”的称谓，则可能源自1789年美国开国元勋本杰明·拉什对1780年发生在费城的登革热疫情的一份报告。无论怎样，这一疾病至今仍无特效治疗药物。病人发病后的预后主要取决于能否早发现、早隔离、早诊断和早治疗，治疗的主要手段是对症支持和防止各种并发症。就预防而言，主要应做好环境卫生，居家房舍的防蚊、灭蚊，消除伊蚊易于滋生的洼塘、臭水沟，对炎热季节的灌木丛和林木进行灭蚊药物喷洒等。2016—2019年，一款由赛诺菲公司生产的商业化疫苗“Dengvaxia”，被美国、欧盟、巴西、墨西哥、哥斯达黎加、萨尔瓦多、新加坡和巴拉圭等多个国家和地区批准用于预防登革热，但因其有效率仅有66%，安全性不高，目前仅用于曾经有过登革病毒感染的9~16岁青少年或部分成年人，对于未曾感染过登革病毒的人，如果接种该疫苗，则可能在真正感染后加重登革热病情。因此，继续研制和开发更加安全有效、适用范围广的新疫苗，是各国科学家亟须完成的任务。看来人类要完全征服登革热尚需时日，正如下面这首诗提醒的那样，对登革热的警惕一刻也不能放松：

登革一热上千年，如豺似狼虎视眈。
尚无药物擒熊豹，还需疫苗辟新天。
夏秋暑热湿气重，最是登革蚊传欢。
君若采风居易水，防蚊祛瘟莫等闲。

各位读者，登革热虽然厉害，但只要积极防蚊、灭蚊，控制其传播还是充满了希望。倒是有一种疾病，专门盯着肝脏起事，闹得人茶饭不思、油腻不进，既非甲肝、也非乙肝。要问它是何病，请看下回分解。

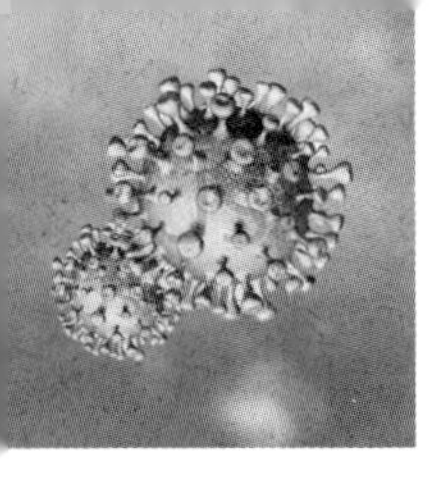

第二十八章

得戊肝病从口入　研疫苗十四有载

——戊型肝炎病毒

自过滤器和显微镜相继发明以来，在不到200年的时间里，人类发现的病毒种类已达5000余种。这些病毒有的专门盯着大脑，有的专门感染肾脏，有的侵犯人体呼吸系统，有的感染胃肠道，还有的可以引起恶性肿瘤。今天要说的这种病毒，是一种嗜肝病毒，专门盯着肝脏闹事，它就是大名鼎鼎的戊型肝炎病毒。

说起戊型肝炎病毒，作为一种相对比较小众的病毒，它的历史源起已无从所考，有说是从公元6000多年前的猪身上演变而来的，也有说是从1300多年前的某种病毒变异而来的。对于此病，人类真正已知最早的流行，是发生在1955年的印度新德里。那一年的12月，新德里的一个小镇突发大暴雨，大量的雨水汹涌而至，冲毁了公路，冲塌了农舍，奔涌进入下水道，地下的污水管路排泄不及，致使整个污水系统崩溃，下水道的污物连同人畜粪便一起被冲至地面。这些水流进而涌入了新德里自来水公司的饮用水水源系统，随后又沿着自来水管网流入了千家万户。人们在毫不知情的情况下饮用了这种被污染的水，随后很快就出现了急性肝炎病变，发病人数累计高达97 000余人。当时，由于戊型肝炎病毒尚未被分离出来，医学词典里也没有“戊型肝炎”这一说，人们只知道发生了一种可怕的传染病，但却不知道它是什么。直到20世纪80年代末期以后，病毒学家们才从那时保留的标本中测定出来戊型肝炎病毒，证实了那是一次戊型肝炎的暴发流行。其后在 1976 年的缅甸、1978 年的印属克什米尔和 1991 年的印度坎普尔均暴发了多次持续时间较长、规模较大的戊型肝炎流行，共造成十几万人被感染、上千人死亡。1986 年 9 月，我国新疆的南疆地区也出现了此病的流行，疫情发展迅速，波及范围广、持续时间长，到 1988 年 4 月才宣告结束。这次疫情共造成 119 280 人感染、707 人死亡，是当时世界上规模最大的一次戊型肝炎暴发流行，给当地人民的身体健康带来了严重威胁。

列位看官，我们说世界上大多数能够被加以预防的传染病，必然有其人类克星。单说这戊型肝炎病毒，在 1978 年以前绝对是一个横行霸道、无恶不作的主儿，不仅在亚洲流行，也波及整个世界，使诸如意大利、德国和俄罗斯等医疗条件较好的国家也未能幸免，尤其是俄罗斯，戊型肝炎病毒在此混得风生水起、春风得意，可把一众老百姓害苦了。人们都恨不得抓住它的尾巴，拎起它的头颅，狠狠地将其丢至油锅里煎熬，只是苦于它看不见、摸不着，无从下手，空作叹息而已。这时候，一位名叫米哈伊尔·巴莱岩（Mikhail Balayan）的俄罗斯科学家站了出来，他勇敢出手、及时相救，三下五除二就把戊型肝炎病毒给揪了出来。

原来在当时尚属苏联的乌兹别克斯坦首府塔什干地区，暴发了一种非甲非乙型（既不是甲型也不是乙型）的病毒性肝炎，作为莫斯科病毒研究所的科学家，米哈伊尔在奉命前往塔什干调查这一疫情时，发现病人的粪便中存在一种球形病毒颗粒，这种病毒颗粒不同于以往的甲型和乙型肝炎病毒，很可能是一种新的病毒。当时人们已经能够正确区分甲肝和乙肝，丙型肝炎病毒虽然尚未被分离出来，但人们已经知道它主要是经输血和血制品传播的。丁型肝炎病毒则刚刚被发现是一种缺陷病毒，必须与乙型肝炎病毒相伴随才能致病。塔什干发生的这次肝炎流行，既非输血引起，也没有与乙型肝炎一起发生，尽管它和甲肝病毒一样是经过粪－口途径传播的，但化验检查已排除了甲型肝炎可能，故而这种肝炎只可能是由一种新型肝炎病毒引起的。为了证明这一点，米哈伊尔亲自采集了 9 例病人的粪便，将其淘洗并将洗下来的粪水用细菌过滤器过滤后，以身试毒，亲自喝了下去，结果他很快就出现了急性肝炎，症状与前述病人的类似，这证明了这次急性肝炎疫情的确是由一种能通过细菌过滤器微孔的细小病毒引起的，也证明了其传播途径是粪－口传播或经胃肠道传播，致病性强。然而，严谨的米哈伊尔仍不放心，他又将自己的粪便提取物给实验用的猴子喂服，结果猴子也患上了急性肝炎，同时他把猴子的粪便也进行了化验和显微镜下观察，发现了其中含有与他的粪便中一样的病毒颗粒。终于，真相大白，这一新型肝炎病毒以令人信服的试验被发现了。

米哈伊尔发现戊型肝炎病毒后，囿于当时的技术水平，并未能将其分离出来。为了一探究竟，好奇而又执着的他并未放弃分离这一病毒。他经过 5 年艰苦探索，于 1983 年借助免疫电镜技术，将戊型肝炎病毒抗体加入病人的粪便提取液中，成功地观测到了该病毒的高清晰颗粒。遗憾的是，他还是没能分离到该病毒。直到 1989 年，随着分子克隆技术的成熟，来自美国的一位医学博士雷耶斯对该病毒进行了成功克隆，这才使得戊型肝炎病毒的真面目得以最终揭示。当时，甲肝、乙肝和丁肝病毒已相继被发现，而引起丙型肝炎（另一种非甲非乙型肝炎）的病毒也先于戊型肝炎病毒被分离出来。于是在学术界和临床医生面前就出现了两种非甲非乙型病毒性肝炎，一种是经输血或血液制品传播的，另一种是经粪－口途径或肠道传播的，这很容易给医务人员带来日常诊疗的混乱。为规范疾病名称和便于临床诊疗，在当年日本举行的国际非甲非乙型病毒性肝炎学术会议上，病毒学家和临床医生们一致决定将前者命名为“丙型肝炎病毒”、后者命名为“戊型肝炎病毒”。

事实上，对大多数人而言，戊型肝炎属于一种自限性疾病，也就是说病情多不严重，症状多不典型，往往可以在较短的时间内不知不觉就自愈了，因此其死亡率较低。然而，对于孕妇和使用免疫抑制剂的人群，尤其是妊娠前 3 个月以内的妇女，易于合并出现暴发型肝衰竭，死亡率可达 20% 以上，需要高度重视。

戊型肝炎病毒是一种单链无包膜的球形 RNA 病毒，大小 27~34 纳米。它有 8 个小兄弟（血清型），分别命名为基因型 1 至基因型 8，其中在亚洲和非洲以基因 1、4 型居多。它的复杂性在于，除人类外，尚可感染黑猩猩、猴类和乳猪等，所以猪舍管理不善导致猪粪污染人类饮用水源常常是戊型肝炎暴发流行的重要原因。戊型肝炎病毒对热及氯仿等敏感，可通过高温蒸煮等方法杀灭。

戊型肝炎病毒感染人体后，潜伏期为 2~8 周。发病后症状多较轻微而不典型。主要表现有困顿乏力、食欲减退、茶饭不思、厌食油腻、黄疸、恶心和呕吐等，此时常常可在病人的粪便及血液中检测到病毒的 RNA。随着发病后时间的延长，这些表现可在持续数周后完全消失，病情痊愈。但也有 3%~10% 的病人时好时坏，形成慢性病。戊型肝炎不仅危害肝脏，也可波及其他器官，引起诸如急性胰腺炎、吉兰 – 巴雷综合征、神经性肌萎缩、横贯性脊髓炎、脑膜脑炎、肾小球肾炎、混合性冷球蛋白血症和血小板减少症等。妊娠期妇女感染戊型肝炎病毒后，不仅易于发生暴发型肝衰竭，而且容易发生流产、早产、死胎和新生儿死亡等。

戊型肝炎和甲型肝炎类似，尚无特效抗病毒药物，其主要传染源有戊型肝炎病人、戊型肝炎病毒无症状感染者和带病毒的猪等大型动物。传播

◎戊型肝炎病毒可经被污染的水源传播

途径为粪－口传播，即饮用了被病毒污染的水或食用了被污染的食物就可感染。戊型肝炎病人也可通过其粪便排出病毒，污染饮用水，因此其粪便必须经过特殊处理、消毒或灭活病毒之后才能排放到生活污水处理系统。就易感人群而言，凡是体内没有戊型肝炎病毒保护性抗体的人，都容易被该病毒感染。预防措施主要应从以下几个方面入手，首先要及时隔离治疗戊型肝炎病人和无症状感染者，其次要切断传播途径，尤其要搞好环境卫生和个人卫生，加强粪便和水源管理，饭前便后要洗手，注意饮食卫生和餐具消毒，最重要的还应是接种疫苗。

提起戊型肝炎病毒疫苗，又必须说一说另一位戊型肝炎病毒研究领域的大家——夏宁邵。夏宁邵出生于1964年7月，家乡位于湖南省娄底市。1981年9月，仅有中专卫校毕业学历的他进入娄底地区人民医院传染科做了一名住院医师。他谦虚谨慎、勤学好问，热衷于科学研究，特别喜欢从事与人类病毒感染相关的传染性疾病的基因工程重组抗原、基因工程疫苗和基因工程诊断试剂盒等的研究与开发。1995年年底，已在中国预防医学科学院病毒研究所做了几年病毒性肝炎研究的夏宁邵遇见了厦门大学生物系主任曾定教授，求贤若渴的曾教授被夏宁邵立志科研、刻苦学习的精神所感动，他反复多次找到时任分管人事调配的厦门大学副校长、后来任厦门大学校长的朱崇实教授反映此情况。朱校长在充分了解了夏宁邵的资料和情况后，没有嫌弃他是一个中专生，而是认为夏宁邵具有兢兢业业、踏踏实实做研究的品质，是一个不可多得的人才，同时他的研究领域与国家的重大需求和厦门大学的发展方向十分契合，因此不拘一格、毅然决然地将夏宁邵破格调入了厦门大学。列位看官，这一调入看似小事，夏宁邵随后却是捷报频传。1999年，夏宁邵带领自己的团队，一举研制出了第三代艾滋病抗体诊断试剂盒，使我国的艾滋病诊断水平一跃进入国际先进行列，艾滋病病毒检出率和特异度分别达到99.6%和99.98%。这一成果于2015年获得了世界卫生组织认证，已在全球40多个国家推广使用，这为艾滋病的防治做出了重要贡献。他们还研制出了甲型H1N1流感快速诊断试剂盒、人感染高致病性禽流感诊断试剂盒和手足口病诊断试剂盒，这些试剂盒在相应疾病的防治中发挥了重要作用。

1998 年，在研究艾滋病诊断试剂盒的同时，夏宁邵和他的团队又开始了戊型肝炎疫苗的研究。这一疫苗在当时属于世界首创，没有任何国家的先例可供借鉴。有鉴于此，他们首先解决了疫苗研制中的一个难题，即戊型肝炎病毒中和蛋白的表达。当时国际学术界普遍认为，疫苗研制无法用原核生物（如细菌）来进行，但夏宁邵却偏偏逆其道而行之，选择了大肠杆菌作为表达平台，合成了纯度较高的戊型肝炎病毒中和蛋白。以此为基础，他们研制出了世界上第一种由原核生物表达平台生产而成的戊型肝炎病毒基因工程疫苗。然而，俗话说好事多磨，2003 年，就在该疫苗用于临床试验前的动物有效性评价时被证实无效。这让他和他的团队成员压力倍增，路径是对的、靶位没有问题，为什么会出现无效的结果呢？带着这一困惑，他们经过近一年的摸索和反复验证，发现是疫苗原液中的抗原纯度过高，无法聚集成颗粒，也就无法刺激机体产生免疫反应，形成不了相应抗体所致，症结找到后团队便加快了研究步伐。在国家的大力支持下，2009 年，他们完成了在江苏省的 12 万名志愿者参与的临床试验，证实了疫苗的安全性和有效性。2012 年 10 月 27 日，由夏宁邵带队、历经 14 载完成的世界上首个戊型肝炎病毒疫苗在中国成功上市，开始造福华夏子孙，能提供的免疫保护期达到 4.5 年，这使戊型肝炎的防治工作又前进了一大步。

戊肝疫苗虽已研制出来，但人类尚不能有半点儿懈怠。因为病毒事大，一不小心就会闹出些事情来。这不，在 1963 年，有位 20 世纪著名的疫苗和病毒学家就因病毒的问题摊上了事儿，这一下不要紧，活脱脱地逼出了一种新疫苗来。欲知是何事情，请看下回分解。

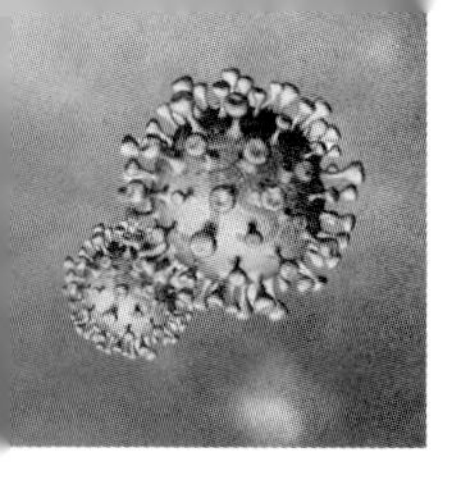

第二十九章

突发病女儿痄腮　治顽疾父亲起誓

——腮腺炎病毒

众所周知，在人类与疾病的斗争中，涌现出了很多著名的医学家和科研工作者。他们或默默无闻，或倾力奉献，或勇往直前，或执着探索，为人类的健康事业做出了巨大贡献。其中有一位美国科学家不啻是位病毒研究领域的天才，他思维敏捷、成就卓著，堪称医学界的传奇式人物，他虽未获得诺贝尔奖，但贡献却堪比诺贝尔奖获奖者。他是一位出色的医者，拯救了20世纪很多人的性命，却始终谦虚谨慎、低调含蓄。他的研究工作硕果累累，有些至今仍在发挥作用，却没有一项是用自己的名字命名的。他就是先后发明过甲肝疫苗、乙肝疫苗和麻疹疫苗等40多种疫苗的大名鼎鼎的疫苗和病毒学家莫里斯·希勒曼。

1963年，时为默克制药公司研究人员的他，有一天早晨突然发现女儿的两侧脸颊以耳垂为中心肿了起来，迅速变大的肿块使孩子的脸部出现了变形，本来瘦削的脸此刻变得很圆，就像十五的月亮那样。肿胀的部位疼痛感十分明显，就连张嘴吃饭和咀嚼东西都出现了困难，严重影响了孩子的食欲。同时孩子也出现了发热、头痛、浑身酸痛和疲乏无力等症状，体温达到40℃。原本十分乖巧的孩子，一下子就蔫儿了。看到这种情况，学识渊博的希勒曼马上意识到，女儿可能得了流行性腮腺炎，需要立即去医院进行救治。再仔细一问，原来最近跟女儿一起玩耍的好几个孩子都先后出现了类似情况，显然流行性腮腺炎的诊断是确定无疑的。然而，当时的医疗条件还很落后，尽管腮腺炎病毒已被分离出来，但却仍然没有找到有效药物。这使得部分免疫力低下的患儿，常常并发严重的心肌炎和睾丸炎，而成年病人则易于合并胰腺炎或卵巢炎，个别病情严重者甚至可发生病毒性脑炎，死亡率达0.5%~2.3%。鉴于这一情况，希勒曼十分担心女儿的病情。看着痛苦不堪的孩子，他一方面对这讨厌的病毒恨之入骨，另一方面也想到了需要采取行动去拯救更多的孩子。因此，有着丰富疫苗研制经验的他，在开始治疗之前就机智地从自己女儿的咽喉部采集了一些咽拭子，以此进行病毒培养，发誓要研制出一款疫苗来，以防止其他孩子也患上同样的疾病，进而帮助他们免除流行性腮腺炎的危害。4 年后，利用那次培养获得的病毒标本，希勒曼成功研制出了世界上第一个流行性腮腺炎疫苗。虽然时过境迁，希勒曼孩子的病情早已痊愈，但由此而诞生的这个疫苗随后却造福了很多人。很多国家将其纳入计划免疫，从而使流行性腮腺炎的发病率显著下降。后来，希勒曼看到孩子们每年要接种很多疫苗，十分痛苦，就突发奇想将流行性腮腺炎疫苗、麻疹疫苗及风疹疫苗做在了一起，制成了所谓的“麻腮风”三合一的三联疫苗，以更加方便地接种。此事前文已陈，不再赘述。

◎莫里斯·希勒曼检查女儿腮腺

希勒曼的贡献之大，由此可见一斑，有道是：

聪明不过希勒曼，
疫苗研发意志坚。
女儿痄腮心生怒，
再创佳绩惠病患。

各位读者，你道这流行性腮腺炎病毒的疫苗研制为何如此容易？原来这流行性腮腺炎早已不是什么新鲜疾病，它在世上已存在了2700多年。早在公元前640年左右，我国的医书中就有记载，取名“痄腮”，并记录了一系列偏方验方。公元前400年，古希腊医生、西方医学之父希波克拉底也在自己的著作中记述了这一疾病，将它描述为腮腺肿大和睾丸肿痛。此后的2000多年间，虽然流行性腮腺炎还会时不时地暴发和流行，但由于宗教迷信的盛行、科学技术的落后和微生物学发展的缓慢，人们对该病的认识仍然只停留在初级阶段。究竟它的病因是什么，如何发生等，一直无人知晓。到了第一次、第二次世界大战期间，该病在参战国的军队中普遍发生，但人们依然不知道它是否具有传染性，这也可见当时的医学科学水平之落后。由于此病频繁发生，人们不得不日益重视，一些军医和研究人员终于行动起来，以寻求解决办法。

1934年，克劳德·约翰逊（Claude Johnson）和厄内斯特·古德帕斯丘（Ernest Goodpasture）率先通过细菌过滤器实验，证实了病人的唾液中含有可以通过过滤器微孔的比细菌体积更小的病原微生物——病毒。他们将这种过滤物接种到实验猴的鼻黏膜上，结果这些猴子都先后出现了腮腺炎。他们又把这种过滤物接种到健康志愿者的鼻黏膜上，这些人也都出现了腮腺炎。这项试验说明腮腺炎是一种病毒所致的传染性疾病，可以通过呼吸道由一个人传向另一个人，这为以后的研究指明了方向。但是，遗憾的是这个试验并未能够分离出病毒，也未进行成功的培养，人们在寻找腮腺炎病因的道路上仍旧处在痛苦的探索之中。那时微生物学方兴未艾，人体免疫学初露端倪，电子显微学崭露头角，各种发明创造层出不穷，人类的科学事业展现出新的面貌。然而，一个小小的病毒却可以让这一切都黯然失色。

因为在当时的条件下，科学研究人员想要培养出病毒简直是难于上青天，更别提是分离观察了。

好在有一个人始终坚持没有放弃，这才为腮腺炎病毒的发现打下了基础。这个人就是厄内斯特·古德帕斯丘。他于 1886 年出生于美国田纳西州的克拉克斯维尔，1908 年从范德堡大学毕业，获得学士学位。紧接着他又考入约翰·霍普金斯医学院，经过 4 年努力学习，完成了医学博士课程。作为一名病理学家和内科医生，他先后工作于洛克菲勒基金会和哈佛大学医学院。第一次世界大战期间，古德帕斯丘应征入伍，成了一名美国海军战士，担负卫生兵（军医）的工作。1919 年，正值全球流感大流行，为了搞清这次疾病的发病机制和病理特点，古德帕斯丘和其他医生一起对大量病死者的遗体进行了解剖和病理分析。在这其中有一位死者的疾病十分奇特，他的病史显示他先有严重的流感，随后发生了大量咯血（肺出血导致大量血液从呼吸道以咳嗽的方式排出）。随着咯血的加重，病人出现了贫血（血液中红细胞和血红蛋白过少）。最后，这个病人又出现了尿中有大量蛋白和红细胞的病变（即蛋白尿和血尿），最终不治身亡。面对这个病情奇怪的病人和不同于他人的独特病变，职业经验丰富、理论基础扎实、临床思维敏捷的古德帕斯丘意识到，这是在流感基础上发生的一种新的特殊疾病。于是他将这个病例特点记录下来，及时地进行了总结发表。

列位看官，一位优秀的科学家和医学工作者，必然也是一位出色的创造者、敏锐的观察者和专业叙事的写作好手，他能够抓住每一个细微的差别和与众不同的细节，进行深入的比较分析，运用严谨缜密的逻辑思维，寻找到惊人的发现或全新的突破，这是一个医学大家和一个普通医生的显著区别。话说古德帕斯丘向同行公开报道了这一病例后，引起了很多医生的注意，人们又先后在不同的国家和地区发现了这种病例。随着研究的深入和免疫学、病理学的进步，现在已知该病是一种自身免疫性疾病，由不明原因所致的抗原抗体复合物沉积在人体的肺泡毛细血管壁和肾小球基底膜所致，多数与病毒感染有关。这种疾病现在被称为“肺出血肾炎综合征”，也叫“古德帕斯丘综合征”，专为纪念古德帕斯丘的贡献而命名。

看到这里有人不禁要问：这种疾病与腮腺炎病毒的发现有什么关系？原来这位古德帕斯丘是一个事业心极强的人，他很想通过自己的努力为人类病毒性疾病的防治事业做出更多贡献，但却苦于没有方向和成就，常常自怨自艾。当报道了这一疾病之后，他的名声大震、获赞甚多，众人的肯定给了他巨大的勇气。此后他便一发不可收拾，纵横捭阖，广泛涉猎，在病毒感染性疾病研究领域做出了许多开创性的成果。这其中就有一项独特的技术——用鸡胚或鸡卵黄囊来进行病毒培养的方法。列位看官，你可别小看了这项技术。在古德帕斯丘研发成功之前，人类对病毒的研究仅仅停留在用过滤器过滤的层面上。这种过滤出来的东西，一方面杂质太多、干扰太大，无法做进一步的病毒形态与结构的分析；另一方面因病毒含量过低、浓度太小，不能进行精准研究，人们只知道过滤出来的东西可能含有病毒，但更加具体的内容则无从知晓。而鸡胚培养技术应用之后，这些问题便迎刃而解了，人们借助这一技术能比较轻松地培养出多种病毒。加上电子显微镜的发明和应用，人们便可以对病毒的形态、结构与功能进行研究了。正是得益于这项技术，1946 年，另一位科学家从一个腮腺炎病人的唾液中提取出了标本，将其接种到了鸡胚卵黄囊上，成功地培养并分离到了腮腺炎病毒。笼罩在腮腺炎之上的神秘感去除了，病毒的真面目终于露了出来。古德帕斯丘在这项技术研究与开发上的点滴细微，可谓是：

鸡胚不起眼，
古德偏喜欢。
一朝行大运，
培毒创纪元。

现在已知，腮腺炎病毒是一种单股 RNA 病毒。外形呈球形，个头大小不一，直径 100~200 纳米不等，外有包膜。它抗原结构稳定，家门只有一子，即仅有一个血清型。因此，它不像流感病毒那样狡猾多变，人们只需一个病毒株就可完成疫苗开发，而无须考虑它的变异性。这样一来，针对它的疫苗研制工作就变得简单起来，这也是希勒曼在极其简陋的条件下依然能够研发出腮腺炎病毒疫苗的一个重要原因。

流行性腮腺炎一年四季均可发病，尤以冬、春季为主。学龄儿童是主要患病对象，少数无免疫力的成年人亦可发病。感染后一旦痊愈，就可获得持久的免疫力，避免发生再次感染。该病的传染源是腮腺炎病人及隐性感染者。从腮腺肿大前 7 天到肿后 9 天均可经唾液排出病毒，传染性极强，主要通过空气飞沫传播。凡未自然感染或人工接种疫苗者，均属易感人群。病毒在人体内易于随血流播散，到达腮腺、颌下腺、舌下腺、睾丸、胰腺和中枢神经系统，引起相应的腺体发炎和脑膜炎。

流行性腮腺炎的潜伏期为 14~25 天。发病前可先有发热、头痛、疲乏无力和食欲减退等，随后就会出现腮腺、颌下腺或舌下腺肿大，常常持续达 1 周以上。以腮腺肿大最为多见，主要表现为以耳垂为中心、波及面颊的肿痛不适，部分合并脑膜炎的病人尚可出现头痛、嗜睡、高热、抽搐、昏迷乃至死亡的情况。15%~40% 的男性可出现睾丸炎，表现为睾丸肿痛，其中双侧睾丸发炎者占 15%~30%，对成年男性有可能导致不育。此外，约 5% 的女性病人可出现卵巢炎，4% 的人可出现耳聋或急性胰腺炎，前者表现为听力下降，后者以恶心、呕吐和上腹痛等症状为主。

腮腺炎的治疗以对症支持为主，如让病人卧床休息，加强营养，注意口腔卫生等。同时可试用利巴韦林等抗病毒药物，对有脑膜炎等并发症者，需给予及时处理。预防腮腺炎首先是要做好病人的隔离治疗，注意保持社交距离，减少到人流密集或环境封闭的场所去。与其他病毒性传染病相似，预防的关键依然是接种疫苗。

流行性腮腺炎的故事搞清楚后，人们理当知道接种疫苗的重要性。然而，不是所有病毒性疾病都有疫苗可用，很多病毒引起的传染病防治仍然道阻且艰，其疫苗开发距离成功之日依旧遥遥无期。一如那 Epstein-Barr 病毒，让人绞尽了脑汁，却一无所获。令人欣慰的是，正如那句名言所说：当上帝关上一扇门，必然会打开一页窗。不能开发成疫苗的病毒，却往往有可治的药物，这正是人类的幸运之处和造化的神奇所在。下面要讲的这个故事，就属此类。

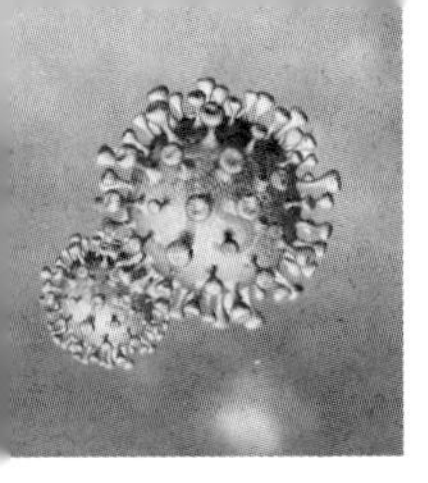

第三十章

淋巴瘤与鼻咽癌　原为一毒惹事端

——EB 病毒

大千世界，无奇不有。单从飞禽而言，有的通身发白，有的通身发绿；有的红嘴黑身，有的黄喙花羽；有的头顶红冠，有的脚爪褐黄。又从陆地生物来说，有的口大如盆，有的毒牙如针；有的躯体庞大，有的小巧玲珑；有的背覆硬壳，有的软活松脆。再看海底世界，有的体型流线，有的奇形怪状；有的腹有吸盘，有的头带须角；有的花里胡哨，有的毫不起眼……丰富的物种构成了宏观与微观两个世界，彼此消长又彼此共生。而在病毒的世界里，亦有此种现象存在。人类这一庞大生物群体对病毒和其他微生物世界只是了解了其冰山一角、沧海一粟，然而就在这已经发现的病毒中，它们有的呈杆状，有的呈球形；有的浑身长满荆棘，有的形似子弹；有的破坏人体大脑，有的危害人体肝脏。它们中的大多数，都只对某个组织或器官有影响，引起一种单一的疾病。比如，乙型肝炎病毒主要损害肝脏，艾滋病病毒主要破坏免疫系统。唯有这 Epstein-Barr 病毒（EB 病毒），不仅可引起伯基特淋巴瘤，还可引起鼻咽癌，对淋巴系统也多有侵犯，在肿瘤之外，尚可导致一种至今仍较为常见的疾病——传染性单核细胞增多症。真可谓是“人小鬼大、作恶多端”，不得不防，这正是：

EB病毒太癫狂，
一身为害作祟忙。
东边致瘤西边窜，
引得传单论短长。

话说这EB病毒自1964年由英国病理学与电子显微学家迈克尔·安东尼·爱普斯坦和他的同事伯特·阿琼、学生伊冯·巴尔共同发现后（详见第十章），就被命名为“Epstein-Barr病毒”。起初人们以为它就是那个导致伯基特淋巴瘤的元凶，后来才知道事情并非那么简单。原来，研究人员在一些鼻咽癌病人的癌组织中也分离出了这一病毒，而且证实该病毒的确与鼻咽癌的发生有直接关系。

1885年，俄罗斯著名儿科医生尼尔·费拉托夫（Nil Filatov）报告了1例“特发性腺炎”，其临床表现与传染性单核细胞增多症颇为相似。1889年，德国一位身兼浴疗和儿科双重工作的医生埃米尔·菲弗（Emil Pfeiffer），独立报道了1组“特发性腺炎”的家庭聚集性病例（即在同一个家庭中短期内发生2例以上同种疾病的现象），并且创造了一个名词——“腺体热”——来命名这一疾病。到了1920年，越来越多的证据证明该病具有传染性，而且是以血液中单核细胞增多为主要表现。因此，有两位医生托马斯·斯普拉特（Thomas Sprunt）和弗兰克·伊文斯（Frank Evans）在他们发表的论文《急性感染相关的单核细胞增多症》（*Mononuclear Leukocytosis in Reaction to Acute Infections*）中，第一次提出了“传染性单核细胞增多症”这一概念，该病的名称由此确立。1967年，美国费城儿童医院的医生沃纳和亨勒从一位在实验室中专门负责处理EB病毒生物样品而又不慎感染了这一疾病的实验室技术人员身上，采集了其发病前后的血清样本，通过认真比较，他们发现患上该病后，这位技术员的血清中出现了EB病毒抗体。这就意味着正是EB病毒的感染才导致了该技术员传染性单核细胞增多症的发生，由此证明了EB病毒就是该病的病原体。得知这一消息后，其他医生同行也纷纷进行验证，进一步明确了二者的关系。至此，经过80多年的探索，传染性单核细胞增多症的病因搞清楚了。

传染性单核细胞增多症是一种由 EB 病毒感染所致的急性传染病，潜伏期长短不一，儿童为 9~11 天，成年人为 4~7 周。发病后的临床表现复杂多样。儿童多表现为感冒样症状，如发热、头痛、鼻塞、食欲减退和轻微腹泻等，部分病情较重者可出现咽峡炎或扁桃体炎。少年和青年人病后表现多较为典型，包括发热、全身淋巴结肿大（颈部为甚）、咽喉肿痛（咽峡炎和扁桃体炎）、肝脾肿大和肝功能异常等。另有约 10% 的病人可出现全身性皮疹，形态主要为斑丘疹、猩红热样疹、结节性红斑或荨麻疹等。极少数病人尚可合并脑膜炎、脑干脑炎、心肌炎、肾炎或肺炎等，危及性命。因此，早期发现、早期治疗对本病预后十分关键。

传染性单核细胞增多症的病因是 EB 病毒，EB 病毒属于疱疹病毒家族，是已知的 9 种人类疱疹病毒中的一员，又称"人类疱疹病毒 4"，是一种 DNA 病毒，大小为 122~180 纳米，由具有双螺旋结构的 DNA 核酸、核衣壳、内膜和包膜共同组成。包膜上含有糖蛋白，是病毒与人体细胞膜进行结合并入侵的主要成分。EB 病毒主要感染人 B 淋巴细胞和上皮细胞，这是它造成人体损害和产生疾病的基础。从流行病学角度而言，EB 病毒感染者和传染性单核细胞增多症病人是该病的主要传染源。传播途径多为经口直接接触病人的唾液（如接吻、与病人共用同一双筷子等餐具），或经直接性接触传播，输血也可能是传播途径之一。在人的一生中，大多数都会感染这一病毒，并获得持久免疫力。例如，在美国约有 50% 的 5 岁儿童和 90% 的成年人曾经感染过 EB 病毒，但以无症状感染居多，大多属隐匿感染而自然痊愈。一般而言，婴儿在出生后，随着从母体继承来的保护性抗体的消失，就会对该病毒变得易感。儿童感染后大多数都没有症状或仅有轻微的不适，很快会自我康复。只有一小部分人，尤其是 15 岁以上的青年，会出现较为严重的病情，需要积极治疗。

说到传染性单核细胞增多症的治疗，尤其是在抗 EB 病毒药物的研发方面，有很多科学家都做出了重要贡献。正是他们持之以恒的努力、淡泊名利的探索、痴心不改的科研兴趣、解决问题造福人类的真诚愿望，以及携手共进、接力前行的道德品质，决定了该病的治疗将会有一个大的突破。

20世纪70年代，随着化学工业的进步，人类开始从加勒比海绵中分离核苷，这一技术的成熟为新型抗病毒药物的合成奠定了基础。在这一过程中，有一位名叫霍华德·斯凯弗（Howard Scharffer）的生物化学家发现了腺嘌呤的类似物具有潜在的抗病毒活性。以此为基础，他又发现了抗病毒活性更强的鸟嘌呤的类似物。1974年，斯凯弗申请了一种具有抗病毒活性的化合物——阿昔洛韦——的专利，1979年美国专利局向他授予了这项专利。从申请到专利的那一刻起，他就开始积极活动，四处寻求能够进一步深入研究此项发明、以期尽早造福人类的途径。

我们知道，一项新药的成功研发和应用，首先是要有药物活性的化学

◎ EB病毒多经接吻等亲密接触途径传播

成分的发现，这是最艰难也最具挑战性的一环，但发现后也仅仅是走完了化学物质成为药物的关键一步，接下来还要进行动物实验以证实其疗效、安全性及毒副反应，这一过程被称为药物的临床前研究；如动物实验显示该化学物质真的安全有效，才可以进入下一个环节——人体安全性试验，在这一阶段人们往往会看到研究人员招募志愿受试者，这就是通常所说的药物一期临床试验。当人体试验也显示该化学物质安全性良好后，才可以开始二期临床试验，即药物的人体有效性验证，这一阶段会有少量的病人被纳入，通过使用该药物治疗，观察其疗效高低。如确证该药物安全有效，国家食品药品监督管理部门才会在严格审查后批准其作为治疗某种疾病的药物，准许大量生产并进入医院以供使用。当然，这并不意味着对该新药物的疗效及毒副反应评价的结束，而是还要在其大量应用于临床后，继续观察其安全性和有效性，这就是所谓的第三期临床试验。只有这一过程结束，且该药物各方面表现良好，才可以最终长期作为成熟药品在临床中使用。

有鉴于此，熟悉新药研发流程的斯凯弗深知要想获得成功，就必须有一个更大更专业的团队来共同完成这项开创性工作。于是，他欣然加入了当时的著名药理学家、已成功开发多种药物的格特鲁德·埃利恩（Gertrude Elion）团队，与他们一起开始了将阿昔洛韦开发成新药的历程。在这一过程中，格特鲁德起到了至关重要的作用。说起格特鲁德，她还真是不同凡响，虽为女性，却具有极其坚韧的性格。1918 年 1 月她出生于美国纽约，父亲是一位犹太裔牙科医生，母亲是位波兰移民。格特鲁德从小成绩优异，15 岁时就从著名的沃顿高中毕业。当时，她的爷爷不幸患上了晚期胃癌，弥留之际，她一直陪在爷爷身边，目睹了爷爷受尽病痛折磨而去世。这件事深深地刺痛了她，她在伤感之余立志要学习科学和医学，为解除更多人的病痛而终身努力。不久她就考入了亨特学院，以优异成绩成了一名美国大学优等生学会会员，这一美国大学生的最高荣誉使她免修了很多课程的学分，并在 19 岁时就以最优等生的身份获得了化学学士学位。然而，学业上的顺利并不意味着生活中的一帆风顺。由于当时美国社会对妇女的歧视现象十分严重，毕业后她无法找到支付报酬的研究性工作。于是她不得不当了一段时间的中学教师，积攒了足够多的学费后便自食其力地进入纽约大学学习。1941 年，格特鲁德获得了理学硕士学位。随后，她打算寻找一个可获得报酬的研究生研究职位，继续学业。她向该校研究生院写了 15 份勤工俭学申请，但都因性别歧视原因被驳回了，不得已，她做了一家超市的食品质量监督员。

1944 年，一个偶然的机会使她在葛兰素史克公司的前身宝威公司谋得了一份工作，成了美国著名医生兼化学家乔治·希金斯（George Hitchings）的助手。希金斯彼时正在采用一种全新的药物开发方法，以取代当时的试错法来创造性地研究天然化合物的类似物。他对合成核苷酸拮抗剂非常感兴趣，希望能以人工合成的拮抗剂结合到自然的生物化学反应当中，以干扰病毒或肿瘤细胞核酸类物质的生成，达到治疗疾病的目的。他坚信自己如果能成功骗过肿瘤细胞，使之接受人工合成的化合物作为虚假原料，就可破坏肿瘤细胞而又不对正常细胞产生影响。在希金斯的指导和启发下，格特鲁德合成了嘌呤的拮抗物，于 1950 年将其开发成了抗癌药物—— 6- 巯基嘌呤。格特鲁德还研制了治疗痛风的经典药物别嘌呤醇、治疗疟疾的药物乙胺嘧啶等，这些药物至今仍在人类疾病的治疗中发挥着作用。

待斯凯弗找到格特鲁德时，她已然功成名就、硕果累累。尽管如此，她还是欣然应允，与斯凯弗一起展开了阿昔洛韦疗效和毒副反应的研究，最终经过科学严谨的试验，使其成了世界上第一种真正意义上的抗病毒药，用于单纯疱疹病毒、EB 病毒和水痘 - 带状疱疹病毒等多种疱疹病毒家族成员感染的治疗，具有疗效好、毒副反应少和易于获取等特点。阿昔洛韦的问世，开创了一个抗病毒药物研发的全新时代，随后伐昔洛韦、更昔洛韦等药物也相继被研制出来。它们的共同特点是能够抑制疱疹病毒的 DNA 合成，使之不能增殖和存活，从而达到治病的目的。值得一提的是，格特鲁德虽然取得了巨大的成功，但却一直很谦虚，并且在工作之余能不断地学习。然而，事业上的成功并未带来生活上的一帆风顺，她不仅大学毕业后找工作颇受歧视，就连恋爱也备受命运的捉弄。早在上大学时，她就结识了一位同样勤奋好学的男友，正当他们即将谈婚论嫁的时候，这位男孩却不幸染病去世，这给格特鲁德年轻的心灵造成了巨大的创伤。此后她终身未嫁，专心于学业和研究工作，尽管她最终没能拿到真正的博士学位，但却因不凡的成就而得到了世人的普遍认可。1988 年，70 岁高龄的格特鲁德与希金斯、布莱克一起获得了诺贝尔生理学或医学奖，成就了自己坎坷而辉煌的一生。

EB 病毒的发现已有很长时间了，但预防该病的措施却极其有限。目前而言，积极隔离治疗传染性单核细胞增多症病人、注意碗筷及餐具消毒、不与病人有密切接触（如接吻）、对病人的排泄物进行漂白粉消毒等是预防本病传播的基本措施。而预防该病的主要措施——EB 病毒疫苗的研制成功——仍遥遥无期，其困难程度可见一斑。幸运的是，由于阿昔洛韦等药物的发现和应用，此病的治疗已不再是人们的困扰，就连 EB 病毒的孪生兄弟也因此类药物的发现而不再那么令人恐惧了。这位孪生兄弟是谁，又有什么特点？请看下回分解。

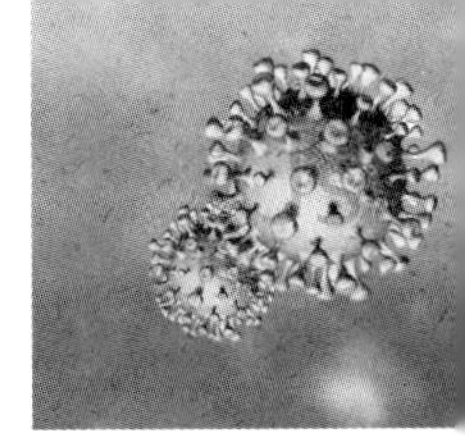

第三十一章

受感染细胞增大　抗病毒更昔洛韦

——巨细胞病毒

上回书写到，随着阿昔洛韦等抗病毒药物的发现，使EB病毒的孪生兄弟也不再那么令人恐惧了，而这位兄弟说来话长。早在1881年，德国病理学家胡格·利伯特（Hugo Ribbert）就在显微镜下观察到了一名发热婴儿的组织切片，发现其中有大量个头巨大的细胞，其细胞核比普通细胞大很多。这使他感到十分好奇，也很吃惊，有点儿不相信自己的眼睛。因为这一现象从来没有人报道过，也没有教科书和任何医学文献加以描述过。他将切片拿给身边的同事和医生看，他们也都不知道此为何病，说不出个所以然来。情急之下，为了吸引更多人的关注和尽早找到答案，细心而又认真的利伯特决定将自己观察到的现象公之于众，发挥集体的力量，共同来寻找这一难题的症结。因此，在当年的一次学术会议上，他图文并茂地把这一病理现象向与会学者做了报告，此举引起了大会的轰动。虽然这些参会学者也都无法解释这种特殊的现象，但这却被认为是迄今为止最早的有关这一病毒感染的报道。

此后几十年间，先后有大量学者观察到了这一特殊现象，并积攒了丰富的资料。但由于显微技术落后，分子生物学技术尚未获得突破，寻找病因的工作一直没有明显进展。一晃70多年过去了，人类在病毒学领域、电子显微技术领域以及分子生物学、细菌学和免疫学等学科领域都取得了长足进步，使不少感染性疾病的诊断和治疗迎来了曙光，这也为寻找很多过去难以治疗的疾病的病因打下了坚实的基础。这期间，人类发明了微生物过滤器，能够用于将细菌和病毒分离开来，使这两类病原体所致疾病的鉴别成为可能；发明了电子显微镜，可以将物体放大几十万至上百万倍，使细菌和病毒的形态观测成为可能；发现了核酸、氨基酸及遗传法则，为阐明生命的化学本质和遗传变异规律找到了秘诀，使人类认识细菌和病毒的本质成为可能；发现了青霉素，开创了应用抗生素抗击感染性疾病的新纪元，一代又一代抗生素的推陈出新，使很多过去像癌症一样可怕的细菌感染性疾病，如肺炎、鼠疫、伤寒和霍乱等不再无药可治。数千年来流行于世界各地的此起彼伏的传染病越来越多地被人类征服，感染性疾病再也不是人类致命的威胁了，有诗述之：

浑浑噩噩数千年，
懵懵懂懂亦繁衍。
盘尼西林电显后，
细菌感染不再难。

话说光阴行至 1956 年，正值第二次世界大战结束后第二个 10 年的开始，越来越多的发热性疾病由于排除了细菌感染而变成了疑难病。它们既不是脊髓灰质炎，也不是麻疹，更不是流行性腮腺炎或登革热，常见病毒性疾病的名单中没有它们的身影，很多都不为人类所认识。这些此起彼伏而又为害不浅的疾病里，就有一种十分古怪，它让众多科学家们大伤脑筋、也让临床医生们束手无策。它多见于婴幼儿和青年人，婴儿病后主要表现为发热、黄疸、肝脾肿大、出血性皮疹和视网膜炎等，重症病人可合并肺炎，最终因呼吸衰竭而死亡。这种令人生畏的疾病越来越频发后，引起了很多知名科学家的注意，其中有一位病毒学家托马斯·哈克尔·韦勒（Thomas Huckle Weller），他的贡献尤为突出。韦勒出生于 1915 年 6 月 15 日美国密歇根州的安娜堡市，自幼天资聪颖、好奇心强，童年和青少年时代均在家乡度过，接受了良好的教育。由于父亲是密歇根大学的病理学教授，他从小在医学方面受到了不少熏陶。高中毕业后，他如愿考入了父亲任教的大学，学习动物医学，在那里先后获得了学士和硕士学位，但他的硕士学位论文是关于鱼类寄生虫的。1936 年，韦勒考入哈佛大学医学院，开始了博士阶段的学业。3 年后他有幸师从著名的生物医学教授约翰·恩德斯（John Enders）研究病毒，学习如何利用组织培养技术寻找传染性疾病的病因（病毒或细菌）。当时脊髓灰质炎非常流行，致残率和致死率奇高，是人类急需解决的重大而紧迫的健康问题。因此他与导师及同事弗雷德里克·罗宾斯（Frederick Robbins）等一起，在脊髓灰质炎病毒的分离培养和疫苗研制等方面做了大量工作，成功地克服了这一难题，为人类最终使用疫苗防治此病、消除此病奠定了良好的基础。由于这些了不起的贡献，他同他的老师恩德斯、同事罗宾斯一起获得了 1954 年的诺贝尔生理学或医学奖，在年仅 39 岁的青年时代就登上了科学事业的巅峰，留下了一段科学史上的佳话。韦勒是一个谦虚而又富有进取心的人，虽然年纪轻轻就获得了诺贝尔奖，但他并未沾沾自喜、停止研究的步伐，而是把研究的方向又对准了新的领域。他对培养分离病毒有着特别的兴趣，一心想着利用自己掌握的娴熟技术找到更多威胁人类健康的传染病病因。1956 年，正是前述怪病猖獗肆虐的时候，韦勒和他的助手们自然而然地就盯上了这一疾病。他们在以往积累的丰富经验基础上，反复探索实践，不断尝试不同组织培养，终于在人成纤维细胞培养基中将该病的病原体培养传代成功，最终艰难地将此病的病毒分离了出来。原来这是一个块头很大、结构复杂的病毒，在其他人体组织细胞或动物细胞培养基上很难生长。它感染人体后会使受染细胞肿胀变大，细胞核奇大、形似“鹰眼”，所以人们将它命名为“巨细胞病毒”，英文名为“cytomegalovirus”，其中“cyto”和“megalo”源自希腊语，意为“细胞”和“巨大”。

现在，巨细胞病毒的生物学特性已基本搞清了，它与 EB 病毒相似，同属于疱疹病毒科，但为巨细胞病毒属病毒，人和猴子是其自然宿主，其中对人致病的巨细胞病毒也被称为“人巨细胞病毒”，是在所有对人类致病的 9 种疱疹病毒中第 5 个被发现的，故也被称作“人类疱疹病毒 5 型”。此病毒位列 EB 病毒之后，属于人类疱疹病毒中体积最大、结构最为复杂的一种，外形呈球形，直径约 200 纳米。核心部分为大双链 DNA，衣壳为正

20面体蛋白。它的抵抗力差，65℃条件下加热30分钟、紫外线直接照射5分钟、乙醚或酸性溶液浸泡等均可使其灭活。

巨细胞病毒的传染源是该病病人及隐性感染者。病毒广泛存在于病人的泪液、血液、唾液、尿液、精液、乳汁、阴道分泌物和粪便中，主要通过上述途径的接触而传播。此外，该病毒尚可通过胎盘屏障进入胎儿体内，造成所谓的垂直传播。输血、心脏移植、体外循环等可形成医源性传播。男女两性亦可通过性交传播。血液病病人、肿瘤病人和器官移植者因免疫力低下，感染后多病情较重，甚至危及生命。成年人95%为隐性感染，不出现任何症状。但一少部分人，特别是本身患有艾滋病、自身免疫性疾病或因骨髓移植而需长期服用免疫抑制剂者，以及其他患有能使机体免疫力长期持续减弱疾病的病人，则可能出现肝炎及全身淋巴结肿大表现，甚至可发生肺炎、心包炎、心肌炎、神经根炎、脑炎、脑膜炎、血小板减少性紫癜和视网膜炎等。骨髓移植病人合并巨细胞病毒感染所致的间质性肺炎病死率可达90%，艾滋病病人出现该病毒引起的视网膜炎后，多会留下视物不清甚至失明的后遗症。各年龄段人群普遍容易感染巨细胞病毒，但以各种原因导致免疫力低下者尤甚。

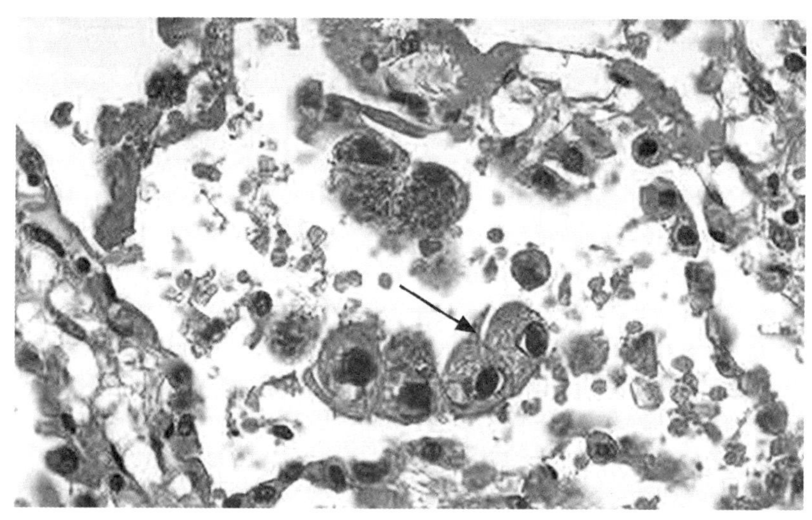

◎巨细胞病毒感染后血细胞可呈现“鹰眼”征（箭头所示）

巨细胞病毒感染的预防没有太好的办法，因其传播途径独特，人群之间很难避免不被传染。一般而言，积极隔离治疗该病病人并对其分泌物和排泄物进行严格消毒，在本病高发地区采集献血者血液前行巨细胞病毒检测，加强孕妇、婴儿及免疫功能低下者这方面的筛查等，均不失为预防本病的有效措施。而针对这一病毒疫苗的研发依然十分困难，人类尚无足够有效的办法。但是，任何事物都有它的两面性，当一种病毒狡猾到无法采用疫苗进行预防的时候，往往会有另一条出路，那就是药物治疗。作为疱疹病毒家族中的一种，巨细胞病毒感染幸有几种抗病毒药物可以采用，如更昔洛韦、缬更昔洛韦或阿昔洛韦，而更昔洛韦更是在阿昔洛韦的基础上研发出来的 DNA 聚合酶抑制剂，对巨细胞病毒的 DNA 合成有较好的抑制作用。用药之后，无法进行核酸合成的巨细胞病毒自然不会有新的病毒颗粒产生，这样就会有良好的抑制病毒效果，这也使它成了目前治疗这一疾病的首选药物。如此说来，没有疫苗，还有药物，人类着实够幸运了，这真是：

蹉跎一人类，惺惺乃相惜。
时运有不济，物力维艰急。
贵在长坚持，寸步在朝夕。
造物恒有道，希望常相随。

巨细胞病毒感染虽无可靠有效的疫苗可用，但却毕竟能有药物加以治疗。而有一种病毒，一旦感染后，不仅死亡率高，并且缺乏特异性药物，这就给人类防治这一疾病带来难题。欲知此为何种病毒，又能引起什么疾病，请看下回分解。

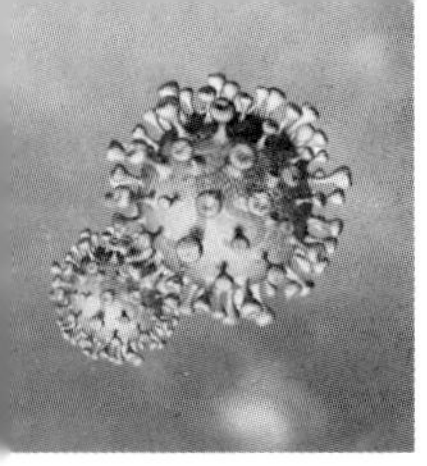

第三十二章

溯源东瀛库蚊传瘴　为害亚洲疫苗来防

——乙型脑炎病毒

在我国的东边有一个岛国，其形狭长，岛屿众多，由东北向西南呈链状分布，最末端接于琉球群岛，南窥台湾，西望苏浙，热情的国人常常称之为一衣带水的邻邦。

话说这日本国家虽小，人口却不少。由于其三面环海，气候湿润，水草丰茂，不仅适合人类居住，而且也是蚊虫蛇蝎的理想栖息之地。1871 年秋季，天气炎热、降雨奇多。日本从北到南大大小小的城市乡村，但凡有水草洼地的地方，蚊子都大量滋生，成群结队，如蜂如蝗，不断袭扰人类、滋事生非。这时就出现了一种怪病，它发生在蚊子叮咬之后。发病初期（多为病后 1~3 天）主要表现为突然发热，体温可达 39~40℃，出现头痛、精神萎靡、恶心、呕吐、食欲减退等症状，类似普通感冒。然后迅速进入最厉害的一个阶段，医学上称为极期（多见于病后 3~10 天）。此时病人常出现持续高热，时间可达 7~10 天之久，部分病人达到 21 天以上。同时会出现极度乏力、嗜睡、说胡话和昏迷（失去知觉），亦可出现惊厥（全身肌肉抽搐）、呼吸衰竭、大小便失禁和尿潴留（尿液积存于膀胱中无法排出），最严重者尚可出现休克（血压低于正常）。此期一旦同时出现高热、抽搐和呼吸衰竭，则提示病情危重，死亡率可达 20% 以上。如能顺利度过这一期，则可逐渐进入第三期——恢复期，病情轻者多在 2 周左右恢复正常，严重者往往需要1~6个月，且易于留下后遗症（病后半年以上仍不能恢复的功能），如失语（不会说话）、痴呆、肢体瘫痪（胳膊、腿等无法活动）和精神失常等。当时日本的医生看到这种疾病后，只知道这是一种脑炎，对其他情况则一无所知，闻所未闻，无从下手。他们详细描写了这种疾病的临床特点，保存了完整的病历资料。此后该病一直在日本零星发生，但都像其他疾病一样，囿于技术手段落后的限制，病因寻找和药物治疗始终未有实质性突破。

1924年，距离第一次记录该病的1871年已过去53年，这种疾病再次卷土重来，形成了大规模的暴发流行，共造成约7000人感染、3000多人死亡的悲剧。这次严重的公共卫生事件和疫情引起了日本医学界的高度重视，科研人员开始下定决心要找到它的病因。为便于研究和进行鉴别诊断，人们给该病起了一个名字。他们把之前已有的一种比这种病出现更早的以昏睡为主要表现的疾病叫"甲型（A型）脑炎"，而把这种病按顺序称作"乙型（B型）脑炎"。又因为该病当时主要流行于日本，且在日本被率先发现，也把它叫作"日本脑炎"。后来人们知道了该病大量存在并流行于东南亚和太平洋地区的国家，因此也称其为"流行性乙型脑炎"。

列位看官，早前我们已经说过，20世纪是世界科技史上一个最为伟大的世纪，人类现代文明的很多创新都来自这个时期。例如，电子显微镜的发明、DNA双螺旋结构的提出和青霉素的发现，每一项都与世界科技进步和人类健康改善息息相关。在第二次世界大战之前，世界科技中心位于欧洲，尤其是英、法、德三国，他们牢牢占据着全球科技发展的制高点。当时全世界各个国家都派出自己的精英人才前往那里学习，日本也不例外，在伦敦、巴黎和柏林等地，到处都有日本留学生的身影，他们怀揣为本国人民造福和促进本国科技事业发展的梦想，虚心学习欧洲人的先进技术和科学理念。经过不断的学习与努力，日本的科技实力着实有了很大的提高。1935年，日本学者从乙型脑炎死亡病人的脑组织中分离出了乙型脑炎病毒。此后20多年间，研究人员逐渐明确了该病毒与蚊子传播之间的关系，不仅开始了灭蚊工作，也着手进行疫苗的研制与推广。现在，乙型脑炎这种曾经极其凶险的疾病，已在日本几近消灭了。

乙型脑炎病毒属于黄病毒科黄病毒属，外观呈球形，大小为 40~50 纳米。中心是一条单股正链 RNA，其外包裹着核衣壳，衣壳外面是包膜。包膜含有两种蛋白，一种是棘突蛋白（E 蛋白），另一种是膜蛋白（M 蛋白）。其中 E 蛋白被认为是人体细胞膜受体的抗原，可与人体细胞膜表面的受体结合，帮助病毒侵入细胞内。这种蛋白还可作为稳定的抗原，刺激人体产生保护性抗体，防止再次感染，这也是乙型脑炎病毒疫苗生效后刺激人体产生的主要抗体。乙型脑炎病毒对热的抵抗力弱，在 100℃条件下加热 2 分钟即可杀灭，但在干燥和寒冷环境下抵抗力却很强，能够存活很长时间。

乙型脑炎属于人与动物共同罹患的疾病，猪、马、牛、羊、狗、猫、鸡、鸭、鹅等均可因蚊虫叮咬而感染并作为传染源存在，其中又以猪最为厉害，感染率可达百分之百。人虽然也可以作为传染源，但因乙型脑炎病

◎灭蚊预防乙型脑炎传播

毒在人体血液中存在的时间短、含量少，故不是主要传染源。乙型脑炎属于虫媒传播的疾病，主要由三带喙库蚊叮咬而传播，伊蚊和按蚊次之。当蚊子叮咬了带有病毒的猪或其他动物后，病毒会很快在蚊的肠道内大量繁殖，数量可达数万个之多。大量的病毒随后移行至蚊的唾液腺，随唾液分泌并在其中保持较大的数量。一旦该蚊再次叮咬人或其他动物时，病毒就会沿蚊子的喙随唾液一起流入被叮咬者的血液中，引起感染。不仅如此，该病毒尚可在蚊体内存在很长时间，与其一起越冬，造成来年新的感染。人类对乙型脑炎病毒普遍易感，成年人感染后绝大多数没有症状，表现为隐性感染或无症状感染。儿童好发于10岁以下，尤以2~6岁最多，是乙型脑炎高发地区的主要患病群体。该病一年四季均可发生，但以7、8、9三个月份最多，可能与这个季节气候炎热、雨量充沛导致蚊子大量滋生有关。人感染后，自感染时开始至发病的时间（潜伏期）为2~26天。该病在世界范围内流行，主要集中在日本、韩国、越南、菲律宾、柬埔寨、泰国、印度、尼泊尔和马来西亚，在美国和澳大利亚也有散发。我国除青海、新疆、西藏和东北三省外均有发生，但以云南、四川、贵州、重庆、陕西和河南发病率最高，农村高于城市。因此，在上述国家或地区高发季节的旅行活动中，防蚊、灭蚊尤为重要。

流行性乙型脑炎的治疗尚无特效药物，主要以对症支持治疗为主，也就是出现什么症状处理什么症状，对其大范围流行的控制还在于积极的预防。预防的主要措施是进行乙型脑炎病毒疫苗的接种，其次是防蚊和灭蚊，除做好个人防护之外，重点是要消除蚊虫的滋生地，这样就可切断乙型脑炎的传播途径。另外，积极隔离治疗乙型脑炎病人，也是必要措施之一。对养猪场的控制，特别是猪乙型脑炎疫苗的接种和猪场的灭蚊工作，对控制传染源和防止本病在人群中的传播甚为重要。

纵观世界病毒性疾病预防与人类健康的演化史，人们可以惊奇地发现，在生物科技大发展的20世纪上半叶，我国正处在积贫积弱、饱受外来欺凌和谋求民族解放的年代，现代科技的发展离我们十分遥远，我们对它的贡献也微乎其微。这就是为什么在如此多的病毒及其所导致的疾病中，率先分离和认识它们的往往都是他国人的原因所在。然而，在乙型脑炎病毒减毒活疫苗的研制方面，我国却走在了世界前列，令人骄傲。这得益于一个人——俞永新。1929 年 3 月 23 日，俞永新出生于福建省莆田市仙游县的一个小山村。他自幼家境贫寒，上学要靠双脚徒步行走至几十公里外的县城。20 岁那年，他有幸考入原福建协和大学学习医学，后来又改学生物学。工作后不久，他就接到了一个任务，改进乙型脑炎病毒疫苗。当时乙型脑炎在中国十分流行，发病最多的年份病人数超过 17 万，病死率在 25% 左右，严重危害着国人的健康，国家急需一种高效低毒的疫苗来解决问题。那时我国使用的乙型脑炎疫苗是用鼠脑培育出来的，纯度低、免疫活性差、生产效率不高，很难满足当时防疫的需要。俞永新接受这一任务后，开始了漫长的研制过程。他深知，一款好的疫苗，必须有一株优良的病毒株做基础，这样做出来的疫苗其抗原性才足够强，能更有效地刺激机体产生持久免疫力。然而，由于当时国家一穷二白、科研条件极其有限，直到十几年后，他才获得了一株比较理想的病毒株。利用这一毒株，他和同事们历经千辛万苦，咬牙坚持度过了一个又一个难关，终于在 1989 年研制成功并获得了国家批准生产。这一疫苗的应用，使我国乙型脑炎的发病率从 20 世纪 60 年代的 11.9/10 万下降到了目前的 0.5/10 万以内，年发病人数降低到了 4000 例以下。更为可喜的是，2013 年 10 月，这一疫苗顺利通过了世界卫生组织的疫苗预认证，成为中国第一个通过世界卫生组织预认证的疫苗产品，取得了乙型脑炎减毒活疫苗走向世界的通行证。目前，中国生产的乙型脑炎病毒减毒活疫苗以其价格低廉、免疫效率高和易于接种的特点，已行销世界数十个国家，占据了全球 90% 以上的市场，为数亿儿童带来了福音。俞永新也因此被称为乙型脑炎病毒减毒活疫苗之父，受到了世人的尊重。

从俞永新的身上，我们看到了中国人的聪明、勤奋，以及在科学上永不言弃的精神。放眼世界，但凡世界级的具有重大创新意义的成果，莫不是在长期坚持、数十年矢志不渝、一生只做一件事的专注和努力下完成的。

勤劳勇敢、睿智坚韧的中国人只要能够继续发扬这种精神，摒弃浮躁和急功近利的短视行为，就一定能行走在世界科技发展的康庄大道上。有道是：

千年老参万载功，
庚信文章暮始成。
莫道华夏大儒少，
只问为学十年无。

坚持和专注是科学人必不可少的优秀品格，而对这种品格的宽容和耐心则是其存在并获得成功的前提和基础。乙型脑炎的故事讲清楚了，但另有一种病毒，至今仍在猖狂地祸害人类，它不仅攻击小孩，也常不放过大人，搅得一个个群体不得安宁。欲知此乃何种病毒，且看下回分解。

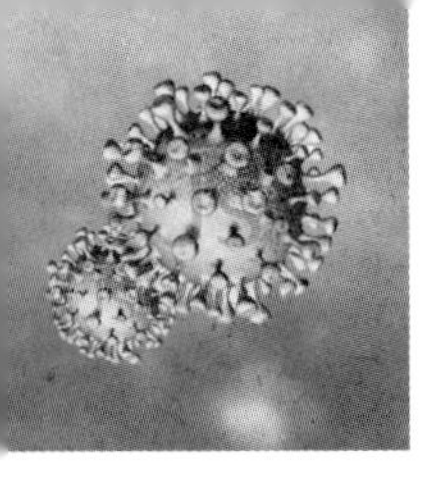

第三十三章

害小孩全身起痘　殃大人腰缠火丹

——水痘－带状疱疹病毒

病毒这种小小的东西，没有五脏六腑，没有眼耳鼻口，没有思想灵魂，没有虎牙犬爪，只有核酸、衣壳或包膜，它简单得不能再简单、单薄得不能再单薄，甚至自己独立存在的时候都没有生命，但它的威力却一点儿也不比狼虫虎豹差，危害性远远胜过一般的物种。自人类诞生以来，它随着族群的迁徙而迁徙、社会的变化而变化，无时无刻不在考验人们的抵抗力，随时随地准备着大规模偷袭，真可谓肉眼看不见的恶魔、显微镜里的杀手。

传说在北宋初年，宋朝的开国皇帝赵匡胤刚刚稳定了江山社稷，才准备要好好休息休息，洗一洗身上常年带兵打仗的灰尘，却不料就突然病了。这一病怎生了得？只见他的一侧腰间先是出现了一簇簇红色斑丘疹，呈条带状分布，有灼痒和刺痛感，紧接着就在斑丘疹的基础上发展为密密麻麻的水疱疹，疱疹大小从米粒至绿豆样不等，疱液清亮，基底粉嫩发红，疼痛无比。这种感觉比带兵打仗时受的外伤还难受，赵匡胤坐卧不宁，茶饭不思，他命令宫中的御医一个个献出拿手绝活，但还是无济于事。只见那疱疹出了一批又一批，疼痛一阵紧似一阵，眼看着病情一天天加重，赵匡胤被气得七窍生烟，暴怒不断，一道谕旨把这些御医都送进了大牢，随后下令在全国招募民间良医，赏银百两。就在此时，宫里一佣人打听到河南某地有位郎中，医术奇高、妙手回春，专治各种疑难杂症。得知这一消息，赵匡胤急忙派人快马加鞭将这位郎中接到宫中。只说这皇帝赵匡胤也是病急乱投医，顾不了那么多了，让人验明郎中身份后，就直接将其召唤到病榻前。郎中撩开黄袍轻轻一看，刹那间就明白了皇帝所患之疾，这是一种中医称为“火丹”、民间称为“蛇缠腰”、现代医学称为“带状疱疹”的疾病。这位郎中已经在长期行医中见了很多例这种病，于是莞尔一笑，轻轻地从随身所带的药罐中取出几条活的蚯蚓，将其捣烂，调成膏状，敷于赵匡胤的病变部位。刹那间皇帝感觉一股清爽之气涌上心头，局部痛感也明显减轻了。见此情景，郎中又拿出几条活的蚯蚓，如法炮制，取水一碗，嘱咐皇帝一口喝下。皇帝听到这话，大吃一惊，担心这厮会不会害他，就呵斥道：“此物能喝吗？莫非有异心？”郎中一听，吓得大惊失色，扑通一声跪倒在地，连说“不敢不敢，小民愿亲尝之”，这才化解了危机。3 天之后，赵匡胤的疱疹就变成了疱痂，疱液明显吸收减少了。7 天之后，疱液完全吸收，疱痂塌陷，疼痛显著减轻。10 天时已完全结痂，14 天时干痂开始脱落，疼痛消失，出疹部位逐渐恢复正常，未留瘢痕和色素沉着。随着病情的好转，赵匡胤也龙颜大悦，顺势又宣布赦免了此前被关进大牢的御医。这真是：

◎民间郎中给赵匡胤诊病

三国曹蛮杀华佗，
匡胤染疾御医祸。
无妄之灾降杏林，
帝王无奈小毒何。

各位读者，这个传说是否属实已无所考，蚯蚓（中医名曰“地龙”）可否用于带状疱疹的治疗也未可知（仅为传说而已）。但有一点现代医学已经明确，那就是带状疱疹属于自限性疾病，从理论上讲，发病之后即使不经治疗，只要病人免疫力没有缺陷，大多经历 14~21 天也能自愈。赵匡胤的病情经过就是该病的典型临床表现，大多数人病后经治疗都与他的痊愈过程类似。当然，一般情况下，医生们并不赞同让病人不积极治疗而自然痊愈，因为自然痊愈不利于缩短病程、减轻疼痛等症状，以及防止由带状疱疹引起的肺炎和脑膜脑炎等并发症，尤其是在病人免疫力状况不确定和现今已有特效治疗药物的情况下。带状疱疹尚有一种十分恼人的表现，就是引起病变部分持续剧烈的神经痛，常需使用镇痛药物方可止痛。

现代医学研究表明，带状疱疹是由水痘 – 带状疱疹病毒感染所引起的一种疾病。该病毒为球形颗粒，大小约 150 纳米，属于疱疹病毒科，其核心部位是一条双链 DNA，外面是衣壳和包膜，具有与其他病毒相似的三层结构。它抵抗力弱，对热和酸敏感，常用消毒剂可将其杀灭。

这种病毒不仅可引起带状疱疹，而且可引起水痘，是这两种疾病的共同病原体。然而，它所引起的这两种疾病在表现上却不尽相同。水痘的潜伏期为 10~24 天，发病后一般分为两个阶段。第一个阶段是前驱期，可有乏力、低热、头痛、咽痛、咳嗽和恶心等症状，类似于感冒，大多数人都不是很在意。1~2 天后，就会进入第二个阶段，也就是出疹期。此时会在病人的前胸后背及头皮出现红色斑丘疹，随后会蔓延至颜面部及上下肢。在此过程中，皮疹很快会演变成水疱疹，疱液清亮，周边有红晕，疱壁薄且易破，1~2 天后，疱液变混浊，颜色变暗，中心向下凹陷，开始吸收结痂。约 1 周后，痂皮脱落，疱疹痊愈，不留瘢痕和色素沉着，但部分病人如继发细菌感染，则会形成黄白色脓疱疹，病情会加重，愈合时间延长。典型水痘病人的皮疹以前胸后背、腹部和腰部为最多，四肢相对较少。整个病程持续 10 天左右。当然，水痘如不积极治疗，对少儿及部分免疫力低下者，可能形成水痘性肺炎、水痘性脑炎和水痘性肝炎等严重并发症，危及生命。

有趣的是，最早的时候人们并不知道水痘和带状疱疹是由同一种病毒感染引起的疾病。1892 年，冯·博凯（von Bokay）医生首次观察到接触过带状疱疹病人但从未患过水痘的儿童易患上水痘，他由此提出这两种病可能是由同种病原体所致的。此后，对水痘和带状疱疹病人的疱疹皮损组织进行的病理学检查证实了这两种疾病的病理改变是相似的。同时，另有一些学者也先后证明了带状疱疹源于发生水痘后潜伏下来的病毒的再活化。1953 年，具有传染性的水痘 – 带状疱疹病毒被韦勒等人分离出来，关于水痘和带状疱疹病因的争执才画上了句号。

水痘和带状疱疹的传染源是相似的，都是水痘或带状疱疹病人。传播途径以呼吸道飞沫传播为主，也可通过直接或间接接触而传染。患病者疱疹在完全干痂之前，都有传染性。人群对水痘 – 带状疱疹病毒普遍易感，病后痊愈即可获得持久性免疫力。一般来说，儿童初次感染该病毒后可能发生水痘，病愈后可有部分病毒在体内潜伏下来，在成年后发生带状疱疹。亦有部分成年人初次感染后，以水痘为首要表现。治疗上主要是隔离病人，抗病毒、止痒、镇痛等对症治疗和预防并发症，其抗病毒药物以阿昔洛韦为主，结合维生素 B_{12} 预防神经损害、炉甘石洗剂外用等，多可获得良好效果。

从预防的角度来说，水痘和带状疱疹这两种由同一种病毒引起的疾病，已有疫苗可用。1974 年，日本学者高桥受到欧美科研人员关于病毒分离和疫苗开发方法的影响，对病毒研究产生了浓厚兴趣。他将一名患有水痘的男孩的疱疹液接种到人胚胎肺组织中，经过悉心传代培养，最终从该组织的细胞中分离出了水痘 – 带状疱疹病毒。随后他将分离到的病毒重新接种到新的人胚胎肺组织上进行培养，成功后又将该培养物接种到豚鼠胚胎组织中进行培养，然后将经豚鼠胚胎细胞培养的二代病毒接种到人二倍体细胞的培养物中继续培养，这样经过多次传代后，该病毒株的毒性已经大大减低，而抗原性却得到了保留，从而形成了可以作为疫苗毒种的病毒株，也叫“Oka 毒株”，这成了世界各国研制水痘减毒活疫苗的基础。在此情况下，近水楼台先得月的日本学者利用这一毒株，在世界上率先研制出了水痘减毒活疫苗，于1987年在日本批准投用。这是人类第一次研制出来的人疱疹病毒属病毒的减毒活疫苗，后来被允许在包括日本在内的多个国家临床使用，具有里程碑式的意义。1995年，默克制药公司借鉴日本学者的上述方法和OKa毒株，也开发出了病毒含量更高、免疫活性更强的水痘减毒活疫苗。此疫苗之后获得美国食品药品监督管理局的批准，面向没有患过水痘和带状疱疹的儿童及成人进行接种，有效率达95%以上。我国也在这一领域开发出了水痘疫苗，质量优良。

水痘和带状疱疹作为常见病、多发病，其致死率最高的并发症是水痘性脑炎，死亡率约为3%。由于这两种疾病一般情况下病情相对较轻，因此在社会上颇不被重视，但可贵的是在科学界并没有人因为他们相对小众一些而将其忽视。众多科学家依然选择了逆向前行，力争要找到这两种疾病致病的密码，以科学家和医学家的良善拯救民众于病魔的魔爪，使人类免受或少受这一病毒的危害。这一点正如《三国志·先主传》中所提到的：“勿以恶小而为之，勿以善小而不为。”科学研究莫不如是，有人以问题小而不屑一顾，有人贪问题大而全却一事无成。其实只要方向对、利国利民，无论问题大小，如能一股劲儿钻研下去，哪怕一辈子只搞清楚一个问题，最终也会结出硕果，成为一代大家的。可叹这世上心气浮躁的人多，宁心静气的人少；急功近利的人多，淡泊明志的人少；朝予夕求的人多，恒久探索的人少。所以才出现了获奖的人多，有开创性成果的人少；专家教授奇多，真才实学者稀少的情况。这真是：

科学之旅孤苦伶，
沽名钓誉君莫行。
从来中华多才俊，
愚公移山贵有恒。

各位读者，水痘-带状疱疹病毒致病一事暂叙至此，欲知下回何毒来袭，且听笔者慢慢道来。

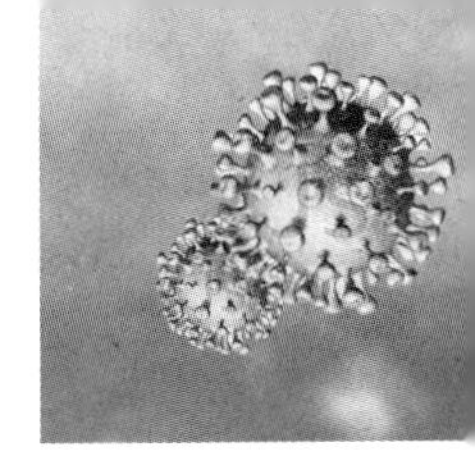

第三十四章

多病毒轮番攻击　同疫疾屡犯不停

——手足口病病毒

俗话说，世上事有因必有果，有果必有因，因果轮回，无穷无尽。又说，种瓜得瓜，种豆得豆。大意是但凡已经发生的，必然事出有因。在病毒与人类疾病的演化过程中，这一规律依然存在。上回书写道，水痘－带状疱疹病毒可同时引起两种疾病，即水痘和带状疱疹。这是在自然界中有明确病因的人类疾病中非常罕见的一种情况，那就是只有一个病原，却能带来两种损害，可谓一因双果。无独有偶，还有一种疾病正好与此相反，不是一因一果，也不是一因双果，更不是一因多果，而是多因一果，这种疾病就是手足口病。

追溯手足口病的历史，还要回到60多年前。1957年初春，在新西兰北部岛屿一个名叫曼格奇诺的小镇上，有8个5岁左右的小孩先后出现了发热、乏力、打喷嚏、流鼻涕等感冒样症状，部分小孩还出现了食欲减退、恶心、呕吐、腹痛、腹泻等胃肠道症状。他们都是邻家小伙伴，平常就在一起玩耍，关系甚好，亲密无间。这次先是其中一个刚满5岁的小男孩儿发病，紧接着其他7个小家伙像是约好了一样，也一个个“变狗”（注：俚语中“变狗”就是生病的意思）了。起初家人们以为是感冒，都没太在意，思量着小灾小病的，很快就好了。不料这些孩子的病情愣是一天重似一天，不仅上述症状未明显减轻，而且还出现了手、足和口腔的多发性病变。口腔病变出现最早，主要是口咽痛和流涎，明显影响了进食和吞咽。

随后在舌、口腔两颊黏膜、咽后壁和口唇等部位又出现了粟粒样斑丘疹和水疱疹，周边有一圈红晕，甚为特异。部分疱疹破溃后形成了小溃疡，伴有明显疼痛。与此同时，这些患儿的手、足和臀部皮肤也出现了类似的皮疹和疱疹，不痛不痒，疱疹基底部周围也有一圈红色晕环。疱疹有大有小，最大者如黄豆样，最小者似小米粒样，内有混浊液体。在皮疹出现的过程中，孩子们的体温也越来越高，精神状态越来越差，一个个痛苦地直哼哼，其中有一个小孩，胳膊肘和膝盖部位也出了很多皮疹，颇为吓人。见此情景，家长们终于着急了，面对这样一种从未见过的疾病，他们有些害怕了。于是急急忙忙把孩子们送到了当地的诊所，接诊医生名叫西登（Seddon），是一位责任心极强、医术很好且经验丰富的医生。他看了这些孩子们的病变后也不免大吃一惊，因为在他漫长的职业生涯中，只听说过口蹄疫——一种偶蹄动物所患的疾病，但在人类当中，尚未见过这种类似口蹄疫的疾病。由于闻所未闻、见所未见，他只好给予了退烧等对症处理，嘱咐家长们密切观察孩子们的病情变化。5 天以后，有 6 个孩子渐渐不再发热，体温完全恢复了正常，皮疹也逐渐消退，疱疹干痂脱落，未留瘢痕。另外 2 个病情较重的孩子也在 10 天后完全恢复了正常，没发现什么后遗症。西登医生得知这一消息后喜出望外，他马上将这 8 个新奇的病例整理出来，报告给了当时新西兰全科医师学院的研究委员会，在没有进行病毒学分析的情况下，就发表在了该学院编辑的一份研究通讯上，这是人类第一次有记录的关于手足口病的医疗报告。

事实上，早在 20 世纪 30 年代末，人们就已经发现了这种疾病，只是当时都以为是动物易患的口蹄疫，没人注意罢了。1957 年六七月间，加拿大多伦多市的一间幼儿园内，有 60 个儿童也出现了同样的疾病，这一大规模集体发病的现象很显然是属于传染病的暴发流行。有着高度职业敏感的多伦多当地医生立即将这一情况上报给了该市的疾病预防控制中心，为了追根溯源查明真相，多伦多市疾控中心决定向科研条件更好的多伦多大学公共卫生学院微生物学系的专家教授们求援。该系的病毒学家罗宾逊（Robinson）教授接到请求后，立即联系同事组成了研究小组。他们迅速投入工作，将生病小孩的疱疹液接种到了哺乳期小鼠的体内进行病毒培养，结果还真获得了成功，顺理成章地从小鼠体内分离出了一种病毒——柯萨奇A16型病毒。1958年，这次流行病学调查和病毒学研究的结果发表在《加拿大医学》（*Canadian Medicine*）上。翌年，这一病因和临床特点趋于明朗化的疾病被正式命名为“手足口病”，成了与口蹄疫病类似但只对人致病的一种新的传染病。20世纪60年代早期，在新西兰、英国和美国等多个国家又接二连三地发生了手足口病，这些国家的病人中分离出的病毒也主要是柯萨奇病毒A16亚型，同时还在部分地区的病例中分离出了柯萨奇病毒A4和A10亚型。60年代末至70年代初，在美国的手足口病患儿体内又分离出了肠道病毒EV71型，这使得手足口病的病原学范围再次扩大了。

现已查明，能明确引起手足口病的病毒种类多达10余种，包括柯萨奇A组病毒中的A4、A5、A6、A9、A10、A16亚型，B组中的B2、B5、B13亚型，肠道病毒EV71型和埃可病毒11型。这些病毒都属于肠道病毒属，小RNA病毒科，其核酸均为单股正链RNA，外有衣壳，无包膜，大小为20~30纳米。在这些病毒中以柯萨奇病毒A16亚型和EV71型最为常见，以后者引起的感染最严重，易于发展为重症病例。手足口病病毒的抵抗力普遍较强，在室温、污水和粪便中可存活较长时间。紫外线照射、含氯消毒剂、过氧化氢、高锰酸钾和碘酒等均能将其杀灭，其对热敏感，50℃条件下可迅速灭活。

手足口病的传染源主要是病人及隐性感染者，粪便排毒时间可长达4~8周。传播途径以粪–口传播为主，其次是呼吸道飞沫传播和密切接触传播，接触了被传染源的粪便、呼吸道分泌物及疱疹破溃液所污染的物品后均可感染。苍蝇和蟑螂等昆虫也可能在传播中起一定作用。各年龄段的人群对手足口病病毒普遍易感，但5岁以下，尤其是3岁以下儿童最容易感染，发病率也最高。

2017年12月的一天，在我国陕西境内的某个城市医院的感染科门诊，一名年轻妈妈带着一个病恹恹的孩子，气冲冲地闯进了医生的诊室，她着急而又愤怒地质问医生，她的孩子几个月前才得过手足口病，怎么现在嘴巴和手脚又起了很多疱疱，还发起了烧，是不是又得手足口病了？而且怀疑是医生上次压根儿就没给治好，故意让孩子二次发病，好让医院赚钱。因为在她的印象中，传染病得一次好了之后是不应该再得第二次的。听到她质疑的话语，看着她不满的表情，医生并没有吭气，而是等她把话说完后，招呼她坐下，并将孩子的口腔、手脚、左右肘和膝关节，以及臀部仔细检查了一番，然后很诚恳、很冷静地告诉这位妇女，她的孩子的确又得了手足口病。

看到这里，有人不禁要问，为什么同一个孩子能反复得手足口病呢？

原来，引起该病的不同病毒亚型感染后所获得的免疫力，相互之间并无交叉保护性，所以第一次感染痊愈后，还可能再次发生感染。例如，上一次感染的病毒是柯萨奇 A16 亚型，下一次再发病时就可能是肠道病毒 EV71 型，相互间无交叉免疫力，这也是手足口病为什么会在同一个病人身上反复多次出现的原因所在。

还是刚才这个故事，当小孩的病痊愈之后，小孩的妈妈不禁羞愧难当，急忙带着小孩专门来到那位被她怒斥过的医生身边，郑重其事地与孩子一起给医生鞠躬，表达了诚挚的歉意和深深的感谢。这件事情令那位医生感慨良久，不由赋诗一首：

中华自古礼仪邦，
温良恭谦论短长。
友善仁爱相以待，
家国万民千年昌。

手足口病一年四季均可发生，但以 5~7 月份最为多见。感染后潜伏期多为 2~10 天。一旦发病，病情较轻的普通型病例表现多如前述，而病情严重的少数重症病例则发展迅速，在起病 1~5 天会很快出现神经系统症状（如嗜睡、惊厥、头痛、呕吐、谵妄或昏迷）、呼吸系统症状（如呼吸浅快、费力、困难，咳嗽、咳痰），以及循环系统症状（如面色苍白、表情淡漠、皮肤发花、皮肤湿冷、四肢发凉、血压下降、心率加快），如抢救治疗不及时，则会因昏迷、呼吸循环衰竭而死亡，病死率可达 20%。

手足口病的预防主要应做好个人手卫生，强调饭前饭后、便前便后、外出归来等要按要求洗手。本病流行季节应避免到人流密集和环境密闭的场所去，重点做好托幼机构的管理，杜绝与患病儿童的直接和间接接触。对患病儿童需及时进行隔离治疗，其用物要清理消毒，每天开窗通风也很重要。针对 EV71 型病毒感染，可采用疫苗加以预防，但这一疫苗对其他亚型手足口病病毒感染的预防是无效的。治疗方面尚无特效药物，一旦发现应立即前往附近医疗机构就诊，进行隔离治疗。

自 1957 年世界上首次发现手足口病以来，该病在世界各地的发病率逐年上升，流行范围不断扩大。已从最初的新西兰等国家扩散到北美，再由北美扩散至欧洲和东南亚。1981 年，在我国上海首次发现了这一疾病，这标志着我国成为新的疫区。自那以后，我国几乎所有省份都报告了这种疾病。每隔 2~3 年就要暴发流行一次，已成了危害广大儿童身体健康的主要疾病之一。令人自豪的是，我国科学工作者自 2008 年开始，就启动了 EV71 病毒灭活疫苗的研发工作。他们在国内外尚无同类手足口病疫苗研制方法可资借鉴的情况下，历时 7 年，一举攻克了疫苗二倍体细胞规模化生产和质量控制的核心技术，成功研制出了这一疫苗。临床试验表明，该疫苗对肠

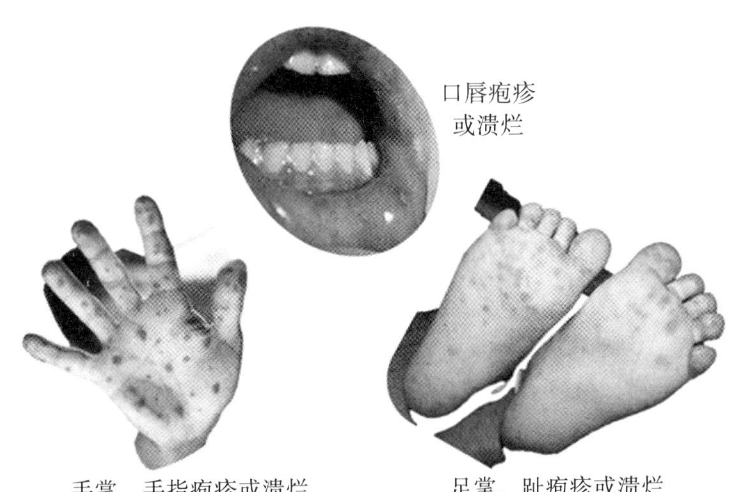

◎手足口病病毒可引起手、足、口等部位疱疹

道病毒EV71型感染引起的手足口病保护率可达97.3%，对该型病毒引起的重症手足口病的预防率达100%。2015年12月，该疫苗获得国家食品药品监督管理总局的批准，并于2016年3月18日在云南省昆明市将首批疫苗正式投放市场，开始面向全国乃至全球儿童进行预防接种。该疫苗是世界上第一个EV71病毒疫苗，也是唯一采用人源性细胞基质生产的EV71病毒疫苗产品，成了我国在生物医药技术领域又一个值得骄傲的成果。这真是：

华夏从来人才羡，
炎黄子孙慨而慷。
只需凝心排一障，
迷雾尽头山水长。

话说手足口病的重症病例预防工作获得突破后，积极接种EV71病毒灭活疫苗就成了重中之重，这一重任的完成不仅要靠宣传，更重要的是在于家长的自觉。此话题暂按不表，倒是有一种在中国新发现的传染病，由中国学者率先发现并分离出致病病毒，进而证明了该病毒与这种新发传染病之间的因果关系。欲知此病详情，且看下回分解。

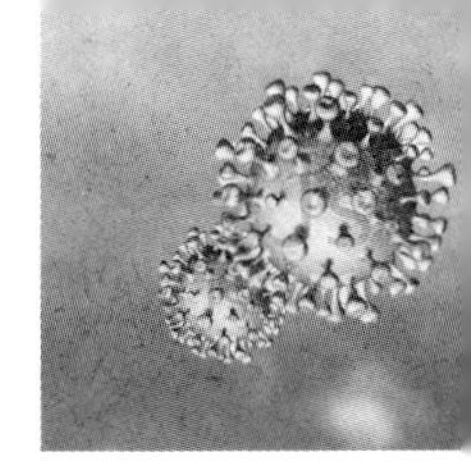

第三十五章

祸起蜱虫无辜送命　热血减少在劫难逃

——新型布尼亚病毒

时光荏苒，斗转星移，话说人类在与病毒的斗争中，历经千百年的艰难困苦，付出了无数生命的代价，最终才换得今天对病毒性疾病的深刻认识。然而，正所谓大千世界，芸芸众生，生命存在的形式不仅只有人类，还有其他动物、植物，以及细菌、病毒等微生物。人类通过不断努力，把自己创造的文明一步步推向更高层次的同时，势必有时也物极必反了。与此相适应的，其他物种也在不断地寻求变化，通过遗传变异变得越来越聪明，例如细菌，耐药速度之快、耐药方式之多，令人目不暇接、防不胜防。又如病毒，虽然结构简单，却又极其复杂。它们有的古老，动辄存在了数千年乃至上万年；有的年轻，作为一个新面孔现身不到区区十年。无论如何，它们总在不断地推陈出新、频繁变异，随着人类文明开化的步伐而不断进化，以适应人类社会及自然环境的变化给它们带来的新挑战、维持其存在。这种自适应的能力实在令人惊叹，这真是：

世间本无愚钝物，
宏观微界两灵通。
人类传承求进步，
它物随形变不停。

只说这病毒，差异太大。有些性状保持长期稳定，上百年都不曾有大的变异；有些每隔三五年就变化一次，每一次变化，都会带来一次疫情的暴发或流行，让人类手足无措，无所适从，付出沉重的代价。而有些时候，自然界也会出现一些新的病毒种类，它们总是以一种意想不到的方式，通过某种特殊途径传给人类。

2007 年 5 月，在中国河南的信阳地区，有一家位于山区丘陵地带的医院接连收治了 3 名发热病人，这些病人不仅体温高，而且还有腹痛、腹胀、腹泻、恶心、呕吐和消化道出血的表现。因为起病突然，病情复杂，当地医生考虑诊断为“急性胃肠炎”，但却无法完全用这一疾病来解释病人的所有症状。就在此时，一位着急的病人家属将这一情况反映给了当地的疾病预防控制部门。很快，这个信息层层上报，到达了河南省疾病预防控制中心，该中心立即派人对这一情况进行了流行病学调查。结果发现，这种病有如下特点：一是潜伏期为 5~15 天；二是发病后出现临床表现的整个过程大体可分为发热期、极期和恢复期三个阶段。发热期的起病急骤突然，主要表现为发热，体温多在 38℃左右，重者亦可达 40℃以上。发热时间长短不一，最长可持续 10 天以上，同时病人多伴有乏力、头痛、全身酸痛，并可出现食欲减退、恶心、呕吐和腹泻等消化道症状。病人往往合并存在颈部、腋下及腹股沟等部位的浅表淋巴结肿大，肝、肾功能异常，白细胞和血小板明显减少等表现。此期如病情未获缓解，则会快速发展进入第二阶段，即极期。这时的主要表现为在发热期各种症状的基础上，病情呈进行性加重，出现昏迷、休克、消化道出血和肺出血等，最终可因呼吸、循环、中枢神经等多种脏器功能衰竭而死亡。但如能幸运度过此期，则可进入恢复期，病情逐渐减轻，最终痊愈。

根据上述情况，流行病学专家们认为此非一般性胃肠疾病的特点，应该是有新发传染病的可能。于是上报国家相关部门，以河南为中心建立了该病的症状监测系统，此后接二连三地在湖北、山东、安徽、江苏、辽宁等省发现很多这种病例。由于当时河南省还出现了恙虫病立克次体感染所引起的恙虫热，而邻近的安徽省也发生了因人无形体感染所致的人粒细胞无形体病，这两种疾病的暴发流行让人们起初以为河南的这种疾病也属于无形体病或恙虫热之一。然而遗憾的是，在当年监测到的 206 例疑似病例中，仅有6例确诊为无形体感染，其余200例病人的病因依然不清楚。

为了能够尽快查明病因，在卫生部门的领导下，全国各地自2008年起都建立了症状监测体系。这样一来，更多的省份和更多的病人被发现。与此同时，寻找病因的努力也在不断地进行，其中有两个团队的研究工作令人瞩目。一个是时任中国疾病预防控制中心病毒病预防控制所所长的李德新研究员带领的一众人马，他们根据流行病学调查结果和该病的临床特点，推测其病原体可能为虫媒病毒、立克次体或无形体，从而率先开展了实验室验证工作。所采用的方法主要是盲法培养，即在不知道特定病原体的情况下，对最可能的细菌、病毒、立克次体和无形体等进行了广泛培养，以期能迅速发现病原体。当然，这种方法是最为经典的方法，但因缺乏精准性，常常需要耗费大量的人力、物力和时间，犹如大海捞针一般。尽管如此，它也往往能为后续的研究奠定良好的基础。另一个团队是由中国疾病预防控制中心自美国得克萨斯大学引进的华人学者于学杰教授带领的研究小组，他们采用了与李德新研究员小组同样的技术路线，但更多的关注在病毒方面。2009年，于学杰研究小组经过不断的尝试，最终采用犬巨噬细胞进行病毒培养获得成功，并从培养基中分离出了一种新的布尼亚病毒，将其命名为“严重发热伴血小板减少综合征病毒”。

2010年5月，中国疾病预防控制中心综合此前的各种研究结果，将这一疾病定义为“发热伴血小板减少综合征”。同时，当时的卫生部也要求全国各省、市开始此项病例的监测上报工作，这就使全国发现的病例总数越来越多，为后续研究工作的突破奠定了良好的基础。随后，李德新研究员和他的研究小组运用高通量宏基因测序技术，先后选取了600余份病人和健康人的血清，进行病原学测定结果的比对，最终确定了一种与布尼亚病毒科病毒亲缘关系较近的基因片段，然后以此为基础对感染者的血清进行了核酸检测，证实了这些病人体内存在这种病毒的感染。在此基础上，他们将病人的血清标本接种到非洲绿猴的肾细胞培养基上进行病毒培养，进而成功分离到了一种新的病毒，这种病毒被他们称为“发热伴血小板减少综合征布尼亚病毒”，简称“新型布尼亚病毒”。就这样，在两组中国科学家的共同努力下，发热伴血小板减少综合征的病原体明确了。这一病原体的发现，凝聚着中国科研人员的心血，体现了中国科研人员的智慧，是由中国人独立自主完成的为数不多的生物医学重大原创性成果之一，为人类探索新的疾病做出了重要贡献。回首百余年来我国的科技发展史，这一发现令人感慨，也令人自豪：

列强铁蹄犯中原，吾国受难逾百年。
如今晴空一霾扫，中华处处谱新篇。
从来炎黄多智慧，神农尝草创纪元。
神州贵有仁智士，卫我华夏一江山。

提到布尼亚病毒，有人不禁要问，为什么起这样一个奇怪的名字？原来早在20世纪40年代初，在非洲国家乌干达西部的布尼亚韦拉地区，就流行着一种发热性疾病。这种病的病原体不同于黄热病病毒，属于当时发现的一种全新病毒，人们依据它的发现地将其命名为“布尼亚病毒”。此后，各国研究人员又陆续发现了多种类似病毒，使其家族成员数量不断扩大。1975年，国际病毒分类委员会为方便世界各国科学家的研究，将此类病毒进行了统一归类，单独列为布尼亚病毒科，成了迄今为止整个病毒大家庭中包含病毒种类最多的一族。中国科研人员发现的新型病毒就属此类，因此才有了这个奇怪的名称。

话说继中国科研人员发现新型布尼亚病毒之后，世界各国对发热伴血小板减少综合征这一新发传染病有了高度重视。自2009年以来，已先后在美国、日本和韩国发现多个病例，这些病例多数与中国没有关系，属于当地的本土病例，这也表明新型布尼亚病毒在世界各地均有存在。在中国，除了前述的河南、湖北、山东、安徽、江苏、辽宁等省外，浙江、湖南、江西、北京、云南、广西、福建、广东、四川、重庆、贵州和陕西等省市及自治区均已发现此病，足见疫情涵盖范围之广。

发热伴血小板减少综合征的传染源为患此病者和长角蜱虫，传播途径主要是蜱虫叮咬，其次是人与人之间的传播，主要方式为人接触了病人的血液、体液、分泌物和排泄物后引起感染，而无论身在何处，人群都普遍易感。该病好发于山区和丘陵地带的农村，散发居多。每年 3~11 月为流行季节，5~7 月蜱虫繁殖旺盛数量增多时此病高发。

从病原体来看，发热伴血小板减少综合征布尼亚病毒属于布尼亚病毒科白蛉病毒属，是一种 RNA 病毒，其颗粒呈球形，直径 80~100 纳米，核酸外面有包膜。对热敏感，60℃条件下持续作用 30 分钟就可灭活，对酸、紫外线、乙醚和甲醛等敏感，含氯消毒剂可有效将其杀灭。

该病治疗上尚无特效药物，主要以对症支持治疗为主，病情的发展、演变和预后取决于病人自身的基础健康状况。预防主要是在流行季节和流行地区做好自我防护，避免或减少在户外尤其是山区丘陵和灌木林带的活动，严防蜱虫叮咬。对有出血风险的病人应及时做好隔离，对病人的血液、排泄物、分泌物等做好恰当处理，接触时做好防护，严格执行手卫生，防止医源性感染的发生。

发热伴血小板减少综合征的主要临床特点就是发热和外周血白细胞及血小板的急剧减少，感染后病死率可达 6.3%。该病的主要传播途径是蜱虫

◎发热伴血小板减少综合征可由蜱虫叮咬引起

叮咬。提到蜱虫，不得不提醒读者对此应多加警惕，据不完全统计，全世界已发现的蜱虫有800多种，仅在中国就有100余种。这些蜱虫虽然偏居山野丘陵、田间地头、丛林野禾，但却个个身怀多种病原体，一旦叮咬人后，就可能给人传染新型布尼亚病毒、出血热病毒、森林脑炎病毒、回归热螺旋体、莱姆病螺旋体、Q热立克次体、西伯利亚蜱传斑疹伤寒立克次体、无形体、鼠疫杆菌和布氏杆菌等，从而引起严重感染性病变，甚至导致死亡。因此，发现蜱虫叮咬后，应第一时间前往医院进行规范处理。

发热伴血小板减少综合征作为一种新发传染病，它的故事远未结束，而世间不仅有蜱虫可以传染疾病，就连人类身边的动物一不小心也可能会成为传染源。这不，说话间就传来了养鸡场的鸡大量死亡和接触过鸡的人发生感染的情况。这又是一种什么病？为何如此厉害？欲知详情，请看下回分解。

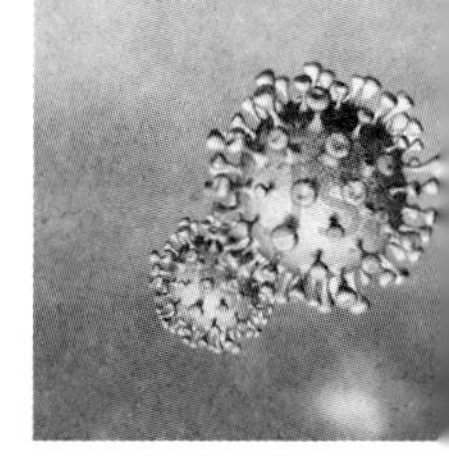

第三十六章

刹那间鸡鸭患病　没来由人类中招

——禽流感病毒

话说人类源自何时已无所考，是否从低等动物演化而来亦无所知。只是有一点十分肯定，那就是人与动物存在着一些共患疾病，这些疾病在导致动物患病的同时，有些也会影响人类健康，造成较高的死亡率，堪称另类杀手。这恐怕与人类依然保留着动物的一些最基本的属性有关，因此从这个角度而言，关爱动物就是关爱人类自身，诚如一首诗中所言：

人与动物本一家，
地球村里共生涯。
若无慈悲长杀戮，
去岁疫病今还发。

1878 年（光绪四年），以左宗棠为首的清军收复了新疆南疆，粉碎了英国和沙皇俄国侵占新疆的阴谋，守住了祖国的西大门。同一时间在世界科技中心欧洲，局势也颇不宁静，先是意大利国王翁贝托一世宣誓就职，成了这个国家新的统治者。紧接着希腊向土耳其宣战，拉开了两国战争的序幕。而在地球另一边的美国，世界上第一个电话交换所开业，有线电话开始走进人们的生活。在这样一个纷扰的世界，希望中夹杂着失望，美好中伴随着糟糕，喜悦中混合着沮丧，确定中弥漫着未知，人们如蝼蚁般在不同国度的不同地域、不同角落迎送着日出与日落。在此情况下，随着天气的转暖，一场不期而至的疫情倏忽间就席卷了意大利。原来在这个古老的欧洲国家，冷不丁就出现了大量的鸡鸭死亡事件，一个接一个农场，成群结队的鸡和鸭不明不白地突然就倒在了禽舍内，死鸡死鸭多到埋都埋不及。这场突如其来的变故就像亚得里亚海的狂风，从威尼斯一路向南，席卷了整个亚平宁半岛，害得意大利的农民们叫苦不迭，损失惨重。这是人类历史上第一次有记录的禽流感的暴发流行，所幸当时被称为“鸡瘟”的疫情仅仅局限于禽类之间，并未在人类社会中造成蔓延。然而，正因如此，其后 100 多年间，人们并未真正重视这一疾病。每当鸡瘟流行时，人类所能做的就是将发生鸡瘟的同窝家禽成批成批地捕杀、深埋或火化，再对发生病变的禽舍进行消毒处理，别无他法，以最大限度地防止疫情向其他健康家禽的蔓延。1955 年，科学家首次证实意大利鸡瘟的病原体是一种甲型流感病毒，而当时尚无人类感染的依据，因此就将这种流感病毒称为“禽流感病毒”。1959 年，这一病毒在苏格兰鸡瘟中的病鸡身上被分离出来，其血清型锁定为 H5N1。1983 年，美国弗吉尼亚州和宾夕法尼亚州的 1700 万只家禽受到了 H5N2 禽流感病毒的影响，这是截至当时世界上规模最大的一次禽流感的暴发流行，给美国当地的农场主带来了巨大的经济损失（约合 4 亿美元）。尽管如此，这种局限于禽类之间的流感病毒依然让人类在震惊之余感到庆幸，毕竟它未造成人际传播。

然而，这种侥幸的情况并未一直持续下去。1997 年 5 月 9 日，距离香港回归中国倒计时不到两个月的时间，一名 3 岁的香港小男孩儿突然出现了发热、咽喉肿痛的症状。这个孩子过去一直身体很好、十分健康，家族中也没有遗传性疾病。因此，当父母把孩子紧急送到医院做了各种检查及评估后，只得知这是一般性儿童疾病，两三天后应该就能康复，于是他们轻松地回了家。然而，5 天之后，孩子的病情不仅未见好转，而且迅速恶化。孩子的父母一见情况不妙，立即将孩子带到了社区医院。那里的医生也无法确诊，但感到事态严重，他们将这个孩子转到了伊丽莎白女王医院，这家高水平医院的医生看过之后同样说不出所以然来。不管怎样，事情明显不太对劲：小孩子已经无法自己呼吸了，需要接上呼吸机持续人工辅助呼吸才能维持生命。更可怕的是，医生们原以为这只是一起病毒性肺炎，谁承想这孩子又合并了瑞氏综合征。这种病大多发生在严重流感或水痘之后，患儿的大脑往往会因大量的体液外渗而出现肿胀，使颅腔内压力过高而压迫支配呼吸和心跳的神经中枢，最终引起呼吸衰竭、心跳停止而死亡。尽管医生们意识到了问题的严重性，也采取了大量针对性的治疗措施，但由于病因不明，缺乏特效药物，病情到了这一步，实际上已经无可挽救了。这孩子很快就出现了弥散性血管内凝血，血管中的血液凝固如泥浆，大量的凝血物质被消耗，最终全身多个脏器发生了广泛出血，一周后，这孩子就因多种器官功能衰竭而死亡。一头雾水的医生们不甘心就这样看着孩子死去，他们一定要想方设法找到病因。于是，在孩子临终前，他们从他的呼吸道留取了一些分泌物样本，这些样本很快就被送到了当时的香港卫生署，检验人员在紧张工作了 3 天之后，得出了一个医生们无法认同的结论：这孩子死于流感。不错，是流感！但究竟是哪一种类型的流感却始终无法确定，在香港历史上，1968 年曾经暴发了甲型 H3N2 流感大流行，1977 年发生了甲型 H1N1 流感大流行，但这两种流感都被排除在这个小孩的病情之外。为了彻底搞清楚这个流感类型，当时香港卫生署的首席病毒学家薇丽娜·林（Wilina Lim）医生将样本分成几份，分别寄给了世界卫生组织位于英国伦敦、日本东京、澳大利亚墨尔本和美国亚特兰大疾控中心的致命性病毒早期预警合作中心，以便早期发现和预警能够引起大规模暴发流行的致命性病毒。同时她也给荷兰国立公共卫生研究所的世界知名病毒学家简德容（Jan de Jong）寄了一份样本。这些检测中心每天都要接受来自世界各地的上千份样本，它们都需要按顺序检测。1997 年 8 月 8 日，简德容首先打来电话，告知那小孩患的是 H5N1 型禽流感，一个月后从美国那边排队结束的标本中也检出了同样的病毒。为慎重起见，专家们对香港实验室保留的原始标本再次进行了检测，排除了标本被禽流感病毒污染的可能性。这样一来，引起小孩儿死亡的病因明确了，是 H5N1 型禽流感病毒，但证据链尚不充分。接下来还需要从流行病学的角度，找到小孩儿为什么会感染禽流感病毒及如何感染了禽流感病毒的原因。经过仔细的追踪摸排，由世界卫生组织派来的专家团队终于找到了线索。原来在小男孩儿病亡前几天，他所在的幼儿园举办过一次亲近小鸡活动。这些小鸡被放在校园的一个角落，可以允许孩子们抱小鸡玩儿，但是在活动结束后不久，小鸡们就一个接一个地死去了。这些小鸡是否就是小男孩儿接触 H5N1 禽流感病毒的来源呢？接下来大规模的核酸检测并未找到这种病毒，小男孩儿究竟为什么会感染 H5N1 似乎成了一个解不开的谜。然而，小男孩事件却成了世界上自发现禽流感病毒以来第一个人感染禽流感病毒并死亡的案例。

这件事后的几个月里，详尽的调查走完了流程，令人担心的新的病例也未出现，一场轩然而起的大波似乎又要重归平静。在此情况下，美国亚特兰大疾控中心的资深病毒学与流行病学专家乐观地判定并宣布这一病例属于孤例（个案），并指出没有证据表明禽流感病毒会大规模地造成人与人之间的感染。侥幸心理又开始出现了，可这也确实是严格调查和观察之后得出的结论。然而，似乎是上帝在和人们开玩笑，就在这一消息宣布后不久，香港又再次诡异地出现了多名人感染禽流感病例。截至 1998 年 1 月 11 日，共有 18 人感染，6 人死亡，死亡率高达 30%。为了阻止疫情蔓延，香港特别行政区政府下令在两天内捕杀了 130 万只鸡，这才使疫情得到了迅速控制。

2013 年初春，新年的气氛还未散去，一场出乎意料的疫情又袭击了中国大地。2 月 19 日，一名 87 岁的上海男子莫名其妙地出现了发热、咳嗽等症状，他在医院接受了最好的治疗，还是没能阻止病情的发展，到了 2 月底，情况已经不好，不可避免的结果似乎已可以预见了，3 月 4 日老人不幸离世。当时，医生们在他的身上找到了一种新型禽流感病毒亚型 H7N9，这一全新病毒亚型后来在当地的鸽子、鸡、鸭中也都被分离了出来。3 月 15 日，第二个病例出现了，是一位来自安徽滁州的 35 岁女子，她刚到南京不久，就因不明原因发热住进了该市一家医院的重症监护病房，她在发病前一周曾接触过活鸡，医生们尚不知道她的病情是否与这个有关，但上海的病例已向全行业发出了警示。因此，南京的医生们还是对她做了标本采样分析，结果与那位上海病例惊人的相似，但是该女子与上海的病人并不相识，也未曾有过接触。这让当地疾控中心的流行病学专家们惊出一身冷汗来：这会不会预示着又一场全新的前所未有的恐怖瘟疫来袭？人们是否做好了应对的准备？很快，这一情况受到了上级部门的高度重视，在国家相关部门的领导下，全国各地开始了疫情监测和防控。截至5月底，已有10个省市、39个地市出现了H7N9疫情，确诊病例数达131例，其中有39人不治身亡，死亡率高达29.8%。一时间形势骤然紧张，出现疫情的地区开始了对养殖禽类的全面捕杀，以便迅速阻止疫情的蔓延。

至此，接连发生的疫情使人类意识到，禽流感已不再是禽类的专利，而已演变成了禽、人共患的疾病。据不完全统计，自1997年香港首例人禽流感病例出现到2019年的20多年间，引起人感染的高致病性禽流感已在世界不同国家和地区多次发生，累计感染人数逾千人，其中近半数发生死亡。由此也使这一疾病成了可怕的高致死性疾病之一，对人类的生存构成了重大威胁。

禽流感原本只是发生在禽类之间的流行性感冒，属于禽类的急性呼吸道传染病，病原体禽流感病毒属于正黏病毒科甲型流感病毒属的RNA病毒，具有流感病毒的一些共同特点。其18种血凝素（H1~18）抗原亚型和11种神经氨酸酶（N1~11）亚型通过自由组合，形成不同的流感病毒颗粒，造成一次又一次流感的大流行。目前已知对人致病的禽流感病毒亚型主要有H5N1、H7N9、H7N7、H9N2和H7N3等，其中又以H5N1亚型感染后病情最重、致死率最高。

人感染高致病性禽流感的传染源主要是感染或携带禽流感病毒的家禽，人类在接触了这些受感染的家禽或它们的分泌物、排泄物，以及禽肉组织之后，多可经呼吸道、胃肠道、眼结膜或皮肤损伤部位而感染。所有未接触过该病毒的人群都普遍容易感染，但以儿童及青壮年发病人数居多。

人感染此类病毒后潜伏期一般为1~7天，多数情况下为2~4天。发病后的表现多为流感样症状，如高热、打喷嚏、流鼻涕、咳嗽、咳痰、头痛、浑身酸痛等。重症病人可出现肺炎和急性呼吸窘迫综合征，病人呼吸就像正在爬坡的汽车一样，十分费力。这会使呼吸肌和肺脏的呼吸功能严重受阻，外界的氧气难以进入血液和组织，体内的二氧化碳也不能完全被排出。在这种情况下，原本体质较差或患有其他基础疾病的病人还易于合并：肺出血，出现咯血不止或痰中带血；败血症，形成全身血液在血管内的化脓性改变；休克，出现持续性血压下降和弥散性血管内凝血；瑞氏综合征，即发生香港首例人感染高致病性禽流感患儿合并的情况。一旦出现这些并发症，无异于死神已招手了，死亡的风险非常高。人感染高致病性禽流感的确诊主要依靠针对该病病毒的核酸检测，治疗上得益于奥司他韦等神经氨酸酶抑制剂的问世，只要早期发现、早期隔离、早期治疗，一般病情均可得到控制。对于病情严重或有基础性疾病的人，立即住院隔离治疗并加强对症支持是必不可少的。

在预防方面，首先是要做好疑似或确诊病人的隔离，其次应加强禽类疾病的检疫和监测，以出现原发禽流感疫情的禽舍为中心，划定周围 3 千米范围内为疫区，将其中所有的禽类一律捕杀、焚烧或深埋，并对疫区进行彻底的清洗消毒。疫区及其周边的个人要注意手卫生，严格做好防护，避免与当地的禽类或其分泌物、排泄物、死禽肉等接触。

◎禽流感病毒也可引起人类疾病

鉴于禽流感病毒亚型的复杂性和多样性，预防本病的人类疫苗尚未研制出来。在广袤的宇宙空间和漫长的时序演进中，人类或将在禽流感的恐怖阴影下继续被笼罩很长时间。

事实上，翻开 21 世纪的日历，人们可以显而易见地发现，不仅是人感染高致病性禽流感，就是其他烈性传染病，一样也未曾远离。比如，在沙特阿拉伯、约旦等中东地区，21 世纪 20 年代初，就发生了一种重大传染病，致死率可达 34% 以上，远高于严重急性呼吸综合征（SARS）的致死率，成了人类不得不面对的又一棘手的公共卫生问题。欲知这一疾病有何特点，请看下回分解。

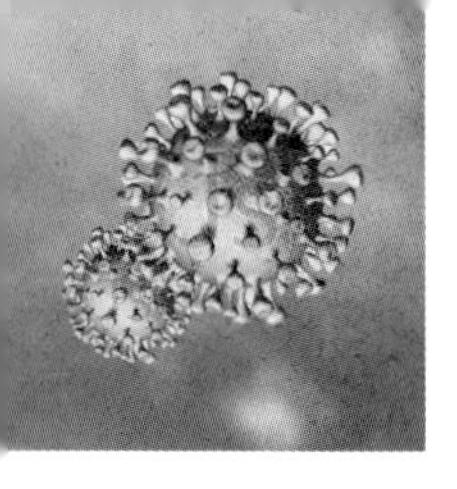

第三十七章

呼吸之间中东罹难　冠状病毒再现江湖

——中东呼吸综合征冠状病毒

上回书写道，虽然人类社会已经高度发达，但人感染高致病性禽流感及其他烈性传染病都未曾走远。事实上，尽管人类已经上可以通达天际、漫步太空、留痕月球，下能深入海底、察微知著、探物无形，但对于肉眼不可见的病毒和病毒性传染病，却鲜有应对办法，即使有个别疾病已研发出了特效药，但在庞大的病毒家族面前仍只是凤毛麟角。因此，在可以预见的未来，真正能够威胁人类生存的不是灾荒、不是核武器，而是传统或新发的病毒性传染病。

2012 年，距离 2003 年发生在中国的严重急性呼吸综合征（SARS）过去刚刚 9 年时，在那场疫情中被检测出来的病原体——严重急性呼吸综合征冠状病毒（SARS-CoV），作为对人类致病的第 5 种冠状病毒，就像一阵风一样吹过 2003，之后就消失得无影无踪。它诡异的出现方式，至今让流行病学家和病毒学家们百思不得其解，萦绕在它身上的一系列问题，特别是它是否可能作为一种长期存在的病毒在人间反复出现并引起流行，实属未知。就在 SARS 对人类造成的恐惧尚未散去、上述问题疑窦重重、人们普遍谈之色变记忆犹新的时候，2012 年 6 月 13 日，在中东地区的沙特阿拉伯，一名 60 岁的老人突然病倒在吉达市自己的家中。他不明原因地出现寒战、发热，体温高达 40℃，伴有头痛、全身肌肉酸痛和疲乏无力，行走困难。好在意识状态和言语还没什么问题，但整个人的情况很差，看样子不去医院是不行了。见此情景，家人和邻居一起很快将他送去附近的苏莱曼·法基博士医院。医生检查后，认为可能是一种急性病毒性肺炎，需要住院治疗。第二天，病原查找还没有结果，老人已经开始出现剧烈咳嗽、咳痰、气短、胸痛，胃肠道也出了问题，频繁发生恶心、呕吐、腹痛、腹泻，这使他的口唇变得干燥、皲裂，明显表现出脱水、低钠、低钾和低氯等水电解质紊乱的现象。医生们商议再三，不得不将他转入重症监护病房，接受人工呼吸机辅助呼吸。接下来的几天，快速进展的肺部炎症使他的肺泡壁肿胀变厚，失去了气体交换的功能。严重缺氧让他的心、肝、肾和大脑功能都受损，医生们尽了最大的努力也无法使上述过程逆转。最后老人出现了严重的呼吸衰竭和无尿症状，一天之内顶多能尿三四十毫升，大量的毒素无法从体内排出，从而积聚在血液中，扩散至全身各个组织，损害这些组织细胞的功能。很快，老人就于入院后的第 11 天离世了。

此病例引起了参与病原检测的埃及病毒学家阿里·穆罕默德·扎基（Ali Mohammed Zaki）的注意。扎基自 20 世纪 90 年代初，就由高度重视新型传染病诊断的这所吉达市的私立医院创始人苏莱曼·法基博士聘请过来，从事实验诊断工作。出于职业敏感，在那位死亡的 60 岁老人住院期间，扎基曾与呼吸科、泌尿科专家一道前去会诊，并保留了其血液和痰液标本。他检测了多种呼吸道病原体，均无阳性发现，就连甲型 H1N1 流感病毒的核酸检测也呈阴性，但扎基依然相信自己的直觉，认为一定有某种病毒在作祟。他反复将留取的标本接种到病毒培养基中，进行不同的尝试，终于观察到两种细胞发生病毒介导的免疫损伤的蛛丝马迹，这更加证实了他的判断、坚定了他查找死去老人病因的信心。然而，由于仅有个案发生，这样的病例很容易被认为是偶然现象或者孤例，不被重视。加之病人已经去世，也没有出现连锁反应式的疫情，在这样的大环境下，深入探究死者的病因对大多数人来说，似乎已经失去了意义。再为此事绞尽脑汁、煞费周折，会被他人认为是哗众取宠或杞人忧天了。尽管如此，作为一个长期奋战在实验室中的病毒学家和医生，扎基并未选择放弃。经过多次实验后，他盯上了副黏病毒，试图借此有所发现。这是一类与黏液蛋白有特殊亲和力的 RNA 病毒，包括合胞病毒、腮腺炎病毒、麻疹病毒和副流感病毒等在内。但事与愿违，这些可能的研究对象都被一一排除了，扎基并未从留取的标本中发现任何一点副黏病毒的线索。那会是什么呢？扎基认真梳理了近 10 年来全世界此起彼伏的疫情，只有 2003 年的 SARS 给他的印象最为深刻，于是他想到了冠状病毒。鉴于自己的实验室缺乏检测冠状病毒的试剂，情急之下他联系了欧洲的几家试剂公司，得到了荷兰伊拉斯莫斯医学中心（Erasmus Medical Center，EMC）的帮助。他从这里自费购买了生物试剂，反复对死去病人的血液和痰液标本进行核酸检测，结果发现所有的实验结论都不断地指向同一种病毒——冠状病毒，这与他的猜测完全一致。

在当时，人类已知能够对人致病的冠状病毒有 5 种，其中前 4 种属于比较古老的病毒，仅能引起感冒等轻微疾病，不属于此次优先考虑的对象。第 5 种就是 SARS-CoV，一种传染性强且致死率高的冠状病毒，自从 2003 年首次出现后，已神秘消失达 9 年之久，难道是它又重现江湖？扎基又针对 SARS-CoV 做了测试，结果显示阴性。回过头再梳理这位老人的病情，扎基发现了如下特点：急性、重症、肺炎、合并肾功能衰竭，病情发展迅速，且从其标本中检测到了冠状病毒，但又不同于 SARS-CoV。这会是什么呢？基于已有的知识，扎基认为这是一种不同于前述对人致病的冠状病毒的新型冠状病毒，随即把这一发现立即报告给 EMC 团队的专家，因为在此之前他为了确证自己的实验结果，曾将一部分样本寄给了 EMC 负责病毒检测的教授。不久，从 EMC 传来的消息也证实了他的发现。

2012 年 9 月 15 日，医生的强烈责任感和使命感促使扎基向沙特卫生部门做了报告，并通过国际传染病学会的在线监测平台 ProMED 提交了“新型冠状病毒”的相关信息。5 天之后，该学会公布了扎基的重大发现。2012 年 9 月 23 日，英国伦敦的一家医院报告了在该院死亡的 49 岁卡塔尔男子体内发现冠状病毒的消息，经过比对，该男子身上的冠状病毒与扎基发现的病毒高度一致，相似性达到 99.5%。有鉴于此，世界卫生组织于 9 月 25 日迅速向全球发布了病例确诊定义，并声明要进一步鉴定新型冠状病毒。这个消息就像哥伦布发现新大陆一样，瞬间震惊了世界，全球各个国家都开始紧张起来。紧接着，约旦向世界卫生组织报告了2例同年4月死亡的病例。其中第1例是一位患重症肺炎的25岁男性大学生，在入住约旦第二大城市扎卡尔的医院重症监护病房后不久就因病情恶化迅速死亡。随后，与其发生过接触的10名医护人员和2名青年家属也相继发病，造成一名40岁的女性护士死亡。约旦疾控部门对这些病人留存的生物标本进行回顾性检测后，证实了新型冠状病毒的存在。这意味着扎基的病人并非“零号病人”（即第一个发病的病人）。无独有偶，2013年2月，从千里之外的英国又传来坏消息，该国出现了新型冠状病毒感染的首位本土病例，这名病人发病前曾先后去过沙特阿拉伯和巴基斯坦，他的两个家人也在他确诊后不久被确诊，这显示了此病毒具有人传人的特点。2013年5月15日，世界卫生组织采纳了国际病毒分类委员会的建议，将该病毒命名为“中东呼吸综合征冠状病毒”（MERS-CoV），将它所引起的疾病定名为“中东呼吸综合征”（Middle East respiratory syndrome，MERS），这宣告了MERS的正式确立。可悲的是，第一个发现MERS-CoV的病毒学家扎基却因涉嫌“私运生物样本出境”，被沙特政府关闭了实验室，失掉了工作，并返回埃及当了一名老师，与MERS-CoV相关的专利也被其他机构据为己有。这真是阴差阳错、令人悲伤的一件事，以至多少年后再次提起，依然让人感慨：

英雄自古命多舛，
名垂青史几分艰。
唯有大义无反顾，
方留清气满人间。

MERS自首次发现以来，已连续多年出现了国际间的流行，呈现出向全球多个国家传播的趋势。仅2015年的暴发，就导致韩国成为中东以外的国家中受害最大的一个，在短短7个月内，韩国有1.7万人被隔离，185人确诊，38人死亡，遭受了巨大的经济损失。到了2019年年底，全球已有27个国家报告了MERS病例，累计确诊2519人、死亡866人，死亡率高达34%。与SARS-CoV相似，对MERS-CoV来源的探寻工作一直没有停止。起初，科学家们以为病毒是来自蝙蝠，但是他们很快就发现，在沙特阿拉伯及其他中东地区国家的单峰骆驼中，MERS-CoV 的检出率和同源性要远远高于蝙蝠的。因此，目前认为 MERS 的传染源主要是 MERS 患病者和单峰骆驼，不排除蝙蝠或其他动物作为传染源的可能性。传播途径包括通过飞沫经呼吸道传播，通过接触含有病毒的单峰骆驼或病人的分泌物、排泄物和未煮熟的驼肉制品传播，也可能通过中央空调系统的通风管道而在不同人之间传播。同其他传染病一样，人群对 MERS-CoV 普遍易感，年老体弱者，有心、脑、肺、肾基础性疾病，糖尿病，免疫缺陷性疾病和使用免疫抑制剂的人感染后容易发展成重症病例，死亡率很高。

MERS-CoV 属于冠状病毒科病毒，整个病毒颗粒呈球形，直径为 120~160 纳米。中心是一条单股 RNA，外面带有核衣壳和包膜。包膜上的抗原能与人体呼吸道深部的细小支气管及肺泡上皮细胞表面的受体结合，调动各种免疫细胞及炎症因子，引起严重甚至是不可逆的免疫损伤，这也是其感染后病情严重且致死率高的主要原因。

MERS 作为一种年轻的疾病，尚无特效药物和疫苗研制出来。因此，

◎中东呼吸综合征冠状病毒可能源自骆驼

世界卫生组织给予的预防建议是：疫情发生期间，尽量避免前往中东地区或其他有本病发生的地方；注意个人卫生和手卫生（勤洗手）；避免密切接触疫区归来人员和疫区有呼吸道感染症状的人员；不要接触单峰骆驼及MERS病人的排泄物和分泌物；注意咳嗽礼仪，咳嗽或打喷嚏时应用肘部遮挡。从疫区归来的人员，应主动报告当地社区并自觉隔离14天，如需外出或有症状需要前往医院就诊时，应佩戴医用口罩。

如果说MERS以一己之力撬动了世界，从中东地区走向了全球，那么，在地球的另一边——拉丁美洲，有一种传染病也十分猖獗，它对人类的威胁不亚于MERS。它是谁？有何特点？欲知详情，请看下回分解。

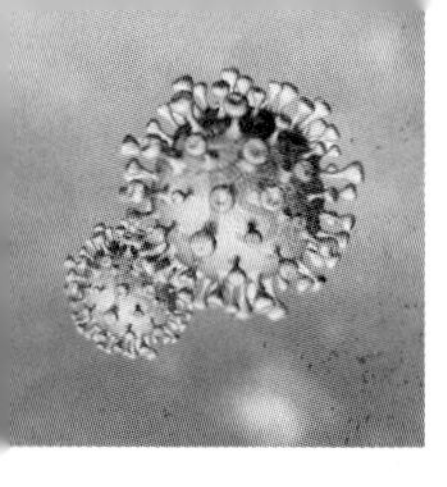

第三十八章

非洲地马脚初露　雅浦岛疫病流行

——寨卡病毒

上回书写到，MERS以一己之力撬动了世界，从中东地区播散到了全球，成了危害人类生命健康的重要传染性疾病之一。无独有偶，当时在拉丁美洲有一种传染病也十分猖獗。它从2015年5月开始就在巴西率先暴发，当时的疫情就像龙卷风，在短短几个月的时间内就横扫了整个巴西；疫情又像决了堤的亚马逊河水，从巴西国境这个河堤外溢，淹没了整个拉丁美洲。随后，疫情漂洋过海播散至北美、亚太和欧洲等地的近50个国家和地区。到2016年年底，仅在巴西就有约150万人感染，引起4000名左右的新生小头症患儿出生，这一小头症疾病被证实与妇女在妊娠期间感染该种疾病的病毒有关。受其影响，拉丁美洲多个国家公开呼吁本国的育龄期妇女推迟怀孕，以减少出生缺陷和先天性疾病的发生。个别国家如萨尔瓦多竟建议本国妇女2016—2017年都尽量不要怀孕生孩子，以避免新生儿小头症出现。这种影响甚大的疾病就是进入21世纪后开始登场的寨卡病毒病。

事实上，这并不是寨卡病毒病在世界上的第一次流行。早在2007年，位于菲律宾附近、太平洋西部加罗林群岛中的雅浦岛，作为密克罗尼西亚联邦最西部的一个州，就出现了该病的暴发流行。疫情从2007年4月持续到了7月，共发现185例疑似病例，有49人被确诊为寨卡病毒感染者。好在该岛人口少，类似于海上的一个万人小镇，地理位置偏，与外界联系不广，疫情发现和控制得也及时，最后未造成更大范围的流行。到了2013年，太平洋东南部的法属波利尼西亚群岛出现了更大规模的寨卡病毒病暴发流行。这次疫情一直持续到2014年，使该岛总人口1/8左右的人都发生了感染，总感染人数达32 000余人，这引起了法国政府和世界卫生组织的高度关注，寨卡病毒病从此真正走入了人们的视野。

寨卡病毒病是一种由寨卡病毒感染人后引起的急性传染病，人类发现它在地球上的存在已超过半个世纪。1947年，正值第二次世界大战结束后不久，亚、非、欧大地千疮百孔、百废待兴，因为战争而受到影响的科学事业随着正常社会秩序的回归也开始重新启航。当时正是黄热病流行的时候，科学家们在非洲大陆东边的国家乌干达首都坎帕拉附近的一片杂草丛林中，捕捉到了一些猴子，这些猴子长期在当地生活，遗传特性接近人类，非常适合于黄热病的研究。他们将这些猴子放在笼子里带回驻地，准备用于黄热病的实验研究。在严谨的科学实验开始之前，研究人员小心翼翼地对猴子们进行照料，同时观察其日常生活习性和行为特点，以便采集基础数据，供后续研究比较。有一天，一只猴子表现得十分安分，慵懒少动，蔫头耷脑，跟平常判若两样，而且时不时地用它的双手垂打头部，似乎有些头痛。细心的饲养员发现了这个问题，估摸着猴子可能是病了，用手一摸其额头，果然很烫，测体温39℃。他们立即将其单独隔离出来，以防万一有传染病的话会给其他猴子造成传染。同时，研究人员迅速对它进行了病原检测，以确定它是否患上了黄热病。这一测不打紧，一种此前从未见过的病毒就此被发现了。

列位看官，你道这科学发现哪能如此容易，若不是饲养员细心发现猴子发热并及时报告，就不会有后续的检测与分析；但是，如果报告了没人愿意注意和处理，也谈不上寨卡病毒的成功识别与发现。所以说，在科学发现的链条中，每一个环节都是十分紧要、不可或缺的，每一个蛛丝马迹都是不能被忽视或轻易放过的，偶然中孕育着必然，意外里隐藏着惊喜，这才有了失败是成功之母、细节决定成败之说。正所谓：

科学哪能都预知，
意外常需细察之。
莫道成果不卓著，
于无声处最张弛。

我们知道黄热病病毒早于1928年就已分离成功，到了1947年，科学家们已经能够从容地将它与其他病毒鉴别开来。因此，当研究人员从那只发热的猴子体内检出新病毒的时候，它的命名就成了问题。由于这只猴子和其他猴子一起是从杂草林地捕捉而来的，而“杂草”在乌干达语中写作“zika”，这样，当人们把它与新病毒联系在一起的时候，它的名字也就水到渠成了——“zika virus”，中文音译为“寨卡”病毒。不久，人们从非洲伊蚊的体内也找到了寨卡病毒，根据对黄热病传播途径的研究经验，研究人员认为该病毒也可能是通过蚊子叮咬而传播的，从蚊子体内找到病毒为这一假设提供了有力证据。1952年，经过大量实验室筛查后，人们从来自乌干达和坦桑尼亚的病人体内分离到了寨卡病毒，表明该病毒也可在人体内存在。1954年，尼日利亚发现3名患寨卡病毒病者，这是世界上第一例发现寨卡病毒病的人类患病者，由此也揭开了人类与寨卡病毒斗争的序幕。此后，为了搞清楚该病的传染方式，科学家们于1956年借鉴沃尔特·里德（Walter Reed）发现黄热病传播途径的方法，在未招募到志愿者和出于人体试验安全性伦理保护考虑的情况下，找到了两只健康的猴子做实验。他们让其中一只猴子先感染寨卡病毒，然后让叮咬了这只猴子的蚊子再去叮咬另一只健康的猴子，结果那只健康猴子也感染上了这种病毒。这就证明了寨卡病毒的确是一种虫媒病毒，它就像黄热病病毒一样，主要通过蚊子叮咬而传播。奇怪的是，该病毒从发现到2007年的60年间，有记录的人感染病例却仅有14例，为何自2007年开始在国际间逐渐流行，这依然是个待解之谜。

寨卡病毒属于黄病毒科黄病毒属病毒，大小为40~70纳米，中心是一条单链RNA，外有衣壳和包膜。根据该病毒在不同地区流行的基因特点，大致可将其分为两个基因型：亚洲型和非洲型，二者均有较强的致病性。

寨卡病毒抵抗力不强，对热敏感，60℃条件下加热 30 分钟即可将其杀灭，70% 的酒精、0.5% 的次氯酸钠、过氧乙酸及紫外线等均可使其灭活。

寨卡病毒感染人后引起的疾病被称作寨卡病毒病，大约占总感染人数的 20%，其余多为无症状感染者。该病在大多数情况下临床症状都较轻微，不很典型，潜伏期为 3~12 天。主要表现为轻微发热、头痛、眼眶痛、肌肉关节痛和疲乏无力，多数病人还可出现皮疹和结膜炎。皮疹与登革热类似，形态多不规则，在发热过程中一般先自头面部出现，可逐渐蔓延至躯干或四肢。皮疹大多为充血性的，类似猩红热，以手按之可褪色、留下指印，抬手后指印迅速消失再次充血发红，也可有斑丘疹或麻疹样皮疹，伴有明显瘙痒感。结膜炎表现类似“红眼病”（医学上叫急性结膜炎），值得警惕，需要鉴别。同时，部分病人也可出现手掌和足底的红肿、口唇干裂和草莓样发红的舌质。极少部分病人还可出现恶心、呕吐、腹痛、腹泻和口腔溃疡等消化道症状。此外，随着对该病了解和研究的深入，人们发现寨卡病毒尚可引起孕妇感染，通过胎盘屏障进入胎儿体内，损害胎儿的中枢神经系统，引起胎儿颅脑发育不良，出现新生儿小头症这一严重并发症，也能造成死胎、早产和流产等不良后果。该病毒尚可在个别成年人中引起病毒性脑炎或脊神经根病变，发生吉兰 – 巴雷综合征（一种进行性加重的周围神经病变和脊神经根炎性病变，可导致双上、下肢肌肉无力，瘫痪乃至呼吸困难等）等，存在死亡风险。

寨卡病毒的传染源包括携带病毒的动物、人类患病者和无症状感染者，传播途径主要是经蚊虫叮咬，但也可通过性接触、输血或血制品而传播。2016 年 5 月，1 名 20 多岁的女性从拉丁美洲某国返回美国，回国前她曾在寨卡病毒病流行地区停留过一段时间，期间多次遭受蚊虫叮咬。返回途中，她已明显感到不适，出现轻微发热、头痛、眼眶痛、全身肌肉酸痛和腹痛等症状，但却未注意休息。她刚一回到美国，久未谋面的男友就迫不及待地与她发生了未采取保护措施的性行为，结果这位女性很快就病情加重了，出现全身皮疹、双眼结膜炎等症状，被医院确诊为寨卡病毒病。随后不久，其男友也开始发病，出现了相似的症状，经医院检测后在其血液和尿液中均发现了寨卡病毒，而这位男子从未到过疫区，也未遭受蚊虫叮咬或接触过其他性伴侣。此病例不经意间载入了寨卡病毒病的流行史册，成了世界上第一例被发现有确切依据的经异性性生活而感染寨卡病毒的病例，由此证实了性传播途径的存在。因此，在疫区生活或旅居的人员，做好安全性行为对预防传播十分必要。寨卡病毒在气候潮湿、伊蚊数量多、从海外尤其是美洲疫区回乡的游客多且人口密度大的地方，易于造成流行。在世界上的主要国家如中国、美国、澳大利亚、巴西、智利、印度、新加坡、越南、菲律宾、巴基斯坦、印度尼西亚、孟加拉国、尼日利亚、乌干达、南非、泰国、韩国、瑞典、挪威、英国、丹麦、荷兰、葡萄牙、西班牙、瑞士和爱尔兰等都有本土或输入性病例发生，一些国家作为主要的疫源地，每年或每隔几年就有一次小规模流行。人群对寨卡病毒普遍容易感染，但痊愈后可获得终身免疫力。本病主要预防措施是要消灭蚊子，防止蚊虫叮咬。如前所述，寨卡病毒的中间媒介是伊蚊，这种蚊子最喜欢在室内外的犄角旮旯、锅碗瓢盆放置之处或坑洼湿地富有水源的地方滋生，因此，做好灭蚊、防蚊工作尤为关键。其次，要谨慎前往有本病发生的地区，妊娠期妇女尤其要做好防护，普通成年人间应倡导安全性行为。一旦有任何不适，应立即就医，

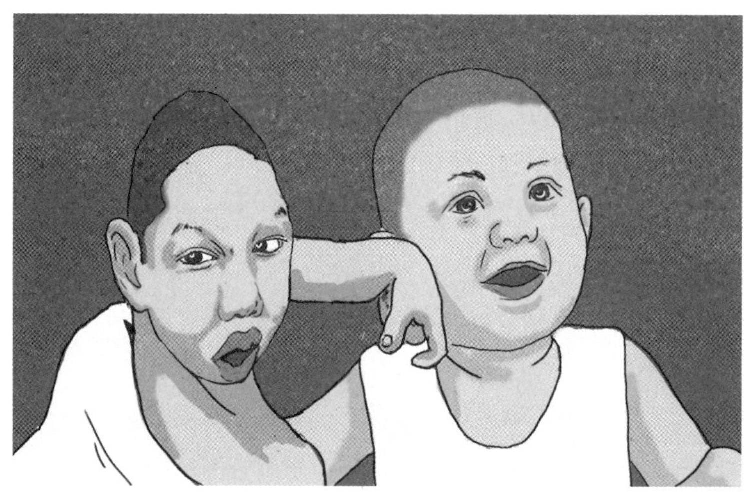

◎孕期感染寨卡病毒可致新生儿小头症

对有症状或已确诊者，需做好隔离观察和治疗。目前人类对寨卡病毒尚无特效治疗药物，发病后主要是做好对症支持治疗，一般经 2~7 天后病情可自行缓解。

尽管寨卡病毒发现已超过半个世纪，且感染后死亡率相对较低，但仍因易于诱发各种严重并发症而需引起人们的重视，围绕在它身上的问题也还有很多未知的答案。目前，预防性疫苗正在研发中，而治疗药物何时出现尚遥遥无期，因此保持高度警惕，做好日常预防最为关键。

俗话说，墙缝里的蝎子咬人十分厉害，因为人类对它没有防备。而在病毒的世界，也有一种小块头的家伙，常常伪装得十分隐蔽，就像那墙缝里的蝎子，实际上却是害人不浅的大杀器。欲知这一病毒姓甚名谁，且看下回分解。

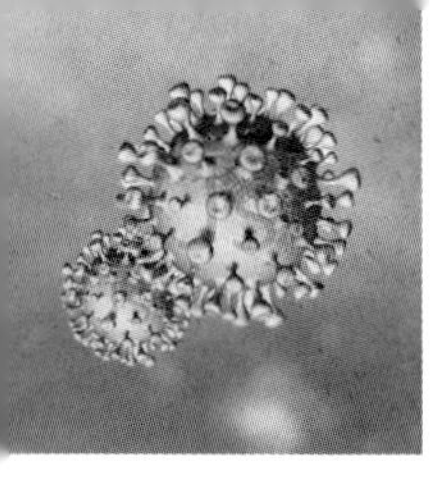

第三十九章

新面孔现身伦敦　小个子多点挑事

——人类细小病毒 B19

上回书写道，寨卡病毒的发现源于非洲黄热病的研究，当时人们原本是想利用捕获的猴子探寻人类感染黄热病病毒的相关规律，没料想在实验过程中却意外地检出了一种新病毒，这种病毒来自这些杂草丛林中生活的猴子身上，它引起的疾病由最初发现时的不很起眼，到 2007 年后的全球流行，可谓是偶然中存在一定的必然。其实，同样的事情，在人类与疾病的斗争史上也曾发生过多次。荷兰人列文虎克本是一个透镜爱好者，却在误打误撞间发现了细菌，成了现代微生物学的奠基人；德国科学家阿尔布莱特·科赛尔学于生物化学，在研究过程中感兴趣于人类的遗传物质，走入了一个曾经的“误区”，却成了世界遗传学的奠基人之一；英国细菌学家亚历山大·弗莱明做着细菌培养方面的工作，在敏锐地思考一次小小的实验失误中，意外地发现了青霉素，成就了其抗生素开拓者的荣光……所以说，天地宏阔、宇宙洪荒，在广袤的世界和无限的时空，人类的知识只不过是九牛之一毛，而科学研究并不总是在设计好的方向上得出设计好的成果。它往往是曲径通幽，在探寻未知的漫漫长夜中发现意想不到的亮光，最终引起一些重大发现的诞生。因此，重视细节，不忽略失误，善于捕捉灵感而又勤于创造性思考，持之以恒且又不轻言放弃，是通向成功必不可少的素养。诚如一首诗中所述：

科学似探险，立志苦登攀。

一崖突兀在，哪知其后涵。

远山云雾绕，胜景白云间。

莫悔歧路误，别处有洞天。

话说时序轮回，峰延路转，一念之间时间就到了20世纪。这个世纪实属科学大发展的世纪，一个个科学大家犹如神仙下凡，其中就有一位美女科学家伊冯·柯萨特（Yvonne Cossart）。她1934年出生于澳大利亚，23岁从悉尼大学毕业获得了科学学士学位，随后又考入悉尼大学微生物学系，在时任系主任帕特里克·伯赫教授的指导下，开始从事经典病毒学研究。这期间她十分刻苦，精益求精，经过为期2年的学习后掌握了很多研究方法和实验技巧，逐渐对病毒学产生了浓厚的兴趣，立志将毕生精力奉献于此。1959年，柯萨特获得了临床医学学士学位，并成了阿尔弗雷德王子皇家医院的一名住院医生，从事病毒病理和病毒诊断的实验研究工作。1962年，柯萨特游学伦敦，在英国皇家研究生医学院学习临床病理学的研究生课程。此后十几年间，她先后负责过肠道病毒、天花病毒及狂犬病和其他少见传染病的实验诊断及咨询工作，在这一领域积累了丰富的经验，成了世界传染病领域卓有影响力的学者。与此同时，从1967年开始，柯萨特致力于乙型肝炎病毒的研究，这也是她颇感兴趣的领域之一。她不仅为英格兰和威尔士地区的医院提供临床诊断和咨询服务，而且参与了乙型肝炎针刺伤职业暴露后的乙型肝炎免疫球蛋白预防研究，也就是研究当一个医生或护士不小心被从乙型肝炎病人身上拔下的针头刺伤后，能否用含有乙型肝炎病毒表面抗体的乙型肝炎免疫球蛋白进行预防，以避免感染乙型肝炎病毒。1975年，在一次对健康献血者的血液进行乙型肝炎病毒表面抗原筛查过程中，她和同事们意外发现在编号为B19的血液标本中，没有检测到乙型肝炎病毒表面抗原，却检测到了一种此前从未有人报道过的新病毒，为方便研究，她把它命名为“B19病毒”。而B19，指的就是第一次分离病毒时的血液标本编号——B组第19号，没有其他特别的含义。

B19 病毒被发现以后，人们很快就应用分子生物学技术和电子显微技术搞清楚了它的生物学特点。原来这个病毒的直径大约只有 23 纳米，是迄今为止人类发现的对人有致病性的个头最小的 DNA 病毒。由于 B19 病毒在电子显微镜下的形态与动物细小病毒特别像，因此，1985 年国际病毒学会将其归为细小病毒科红细胞细小病毒属，依然命名为“人类细小病毒 B19”，而没有将其直接命名为人类细小病毒（human parvovirus），因为后者的缩写“HPV”与早已命名的人乳头瘤病毒（human papilloma virus，HPV）的缩写是一样的，容易混淆。B19 病毒具有一条单链 DNA 和一个 20 面体的蛋白质衣壳，无包膜结构，衣壳蛋白是它的主要毒性和致病力所在，能与人体细胞，尤其是祖红细胞膜等发生结合而致病。因无脂质包膜，它对热不敏感，56℃条件下加热 60 分钟以上也难以杀灭，一般的脂溶剂对其无效，甲醛、β－丙醇酸丙酯和 γ 射线照射可能有效。

人类细小病毒 B19 的感染呈现全球性流行趋势，世界各地均有发生。一年四季均可见到，以冬末春初较为多见，其传染源主要是该病毒感染的病人和无症状感染者，传播途径以呼吸道飞沫传播为主，也可经输血或血制品传播，妊娠期妇女感染后，能够直接传染给胎儿（母婴垂直传播）。未接触过该病毒的人普遍容易感染，而一旦感染并且痊愈后，多可获得持久免疫力，但在流行季节仍有再次感染的可能。一般而言，大多数人都在其一生中的某个阶段感染过人类细小病毒 B19，但不同年龄段人群中抗体阳性的比例是不一样的：1~5 岁儿童为 2%~15%，6~19 岁为 15%~60%，20 岁以后的成年人为 30%~60%，老年人口中约有 85% 呈阳性。这说明年龄越大，被感染过的比例越高，而在感染后的人群中，约有 25% 的人没有任何症状，属于无症状感染者的范畴。这部分人只是在体检时会发现其血清人类细小病毒 B19 的抗体呈现阳性，提示其曾经发生过感染。部分病人感染后可能仅有轻微皮疹、关节痛或普通感冒样症状，在不知不觉中已自愈。

人类细小病毒 B19 真可谓人小鬼大心眼多，它不像我们之前所了解的病毒，一种病毒只导致一种或两种疾病，相反，它与十多种疾病的发生发展有关，病情表现复杂多样。

1983 年，在英国伦敦北部的一所小学暴发了出疹性疾病，很多学生都蹊跷地出现了出皮疹的现象，有的还伴有发热、头痛等其他表现。为查明病因，伦敦国王学院牙医和医学院医学微生物学系教授安德森等医护工作人员特地向学生们发放了调查问卷，以了解疫情的真实情况。结果有 162 个人明确表示出现了类似的皮疹表现，占该校学生总数的 43.9%，其中有 36 例患病学生经病毒学检测后证实与人类细小病毒感染有关，这种出疹性疾病就是被称为传染性红斑的由 B19 病毒感染所导致的常见疾病之一。现已明确，传染性红斑的潜伏期为 1~2 周，以 4~12 岁儿童多见，春季多发。国际上又将其称为“第五病”或“打脸颊综合征”，所谓第五病，是指该病位列可引起皮疹的传染性疾病第五位，前四种分别是麻疹、猩红热、风疹和幼儿急疹；所谓打脸颊综合征，是因为该病在发病早期可出现发热、头痛、流鼻涕、恶心、呕吐、腹痛、腹泻等症状，持续约 18 天后，会出现双侧脸颊的玫瑰色融合性斑丘疹，两边对称，口周苍白，就好像被打了耳光一样，故名。此种现象持续 1~4 天后，病人前胸、后背及四肢就会出现大量对称性红色斑丘疹，可相互融合呈网格状或花边状，由中央向外周消退。皮疹可为一过性或再次复发，在光照或受热的情况下可加重。一般认为在开始的 18 天内，病人有严重的病毒血症，血液内含有大量的病毒，是传染性比较强的时期，而当红斑出现时传染性已大大降低了。

1985 年，苏格兰阿伯丁地区城市医院的瑞德（Reid）医生和他的同事们在治疗 42 位关节病病人时，发现他们都曾有过人类细小病毒 B19 的感染，而且这种感染与这些病人的关节痛和关节炎有明显的关系。无独有偶，国王学院的安德森教授自搞清楚人类细小病毒 B19 和第五病的关系后，声名鹊起，信心大增。他在前期研究的基础上，又招募了一些成年健康志愿者，一心想要搞清楚人类细小病毒 B19 与其他人类疾病的确切关系。他将带有该病毒的无症状感染者的血清接种到这些健康志愿者的鼻腔内，结果发现，在接种后第 1 周，这些人血液中的病毒含量达到高峰，并开始从呼吸道排出病毒。第 2 周就出现了网织红细胞减少、血红蛋白含量下降，白细胞、中性粒细胞和血小板的减少。进入第 3 周后，受试者先后都出现了皮疹和关节病，皮疹的特点呈现为典型的传染性红斑的皮疹改变，而关节病则表现为关节痛和关节炎样病变。这项研究发表后不久，又有其他学者的一些相似研究结果发表出来，这些研究的共同结论是，人类细小病毒 B19 感染后不仅可引起第五病，还可导致短暂的骨髓再生障碍现象（血液中红细胞、血红蛋白、白细胞和血小板减少）和关节病。

不仅如此，自 1982 年以来，已有多达 2700 项的研究提示，人类细小病毒 B19 感染后还可导致孕妇出现流产、早产或死胎。也可引起儿童短暂性红细胞减少症，成年人的系统性红斑狼疮、免疫性血小板减少症、心肌炎、白血病和噬血细胞综合征等。免疫缺陷者感染本病毒后，常可造成慢性红细胞生成障碍和严重贫血。

尽管人类细小病毒 B19 发现已有数十年时间，医学和科学技术在此期间也获得了长足的进步，但是，人类依然没有找到针对该病毒的特效治疗药物。一般认为，传染性红斑无须治疗，关节病如果疼痛明显，则可采用非甾体抗炎药（如阿司匹林等）对症处理。对于合并免疫功能缺陷或艾滋病者，可给予静脉注射人血免疫球蛋白治疗。无论怎样，一旦感染后出现明显不适，及时就医不失为一种明智的选择。预防方面，对确诊病人应立即进行隔离治疗，避免与其近距离接触，注意个人卫生，勤洗手是必要的手段。目前尚无确切有效的疫苗，人类细小病毒 B19 感染所致疾病的防治还有很长的路要走。

病毒的世界丰富多彩，人生的意外也多种多样，亚历山大·弗莱明由于一次实验失误而意外发现了青霉素，列文虎克痴迷于放大镜下的世界而意外观察到了细菌，站在一代代巨人肩膀上的伊冯·柯萨特则因在研究乙型肝炎病毒过程中发现了人类细小病毒 B19，从一个卓有影响力的学者变成了一个新病毒的发现者……由此不得不感慨：

人生恒长未有常，
纵无地老也天荒。
何须悲恸失甲胄，
焉知簪下无锦囊。

人类细小病毒 B19 的故事带给人的启示在于，无论是科学研究还是日常工作，在貌似必然的进程中出现的偶然，常常蕴含着新的机会和可能，而能否抓住这样的机会去发掘新的可能，则取决于当事者的好奇心、细心、耐心、能力和勇于探索的热情。这种学者般的风范，在重大疫情和自然灾害的防治中也一样重要。欲晓其中原因，请看下回详述。

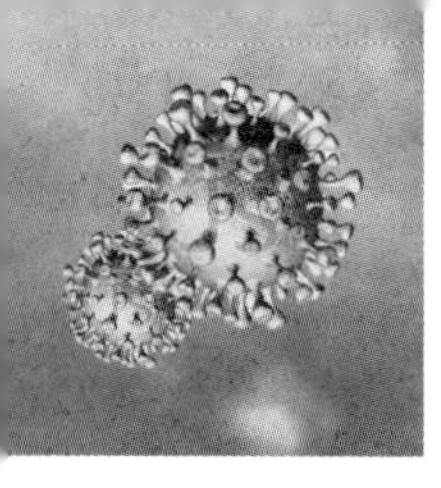

第四十章

流感病毒席卷美国　新冠风暴横扫世界

——2019 新型冠状病毒

本书不止一次地提到过，20 世纪是一个伟大的世纪，在科学上电子显微镜出现了，人类开始用它进行更加精密的观测，各种能引起疾病的病原微生物从此无可遁形；抗生素诞生了，很多过去威胁人类生命健康的细菌感染性疾病得到控制，感染性疾病不再像癌症一样可怕；遗传密码破译了，人类对自身及其他生物的生命活动规律的认识更加深刻了。在病毒领域，一大批病毒学家和流行病学家借助越来越先进的显微技术、分子生物学技术和免疫学技术等，将与人类疾病和健康关系密切的病毒寻找出来，使人们朝着攻克传染性疾病的目标无限地接近。

然而，浩瀚宇宙，复杂乾坤。在人与自然、人与病毒相生相克的斗争中，人类能否赢得最终的胜利，尚无明确答案。1918 年，美国暴发的甲型 H1N1 流感疫情飞快地播散至全球，让世界各主要大国停摆、让第一次世界大战停战，让全球 5000 万至 1 亿人丧命，也让人类又一次见识了传染病的厉害。从那以后，各种大大小小的瘟疫一直没有间断。尽管人类借助科学技术这个“道”，在去降病毒这个“魔”，但究竟是“魔高一尺，道高一丈”还是“道高一尺，魔高一丈”，至今难分伯仲。人类与病毒斗争的局限性在于，病毒性传染病仍然在不定期地大规模暴发流行，时刻威胁着人类的生命健康，而人类至今尚未找到打开病毒性疾病治疗大门的金钥匙。其难点在于，病毒的结构不同于细菌，后者属于原核生物，有完整的细胞结构

（细胞核除外），抗生素通过破坏其细胞壁或细胞膜，或者阻碍其蛋白质合成等方式，就可将其杀灭或抑制；而病毒结构过于简单，没有细胞结构，单独存在时没有生命，进入人体后会整合到人体细胞中，利用人类自身的各种原料物质和酶合成病毒的核酸、衣壳及包膜，这大大增加了抗病毒药物研发的难度——无论抑制病毒核酸的合成，还是抑制病毒衣壳及包膜蛋白的合成，都将不可避免地对人类自身的细胞代谢（主要是核酸及蛋白合成）产生严重影响，从而带来人类难以承受的严重不良反应。因此，病毒性传染病预防的主要手段还是疫苗。然而，由于不同的病毒其结构的复杂性各不相同，人类并非对所有病毒都能研制出相应的疫苗来。正因如此，从 1918 年全球流感大流行后的 100 多年中，病毒性传染病就从来没有消停过。

2019 年 9 月，美国突然暴发乙型流感疫情，该病由乙型流感病毒引起，主要经呼吸道吸入方式传播。它来势之猛、剑锋之利，世所罕见。在人们未加警惕和毫不知情的情况下，病毒就已不知从什么地方开始迅速向全美国蔓延，就像一部战争机器，把枪口对准了美国，火力全开，又像一场海啸，以摧枯拉朽之势，震荡全美。截至 2020 年 3 月中旬，据美国疾病预防控制中心保守估计，在不到半年的时间内，美国至少有 3400 万人感染流感，35 万人因此住院，逾 2 万人不幸死亡。这场疫情被称为美国自 1980 年以来最致命的流感流行，即使拥有全世界最顶尖的科技、最一流的设施和最好的医生，对它的蔓延和防控也无济于事。由此可见，对人类而言，病毒性传染病的防治依然前路漫漫。

闲言少叙，书归正传。话说在美国流感疫情肆虐不已之时，太平洋西岸、亚洲东部的中国腹地武汉又传出了坏消息。2019 年 12 月下旬，距离 2020 年元旦还有几天时间，整个世界一片繁忙景象，中华大地、各行各业都在比学赶超、奋勇争先，为了抓住 2019 年的尾巴，勤劳的人们在平静的生活中都不断努力向前。忙碌而行色匆匆的人们并未意识到，一场规模空前的危险正在悄悄逼近，一张由病毒织就的大网正在悄悄地张开。2019 年 12 月 26 日，武汉市一对老年夫妇因发热、咳嗽前往湖北省中西医结合医院呼吸与危重症医学科看病，接诊的是时年54岁的张继先主任，她曾参与抗击2003年的“非典”疫情，对传染病的诊治具有敏锐的洞察力。她习惯性地给两位老人做了胸部CT检查，结果发现他们的肺部病灶明显不同于其他病毒性肺炎的特征，有些怪异，这让张继先的心头不由一怔。出于职业敏感，她下意识地要求这对老年夫妇将其子叫来，也做了胸部CT检查，结果是声称没有任何发热、咳嗽等呼吸道症状的这个年轻人，其肺部同样出现了与他的父母相似的诡异病灶。更为蹊跷的是，同一天还来了一位工作在华南海鲜市场的商户，因出现与那对老年夫妇相似的症状而来寻医，他的肺部病灶跟那一家三口的如出一辙。这样离奇的病情大概率只有一种可能，那就是同一种病原体引起的传染病。12月27日，因思考这4人的病情而一夜未休息好的张继先主任，迅速将此情况汇报给了医院相关领导，消息旋即层层上报至当地的疾病预防控制中心。12月28日至29日，张继先她们科的门诊又先后接诊了3例相似病例，气氛骤然紧张起来。29日当天，湖北省和武汉市卫生健康委员会接到了辖区疾控部门报告上述病例的情况。因病例高度分散和缺乏官方权威机构的病原学检测，暂无法判明具体病因，但开始紧急要求所属所有医院统计上报类似病例的发病情况。12月30日，陆陆续续汇总起来的数据显示，已有27位症状相似的发热、咳嗽病人被当地医院的医生考虑为“不明原因肺炎”或“病毒性肺炎”病例。有鉴于此，武汉市卫生健康委员会紧急发布了《关于做好不明原因肺炎救治工作的紧急通知》。当天晚上8:43，位于武汉市华中科技大学同济医学院附属协和医院肿瘤科的一位医生了解到这一情况后，在微信群内发出了警示信息。随后，有另外7位医生先后转发了这一消息。在网络爆炸的时代，这一武汉发现“不明原因病毒性肺炎，疑似SARS”的消息就瞬间蔓延开来，传遍了大江南北。

与此同时，在对已有病例进行初步分析后发现，约有一半左右的人在发病前曾经去过武汉最大的食品批发市场——华南海鲜市场。一时间，恐怖的气氛笼罩在武汉上空，人们在忧虑中迎来了新年。2020年1月1日，华南海鲜市场正式休市，何时再次开放成了谁都不知道的未知数。同时，在疾控部门、医院和中国国内的高级别病毒实验室，一场寻找病原和积极救治的战斗正在展开。随着对疫情和病例特点的不断掌握、病例监测和数据上报工作的不断完善，新发现的病例数量不断增多。2020 年 1 月 3 日，在由 3 天前从国家卫生健康委员会和中国疾病预防控制中心派出的专家组指导下，武汉疫情得到了进一步确认。中国立即将这起不明原因肺炎的有关情况向世界卫生组织和美国等国际组织或国家进行了通报。到 1 月 5 日早上 8 点，武汉市报告病例数已达 59 例。疫情的发展呈现空前严重的趋势，病毒鉴定迫在眉睫。1 月 7 日夜间，从 15 名病人身上留取的标本进行权威病毒检测的报告完成确认：在共计 15 份标本中，采用核酸检测手段检出新型冠状病毒阳性 15 例，并获得了该病毒的全基因组序列，同时从 1 例病人的标本中分离出了病毒颗粒，在电子显微镜下呈现出典型的冠状病毒形态。至此，本次疫情的病原体明确了。这一信息被迅速通告给了世界卫生组织和其他相关国家。1 月 12 日，世界卫生组织将该病毒命名为“2019 新型冠状病毒”（2019 novel coronavirus），缩写为 2019-nCOV。

出乎意料的是，这场疫情就像是两千年前喷发的维苏威火山，在没有任何征兆的情况下，就四处蔓延，短短几周的时间就“吞没”了武汉，传遍了中国。2 月 11 日，世界卫生组织宣布将此次疫情中由新型冠状病毒所引起的疾病命名为“2019 冠状病毒病”（2019 coronavirus disease），缩写为 COVID-19，“CO”意指“corona”（中文“冠状”的意思），“VI”意指“virus”（“病毒”），而“D”则代表“disease”（“疾病”）。截至 2020 年 11 月中旬，疫情已波及全球 215 个国家和地区，累计确诊人数超过 5400 万，死亡逾 130 万，成了第二次世界大战以来影响最大、传播最广、危害最重、在全球确诊人数最多的一次传染病暴发流行。

说起冠状病毒人们并不陌生，早在 20 世纪 30 年代，人类就已在美国北达科他州的一场鸡瘟中发现了它。只是当时人们对它的认识十分局限，以为它仅仅是一种动物病毒而已。30 年后的 1960 年，英、美科学家在人类普通感冒病人身上找到了 2 种病毒——B814（该病毒及其标本后来离奇消失）和 229E，经多年探索培养成功后，于 1967 年被苏格兰病毒学家琼·奥梅达用免疫电镜技术成功观察到了病毒颗粒的形态，并将其命名为“coronavirus”（冠状病毒）。

事实上，冠状病毒在自然界分布甚广，在蝙蝠、狸猫、果子狸、穿山甲和其他野生啮齿类动物身上都大量存在。它们中的大多数都不会引起人类疾病，少数可引起感冒等普通疾病，多不严重。仅有极少数经过突变、进化后，在人类滥捕、滥杀和食用野生动物的过程中，会侵入人体，引起大规模的暴发流行和公共卫生事件。2003 年发生在中国的严重急性呼吸综合征（SARS）和 2012 年发生在中东国家的中东呼吸综合征（MERS），就是由两种不同的冠状病毒所致的。

那么，2019-nCOV 与之前的冠状病毒有何不同呢？

原来迄今为止，人类发现的对人致病的冠状病毒有 6 种，国际病毒分类委员会将其统一归入冠状病毒科 α 和 β 病毒属。α 属病毒有 2 种：HCoV-229E 和 HCoV-NL63，其共同特点是致病力弱，主要引起普通感冒或儿童肺炎，预后较好，死亡率很低。β 属病毒有 4 种，分为 A、B、C 三组，A 组包括 HCoV-OC43 和 HCoV-HKU1，特点与 α 属病毒相似；B 组为 SARS-COV，可导致 SARS；C 组为 MERS-COV，能引起 MERS。B、C 两组病毒引起的病情均以重症肺炎为主，传播迅速、进展快、预后差、死亡率高，易于造成大范围的流行。

2019-nCOV 是人类发现的第 7 种可引起人类疾病的冠状病毒，属于 β 属，其核心同样是单链 RNA，外有包膜。病毒颗粒大小为 60~140 纳米，对低温有较强的耐受性，可在冷冻食品及其外包装上长时间存活，造成传播。对紫外线和热敏感，当加热至 56℃且持续作用 30 分钟以上就可使其失去活性。使用 75% 的酒精、含氯元素的消毒用品、过氧乙酸和有机溶剂氯仿等也可使其灭活，尤其需要注意的是，氯己定虽然也含有氯元素，却是一个例外、对该病毒无效。

COVID-19 的传染源主要是 2019-nCOV 感染的病人和无症状感染者。病毒可以近距离（一般传播距离为 1 米左右）的通过呼吸道飞沫（如唾沫星儿、喷嚏或感染者呼出的肉眼不可见的气体飞沫）和密切接触传播。也可能在相对密闭、通风不畅的室内环境中，由于长时间处在含有病毒的高浓度气溶胶的包围之下，造成传播。该病毒亦能随病人的尿粪排出，因而存在通过接触病人尿粪或被其污染的环境、水源和物品等后传播的可能，故病人的尿粪等排泄物必须经过严格消杀处理，才能排放至外界环境中。而凡未接触过该病毒的人群，均对其易感。

人感染 2019-nCOV 后，潜伏期一般为 1~14 天，以感染后 3~7 天发病最为多见。主要表现为发热、干咳、乏力。少数病人可有鼻塞、流涕、咽痛、肌肉酸痛和腹泻等感冒样症状。重症和危重症病人亦可无发热表现，多在发病 1 周后出现进行性呼吸困难、脓毒性休克和心肺肾等全身多个器官的功能衰竭。本病的好发年龄以成年人居多，儿童相对较少。老年人和原有心、脑、肺、肾等基础疾病者及糖尿病、肥胖、围生期妇女和使用免疫抑制剂者，感染后预期发展后果差，易于演变成重型和危重型而导致死亡。儿童病后症状多不典型，病情较轻，预后较好。

该病在治疗上目前尚无特效药物，对可疑和确诊病人进行及时隔离和对症支持治疗尤为重要。在预防方面，世界卫生组织的建议主要包括：一是避免前往人群密集或环境封闭通风条件差的公共场所，尽量减少外出，如需乘坐公共交通工具或前往上述场所，需全程佩戴口罩；二是勤洗手，特别是在手被呼吸道分泌物污染时、接触过公共设施后、照顾发热病人或呕吐腹泻的病人后、到访医院后、处理被污染的物品，以及接触动物或动物饲料及粪便后；三是要戴口罩、注意咳嗽礼仪，咳嗽或打喷嚏时要用纸巾或袖肘遮住口鼻，勿对着他人；四是加强锻炼，合理饮食，规律作息，保持室内空气流通；五是避免接触禽畜和野生动物，尤其是它们的分泌物和排泄物，不要吃生肉，更不要滥杀和捕食野生动物；六是提高防病意识，一旦有发热、咳嗽等不适症状，应立即前往附近医院的发热门诊就诊。当然，在有疫苗时，及时接种亦是明智之举。

病毒与人类斗争的历史，就是一部人类生存与发展的进步史。虽然历史上的重大病毒性传染病都给人类带来了深重的灾难，但人类作为一个生物整体无一不将其战而胜之。人类需要学会的是在高度发达的今天，如何与自然和谐相处，如何彼此真诚相待，如何减少或避免病毒性传染病的发生，以使人类生息与共的世界变得更加美好。正所谓：

诓狂一人类，傲虐不自知；
晨伐东山树，暮逮西蜀狸；
也能食鼠肉，亦可啖蝠皮；
诚无药可救，人神共弃之。

谦谦一人类，虚怀不迷离；
朝护岭原树，夕惜江河水；
草木共世界，动物同呼吸；
感恩且节制，生生又相息。